分化论之肿瘤中的非编码RNA

NcRNAs in Tumors in Differentiation Theory

主 编 李根亮 解继胜 唐玉莲 钱 绘
副主编 李 书 孙丽双 罗绿景
　　　　刘会婷 陈峥宇

广西科学技术出版社
·南宁·

图书在版编目（CIP）数据

分化论之肿瘤中的非编码 RNA/ 李根亮等主编 . —南宁：广西科学技术出版社，2024.1
ISBN 978-7-5551-1899-2

Ⅰ.①分… Ⅱ.①李… Ⅲ.①核糖核酸—关系—肿瘤—研究 . Ⅳ.① Q552 ② R73

中国国家版本馆 CIP 数据核字（2023）第 084261 号

分化论之肿瘤中的非编码 RNA
FENHUA LUN ZHI ZHONGLIU ZHONG DE FEI BIANMA RNA

主　编　李根亮　解继胜　唐玉莲　钱　绘
副主编　李　书　孙丽双　罗绿景　刘会婷　陈峥宇

责任编辑：梁诗雨	装帧设计：韦宇星
责任校对：苏深灿	责任印制：韦文印

出 版 人：梁　志
出版发行：广西科学技术出版社
社　　址：广西南宁市东葛路 66 号　　邮政编码：530023
网　　址：http://www.gxkjs.com
印　　刷：广西民族印刷包装集团有限公司

开　　本：787 mm×1092 mm　1/16
字　　数：218 千字　　　　　　　　印　张：13.5
版　　次：2024 年 1 月第 1 版
印　　次：2024 年 1 月第 1 次印刷
书　　号：ISBN 978-7-5551-1899-2
定　　价：50.00 元

版权所有　侵权必究
质量服务承诺：如发现缺页、错页、倒装等印装质量问题，可直接向本社调换。

前　言

　　细胞的一生是从亲代细胞分裂结束形成子细胞开始，接着分化形成具有特定功能的组织细胞。而有些细胞则可能会在分化后再去分化，从而重新拥有细胞分裂和增殖的能力。生理状态下的细胞去分化是生命活动所需要的，而病理状态下的细胞去分化可能会引起细胞的癌变。我们将细胞的遗传信息称为先天性的细胞特征，而将基因表达模式称为后天性的细胞特征。先天性的细胞特征是生物进化过程中自然选择的遗传结果，而后天性的细胞特征则是细胞分化和去分化过程中用进废退的表观遗传结果。环境、表观遗传和遗传构成了细胞生命活动的整个时空体系，其中环境作用于表观遗传，表观遗传调控遗传，从而使相同的先天性遗传特征可能表现出多样性、后天性的表型特征。这种后天性的表型特征先后出现于细胞水平、组织器官水平和个体水平，从而使细胞、组织、器官乃至个体形成特有的生命活动特征。

　　细胞内的基因表达模式取决于其调控机制，因此基因表达调控是细胞生存和实现特定生理功能的基础。但部分细胞的基因表达谱式发生了异常改变，从而影响了细胞周期，其中最典型的病变细胞是去分化的肿瘤细胞，尤其是癌变细胞。肿瘤和癌症发生的机制分为环境水平、个体水平和分子水平三个层次。环境中的致癌因素会引起原癌基因的异常激活和抑癌基因的失活，个体水平上的免疫力高低则在一定程度上决定了个体清除癌变细胞的能力，分子水平上原癌基因和抑癌基因的表达水平则受到非编码RNA等多种表观遗传学机制的调控。环境中致癌因素的作用主要是通过表观遗传学机制实现的，而通过遗传学机制实现的则极少。因为遗传水平上的突变绝大部分是剧烈、不可逆、致死的，而表观遗传水平上的改变则基本都是温和、可逆、非致死的，遗传突变很难留下，而表观遗传改变则很容易保存下来。而且，即使是遗传突变，其最终仍然是通过表观遗传学调控网络调控其他基因表达的环境因素，进而反馈调节突变基因的表达。也就是说，如果遗传突变不是致死的，则其仍然会以表观遗传学的方式调控基因表达，或者说后天性的细胞特征是表观遗传水平调控的结果。这同样表现在个体水平的免疫力高低上，免疫力的高低也是表观遗传水平上激活或沉默特定基因的结果。

因此，表观遗传学调控是后天性细胞生命活动的基础，表观遗传学调控方式的改变是细胞分化、去分化及包括肿瘤和癌变在内的疾病发生的根本原因。也就是说，建立在表观遗传基础上的细胞分化和去分化是后天性的细胞特征，是组织、器官、个体发育及癌变的基础，是后天性细胞功能实现的保障。因此，我们提出了分化论学说，即与以先天性的遗传为基础的系统发育是物种进化的结果不同，分化论是以后天性的表观遗传为基础的个体发育的细胞分化的结果。

本书分析了miRNA、circRNA、ceRNA等非编码RNA在生殖系统、消化系统、运动系统、神经系统、感觉系统、泌尿系统、循环系统、呼吸系统、内分泌系统等人体九大系统肿瘤及其他肿瘤中的调控功能，以期从分化论的角度阐释癌变的表观遗传学机制，为更好地研究癌变和去分化的病理机制提供理论依据。

本书的编写和出版得到了国家自然科学基金项目（项目编号"31960728"和项目编号"31760758"）及广西高校民族特色建设学科经费的支持，在此一并致谢！

李根亮

2024年1月

目 录

第一章 生殖系统肿瘤中的非编码RNA ······················· 1
 第一节 宫颈癌 ·· 1
 第二节 子宫癌 ·· 8
 第三节 卵巢癌 ··· 13
 第四节 睾丸癌 ··· 18
 第五节 畸胎瘤 ··· 20
 第六节 绒毛膜癌 ·· 22
 第七节 输卵管癌 ·· 26
 第八节 阴道癌 ··· 29
 第九节 阴茎癌 ··· 30

第二章 消化系统肿瘤中的非编码RNA ······················ 33
 第一节 胃癌 ·· 33
 第二节 肝细胞癌 ·· 37
 第三节 食管癌 ··· 41
 第四节 肠癌 ·· 42
 第五节 胰腺癌 ··· 46
 第六节 胆管癌和胆囊癌 ·· 48

	第七节	腹膜癌	52
	第八节	肛门癌	55
	第九节	壶腹周围癌	56
	第十节	口腔癌	59
	第十一节	腮腺瘤	62
	第十二节	印戒细胞癌	65
	第十三节	舌癌	67
	第十四节	牙龈癌	69

第三章 运动系统肿瘤中的非编码 RNA ……72

第一节 骨癌 ……72

第二节 腱鞘瘤 ……81

第三节 神经鞘瘤 ……84

第四章 神经系统肿瘤中的非编码 RNA ……86

第一节 脑瘤 ……86

第二节 听神经瘤 ……91

第三节 胶质瘤 ……93

第四节 嗜铬细胞瘤 ……100

第五节 颅内肿瘤 ……105

第五章 感觉系统肿瘤中的非编码 RNA ……108

第一节 皮肤癌 ……108

第二节 唇癌 ……111

第三节 黑色素瘤 ……112

第四节 眼癌 ……115

第五节 口腔癌 ……116

	第六节	胆脂瘤	118
	第七节	皮脂腺癌	119
第六章	**泌尿系统肿瘤中的非编码 RNA**		**121**
	第一节	肾癌	121
	第二节	膀胱癌	125
	第三节	前列腺癌	129
第七章	**循环系统肿瘤中的非编码 RNA**		**132**
	第一节	白血病	132
	第二节	淋巴瘤	136
	第三节	血管母细胞瘤	140
	第四节	血管瘤	142
第八章	**呼吸系统肿瘤中的非编码 RNA**		**145**
	第一节	肺癌	145
	第二节	鼻咽癌	149
	第三节	喉癌	154
第九章	**内分泌系统肿瘤中的非编码 RNA**		**158**
	第一节	腺癌	158
	第二节	乳腺癌	162
	第三节	甲状腺癌	170
	第四节	垂体瘤	175
	第五节	汗管瘤	180
第十章	**其他肿瘤中的非编码 RNA**		**182**
	第一节	头颈癌	182
	第二节	胸腔癌	185

第三节　纵隔肿瘤 ……………………………………189

第四节　纤维瘤 ………………………………………192

第五节　间质瘤 ………………………………………193

第六节　肉瘤 …………………………………………198

第七节　错构瘤 ………………………………………203

第一章 生殖系统肿瘤中的非编码RNA

第一节 宫颈癌

一、宫颈癌中的miRNA

宫颈癌是全世界女性中最常见和最致命的恶性肿瘤之一，极大地危害了女性的身心健康，其在发展中国家的情况尤为严峻。宫颈癌原位癌高发年龄为30～35岁，浸润癌高发年龄为45～55岁，但近年来发病人群有年轻化的趋势。经过大量的研究，我们对宫颈癌发病机制有了一定的了解，但目前宫颈癌患者在晚期阶段的五年生存率仍不高。宫颈癌早期症状不太明显，导致发现较晚；患者晚期出现阴道出血的症状，才使得检出率提高。其病理类型包括宫颈鳞状细胞癌、宫颈腺癌和宫颈腺鳞癌3种类型。直接蔓延和淋巴转移是其较为常见的转移途径，血液转移途径较少见。宫颈癌是导致女性死亡的常见恶性肿瘤，早期诊断则有利于提高宫颈癌患者的生存率。

微小RNA（miRNA）是真核生物中一大类短的非编码RNA（长度约为22nt），是能与被调控的RNA或DNA互补的小分子RNA。其通过直接结合靶标mRNA的3′-非翻译区（3′-UTR）中的互补序列可使靶标mRNA降解和/或翻译抑制，故miRNA被认为是基因表达的关键调节剂。研究报道，miRNA与肿瘤的发生高度相关，其中包括宫颈癌的发生。

癌症相关的成纤维细胞分泌的细胞外囊泡包裹的miRNA，已被强调有望成为疾病和癌症的治疗靶标。Zhang等通过研究原位杂交和RT-qPCR检测发现，miR-10a-5p在宫颈癌细胞和临床样品中均表达，并且在癌症组织和细胞中表达水平明显上调。Oboshi 等研究采用 hsa-miR-150-5p 模拟物、hsa-miR-150-5p 抑制剂和 miRNA 对照感染人宫颈癌细胞系 HeLa 细胞，发现 miR-150-5p 可通过抑制细胞周期蛋白激酶抑制因子 p27Kip1 的表达来促进 HeLa 细胞周期的进程和增殖。Wang 等通过逆转录定量 PCR 测定了 miR-130a-3p 在宫颈癌组织和细胞系（CaSki 和 SiHa）中的表达，发现 miR-130a-3p 模拟物的感染可显著增加宫颈癌细胞的繁殖、迁移和侵袭，并抑制宫颈癌细胞的凋亡。Liu 等采用原位杂交和免疫组化方法检测了 miR-205 和嵌合蛋白 1（CHN1）的表达，发现 miR-205 在宫颈癌（特别是高危 HPV 型宫颈癌）的发展过程中调控 CHN1 介导细胞生长、凋亡、迁移和侵袭。另有研究表明，宫颈癌和癌前病变相比，6 种 miRNA（miR-20a、miR-92a、miR-141、miR-183、miR-210 和 miR-944）的表达水平显著上调。

Tan 等探索了 microRNA-381（miR-381）在人宫颈癌中的作用，结果在宫颈癌组织和细胞系中发现 miR-381 表达水平显著下调（$P < 0.05$）。miR-381 通过诱导细胞的程序性死亡来抑制宫颈癌细胞的繁殖，并调控 Bcl-2 的消耗和 Bcl-2 相关凋亡调节因子 X（BAX）的增加。在宫颈癌肿瘤组织和肿瘤细胞系中，G 蛋白偶联受体 34（GPR34）的表达显著上调（$P < 0.05$），但 miR-381 的过表达会导致 GPR34 表达显著下调。Ding 等采用 RT-qPCR 检测了 miR-375 在宫颈癌细胞中的表达，并通过生物信息学分析预测了 miR-375 与母体胚胎亮氨酸拉链激酶（MELK）之间的关系，结果在宫颈癌样品中检测到 miR-375 的低表达和 MELK 的高表达；体内异种移植测定法也证明，来自骨髓间充质干细胞（BMSC）的细胞外囊泡中的 miR-375 抑制了肿瘤的生长。此外，也有学者发现 miR-199a 在宫颈癌组织中的表达水平相对降低，而 B7-H3 的表达水平则比在邻近的正常人体组织中明显提高，并且宫颈癌组织和邻近正常组织中 B7-H3 和 miR-199a 的表达水平呈负相关，证明了高表达的 miR-199a 通过体内和体外靶向 B7-H3 抑制肿瘤生长并激活丝氨酸/苏氨酸激酶（AKT）mTOR 信号通路。

虽然妇科恶性肿瘤分子方面的研究取得了一定的进展，但是宫颈癌患者的生存率仍然较低。许多 miRNA 在宫颈癌中表达异常，可能为宫颈癌的诊断和治疗带来新的思路，但是目前对于 miRNA 多样化功能的研究还不是非常成熟，需要进一步地研究。相信在不久的将来，miRNA 在临床中的应用将会给广大患者带来福音。

二、宫颈癌中的 circRNA

研究表明，宫颈癌的发病机理涉及多种环状 RNA（circRNA）。circRNA 是一类新的非编码 RNA，在许多病理过程中起着重要作用，其没有 5′ 端帽和 3′ 端 poly（A）尾部，是具有共价键的环状结构的非编码 RNA 分子。由于 circRNA 分子具有封闭的环状结构，因此其不受 RNA 核酸外切酶的影响，不易降解，表达也更稳定。

circRNA 已成为重要的介体，对多种人类疾病和癌症的研究具有重要意义。研究表明，宫颈癌中的 circRNA 微阵列表达谱（GSE102686）显示，相对于正常组织，hsa_circ_0000515 在肿瘤组织中的表达水平更高。circRNA 在癌症中发挥作用的主要机制是使 miRNA 海绵化。一些 circRNA 通过充当海绵或 miRNA 的竞争内源性 RNA（ceRNA）来调节 mRNA 表达。有研究证实，circEIF4G2 可用作 miR-218 的海绵，通过使 miR-218 海绵化而提高该海绵靶向同源盒 A1（HOXA1）的表达水平，表明 circEIF4G2 可通过 miR-218/HOXA1 途径促进癌细胞增殖和迁移。由此推断出，敲除或抑制相应片段的基因表达可阻断宫颈癌的进展。

一些研究表明，ZNF667 反义 RNA1（ZNF667-AS1）的上调可通过调节 miR-93-3p 依赖性父系表达 3（PEG3）抑制宫颈癌的进展，提示其为宫颈癌的潜在治疗靶点。研究还揭示了一种新型的 circ0005576/miR-153-3p/KIF20A 轴，其可促进宫颈癌的发展，这可能为宫颈癌的发病机理提供了新的认识。另外，circRNA8924 的高表达在宫颈癌组织中被认为是 miR-518d-5p/519-5p 家族的竞争性内源 RNA，可以促进宫颈癌细胞的恶性生物学行为，这为宫颈癌诊断和确定疾病进展提供了新的生物标志，并为靶向治疗提供了潜在靶标。

综上所述，circRNA 无论作为疾病的生物标志还是治疗的靶点都具有明显的优势。随着新一代高通量测序技术和基因芯片技术的广泛应用，circRNA 作为一种调控分子在宫颈癌发生发展中起重要的作用，其通过互补结合 miRNA 来调节 miRNA 的活性，进一步参与靶点 mRNA 细胞的表达调节。此外，有的 circRNA 还通过调节 RNA 结合相关蛋白参与蛋白质翻译，激活相应的信号通路，导致细胞癌变。因此，阻断与癌症相关的结合位点，针对特定的分子水平改变下游的基因表达以阻断癌细胞增殖，这可为宫颈癌患者的早期诊断及预防提供新思路，为临床精准治疗提供潜在靶点。

三、宫颈癌中的 ceRNA

宫颈癌是世界上第四大女性常见癌症，且复发率较高。因此，了解宫颈癌的发生及参与这一过程的分子机制和信号通路，对制订宫颈癌诊断、预后和治疗的策略非常重要。很多研究表明长链非编码 RNA（lncRNA）参与了宫颈癌的发展，其作用分为促癌作用及抑癌作用。目前，一些研究已经表明部分 lncRNA、miRNA、转录因子等调控分子可在宫颈癌中发挥重要作用，如竞争内源性核糖核酸（ceRNA）、信号通路的激活剂和基因的转录调节因子。因此，了解这类调控分子的调控作用非常重要。已知 lncRNA 可作为 ceRNA 在宫颈癌中发挥作用，并为获得更全面的宫颈癌诊断和治疗方法提供依据。

研究表明，LINC00861 作为 ceRNA，可通过吸附 miR-513b-5p 上调同源性磷酸酶-张力蛋白（PTEN）的表达水平，下调磷酸化（p）AKT 和 p-mTOR 蛋白的表达水平，从而抑制癌细胞的增殖、迁移、侵袭和上皮间质转化。另有研究表明，RP11-284F21.9 作为 miR-769-3p 的 ceRNA，可通过竞争性结合宫颈癌中的 miR-769-3p 上调 miR-769-3p 靶向的含 WD 重复序列蛋白 1（PPWD1）的表达，从而抑制癌细胞的增殖、迁移和侵袭。另外，H1FX-AS1 作为 miR-324-3p 的 ceRNA，可通过上调 β-环连蛋白抑制基因 1（DACT1）的表达，从而抑制宫颈癌细胞的增殖、迁移和侵袭。可见，LINC00861、RP11-284F21.9 和 H1FX-AS1 等 lncRNA 在宫颈癌组织及细胞中均起着重要的作用，参与了宫颈癌的发生发展。

另外，LINC00511 也作为 ceRNA 调节 miR-324-5p/DRAM1 轴，通过下调 miR-324-5p、上调 DNA 损伤调节自噬调节因子 1（DRAM1）的表达，从而促进宫颈癌细胞的增殖和侵袭，并抑制细胞凋亡。LINC00337 在宫颈癌中属于致癌性 lncRNA，可参与 miR-145 的 ceRNA 作用，影响靶向 miR-145 的因子 Kruppel 样因子 5（KLF5）在 CD44+/CD24low/-SFCs 中的表达，维持宫颈癌的干细胞样特性。LINC02381 在宫颈癌细胞中表达上调，LINC02381 作为 miR-133b 内源性竞争 RNA，通过上调 miR-133b 的靶向基因 Ras 同源家族成员 A（RhoA）而促进宫颈癌基因表达。HOXD-AS1 在宫颈癌组织和细胞中过表达，HOXD-AS1 作为一种 ceRNA 与 miR-877-3p 竞争，导致成纤维细胞生长因子 2（FGF2）的表达水平上调，从而加快了宫颈癌细胞的侵袭和转移。HOXD-AS1 表达水平越高，预示着宫颈癌患者预后越差。此外，GAPB1-AS1 作为 miR-519e-5p 的 ceRNA，可通过吸附 miR-519e-5p 破坏 miR-519e-5p 的靶基因 Notch 同源物 2（Notch2）的抑癌功能，从而促进宫颈癌细胞的增殖和侵袭。ACTA2-AS1 在宫颈癌组织和细胞系中显著升高，ACTA2-AS1 作为 miR-143-3p 的 ceRNA，通过结合 miR-143-3p 下调 miR-143-3p 表达，上调 Smad 同源物 3（SMAD3）表达，从而促进宫颈癌细胞的增殖、迁移和侵袭。ACTA2-AS1 的高表达与 FIGO 分期高显著相关。hsa_circ_0008285 作为 miR-211-5p 的 ceRNA，通过激活释放 SRY 盒转录因子 4（SOX4）来促进宫颈癌细胞增殖和侵袭。总之，LINC00511、LINC00337、LINC02381、HOXD-AS1、GAPB1-AS1、ACTA2-AS1、hsa_circ_0008285 等在宫颈癌组织和细胞中的表达均显著上调，促进宫颈癌细胞的增殖、迁移和侵袭。

综合上述，lncRNA 可作为 ceRNA 在宫颈癌中起着重要的作用，有的发挥促癌作用，有的发挥抑癌作用。针对 lncRNA 在宫颈癌中促癌及抑癌的不同作用，为宫颈癌的治疗提供潜在的个体化治疗方案。

四、宫颈癌中的其他非编码RNA

宫颈癌从低级别到高级别的进展与细胞周期调控、凋亡和 DNA 修复密切相关。小干扰 RNA（siRNA）的作用机制是调节或选择性地阻断癌症等疾病特有的生物过程。大量研究表明，在宫颈癌的发生发展和治疗过程中，siRNA 也发挥着重要的作用。

siRNA 是一类双链 RNA（dsRNA）分子，长度为 20～25bp，类似于 miRNA，又称为短干扰 RNA、沉默 RNA 或非编码 RNA。RNA 干扰是一种基因沉默技术，其本质是将一段长为 19～21 个核苷酸的 siRNA 导入细胞，介导与其同源的靶基因 mRNA 降解，从而在转录后水平抑制靶基因的表达。研究发现，siRNA 能够抑制单个基因的表达，将来可以使用这一基因的独特性治疗人类疾病，包括癌症。

有学者通过转录激活因子 3 过表达质粒和 siRNA-STAT3 的效率，以及 RT-qPCR 和 Western blot，在成功转染 GV316-STAT3 质粒后，发现在空质粒组和信号转导及转录激活蛋白 3（STAT3）过表达组中，siRNA-STAT3 干细胞标志物 mRNA

和蛋白表达均显著降低。韦娟冰等人在宫颈癌 HeLa 细胞中转染 F10 siRNA，并以转染 siRNA control 的细胞为阴性对照，发现转染 F10 siRNA 能够抑制 HeLa 细胞中 F10 mRNA 和蛋白的表达。临床上宫颈癌治疗的主要手段为放疗或化疗，但是约 50% 的患者出现复发转移，其机制可能为肿瘤组织出现了放疗或化疗的耐受细胞，从而导致放疗或化疗在宫颈癌治疗方面的有效率降低。

宫颈癌的发生发展是一个多因素多步骤的过程，基因、蛋白质和 RNA 等众多分子共同参与了人乳头状瘤病毒（HPV）导致的宫颈癌发生发展过程。从 HPV 感染到肿瘤形成、发生侵袭和产生耐药，每一步都涉及很多调节因子和基因的参与。很多参与凋亡、细胞周期调控、细胞黏附和侵袭转移的基因已经得到了广泛的研究。目前，对于 siRNA 的认识仅是冰山一角，要揭示其形成机制、功能及在肿瘤中的作用机制，还有漫长的研究道路要走。关于 siRNA 在宫颈癌中的作用的研究和临床转化应用有望为宫颈癌的诊断和治疗开辟新的天地。

参考文献

[1] ZHANG X，WANG Y J，WANG X，et al. Extracellular vesicles-encapsulated microRNA-10a-5p shed from cancer-associated fibroblast facilitates cervical squamous cell carcinoma cell angiogenesis and tumorigenicity via Hedgehog signaling pathway [J]. Cancer Gene Ther，2021，28（5）：529-542.

[2] OBOSHI W，HAYASHI K，TAKEUCHI H，et al. MicroRNA-150 suppresses p27（Kip1）expression and promotes cell proliferation in HeLa human cervical cancer cells [J]. Oncol Lett，2020，20（5）：210.

[3] WANG M，WANG X X，LIU W. MicroRNA-130a-3p promotes the proliferation and inhibits the apoptosis of cervical cancer cells via negative regulation of RUNX3 [J]. Mol Med Rep，2020，22（4）：2990-3000.

[4] LIU J B，LI Y F，CHEN X H，et al. Upregulation of miR-205 induces CHN1 expression，which is associated with the aggressive behaviour of cervical cancer cells and correlated with lymph node metastasis [J]. BMC Cancer，2020，20（1）：1029.

[5] LIU S S，CHAN K，CHU D，et al. Oncogenic microRNA signature for early diagnosis of cervical intraepithelial neoplasia and cancer [J]. Mol Oncol，2018，12（12）：2009-2022.

[6] TAN Y J，WANG H，ZHANG C. MicroRNA-381 targets G protein-Coupled receptor 34（GPR34）to regulate the growth，migration and invasion of human cervical cancer cells [J]. Environ Toxicol

Pharmacol, 2021, 81: 103514.

[7] DING F, LIU J H, ZHANG X F. MicroRNA-375 released from extracellular vesicles of bone marrow mesenchymal stem cells exerts anti-oncogenic effects against cervical cancer [J]. Stem Cell Res Ther, 2020, 11 (1): 455.

[8] YANG X, FENG K X, LI H, et al. MicroRNA-199a inhibits cell proliferation, migration, and invasion and activates AKT/mTOR signaling pathway by targeting B7-H3 in cervical cancer [J]. Technol Cancer Res Treat, 2020, 19: 15533033820942245.

[9] 陈利娜, 蔡添娥. circRNA 在宫颈癌中的研究进展 [J]. 智慧健康, 2020, 6 (3): 58-59.

[10] MAO Y F, ZHANG L Y, LI Y. CircEIF4G2 modulates the malignant features of cervical cancer via the miR-218/HOXA1 pathway [J]. Mol Med Rep, 2019, 19 (5): 3714-3722.

[11] LI Y J, YANG Z, WANG Y Y, et al. Long noncoding RNA ZNF667-AS1 reduces tumor invasion and metastasis in cervical cancer by counteracting microRNA-93-3p-dependent PEG3 downregulation [J]. Mol Oncol, 2019, 13 (11): 2375-2392.

[12] MA H, TIAN T, LIU X B, et al. Upregulated circ_0005576 facilitates cervical cancer progression via the miR-153/KIF20A axis [J]. Biomed Pharmacother, 2019, 118: 109311.

[13] LIU J M, WANG D B, LONG Z Q, et al. CircRNA8924 promotes cervical cancer cell proliferation, migration and invasion by competitively binding to MiR-518d-5p /519-5p family and modulating the expression of CBX8 [J]. Cell Physiol Biochem, 2018, 48 (1): 173-184.

[14] LIU H, ZHANG L, DING X L, et al. LINC00861 inhibits the progression of cervical cancer cells by functioning as a ceRNA for miR-513b-5p and regulating the PTEN/AKT/mTOR signaling pathway [J]. Mol Med Rep, 2021, 23 (1): 24.

[15] HAN H F, CHEN Q, ZHAO W W. Long non-coding RNA RP11-284F21.9 functions as a ceRNA regulating PPWD1 by competitively binding to miR-769-3p in cervical carcinoma [J]. Biosci Rep, 2020, 40 (9): BSR20200784.

[16] SHI X, HUO J, GAO X, et al. A newly identified lncRNA H1FX-AS1 targets DACT1 to inhibit cervical cancer via sponging miR-324-3p [J]. Cancer Cell Int, 2020, 20: 358.

[17] ZHANG X, WANG Y Y, ZHAO A Q, et al. Long non-coding RNA LINC00511 accelerates proliferation and invasion in cervical cancer through targeting miR-324-5p/DRAM1 axis [J]. Onco Targets Ther, 2020, 13: 10245-10256.

[18] HAN Q, WU W J, CUI Y L. LINC00337 regulates KLF5 and maintains stem-cell like traits of cervical cancer cells by modulating miR-145 [J]. Front Oncol, 2020, 10: 1433.

[19] CHEN X H, ZHANG Z X, MA Y, et al. LINC02381 promoted cell viability and migration via targeting miR-133b in cervical cancer cells [J]. Cancer Manag Res, 2020, 12: 3971-

3979.

[20] CHEN S Z, LI K J. HOXD-AS1 facilitates cell migration and invasion as an oncogenic lncRNA by competitively binding to miR-877-3p and upregulating FGF2 in human cervical cancer [J]. BMC Cancer, 2020, 20（1）：924.

[21] OU R Y, LV M F, LIU X, et al. HPV16 E6 oncoprotein-induced upregulation of lncRNA GABPB1-AS1 facilitates cervical cancer progression by regulating miR-519e-5p/Notch2 axis [J]. FASEB J, 2020, 34（10）：13211-13223.

[22] LUO L, WANG M, LI X, et al. A novel mechanism by which ACTA2-AS1 promotes cervical cancer progression：acting as a ceRNA of miR-143-3p to regulate SMAD3 expression [J]. Cancer Cell Int, 2020, 20：372.

[23] BAI Y P, LI X C. Hsa_circ_0008285 facilitates the progression of cervical cancer by targeting miR-211-5p/SOX4 Axis [J]. Cancer Manag Res, 2020, 12：3927-3936.

[24] WANG H, DENG J, REN H Y, et al. STAT3 influences the characteristics of stem cells in cervical carcinoma [J]. Oncol Lett, 2017, 14（2）：2131-2136.

[25] 韦娟冰, 林静. F10基因siRNA干扰对宫颈癌细胞侵袭和凋亡的影响及机制研究 [J]. 中国免疫学杂志, 2019, 35（13）：1584-1589.

第二节 子宫癌

一、子宫癌中的miRNA

子宫癌是发生在子宫内膜的恶性肿瘤的统称，分为子宫颈癌和子宫体癌，病理分型以腺癌多见，是女性特有的疾病，其致病原因尚未明确，且高度恶性，治疗效果不明显。随着子宫癌发病率的日渐升高，研究其耐药机制及寻找治愈子宫癌的新靶点、减少子宫癌细胞的增殖与迁移变得愈发重要。miRNA是真核生物中的一类具有调控功能的内源性非编码RNA。研究表明，miRNA相关调控机制有翻译抑制、转录本切割、翻译激活、转录增强及类激素增强等，可参与细胞分化、生物发育及疾病的发生发展。

相关实验研究表明，miR-203在子宫颈癌细胞中表达水平低，并且子宫颈癌细胞中miR-203通过上调或下调控制靶蛋白的表达，抑制癌细胞的增殖和迁移能力，从而抑制子宫癌的发生。miRNA与子宫内膜癌的发展和进程有关，对子宫内膜癌发展的调节既有促进作用也有抑制作用。Deng 等学者研究表明，miR-195 过表达使金属蛋白酶-2 组织抑制剂的 mRNA 和蛋白水平上升，而基质金属蛋白酶 2（MMP2）和基质金属蛋白酶 9（MMP9）的表达水平、磷脂酰肌醇 3-激酶（PI3K）和 AKT 的磷酸化水平均下降。不仅如此，他们还证明了 miR-195 的靶标为 G 蛋白偶联的雌激素受体 1，最终证实 miR-195 对子宫内膜癌细胞迁移和侵袭的抑制作用与 PI3K/AKT 信号通路和 G 蛋白偶联的雌激素受体表达有关。

Zhang 等对比了 16 对子宫内膜癌患者的 16 对组织样本及同一患者的相邻正常组织样本，发现子宫内膜癌样本中的 miR-409 表达水平明显低于相邻正常组织样本，并证实 miR-409 可直接靶向调节 SMAD 家庭成员 2（Smad2）转录本并抑制子宫内膜癌细胞的生长。早期诊断是提高子宫内膜癌患者生存率的重要因素，而 miRNA 在子宫内膜癌患者与正常女性中有差异性表达。Montagnana 等学者研究发现，与正常人的血液样本相比，子宫内膜癌患者的血清中 miR-186、miR-222 及 miR-223 表达水平明显升高，而 miR-204 表达水平则显著下降。张晓英等学者还发现，子宫内膜癌患者 miR-95 表现为高表达，miR-192 则表现为低表达。Fang 等学者对比 176 例子宫内膜癌患者和同期 100 例健康人的血清中 miR-93 的表达水平发现，子宫内膜癌患者血清中 miR-93 的表达水平明显低于健康人，miR-93 的表达水平与病理分期和淋巴结转移密切相关，miR-93 高表达组的生存率明显高于 miR-93 低表达组。miR-93 低表达提示子宫内膜癌的发生，可作为诊断子宫癌的潜在分子标志。

目前，学界对 miRNA 在许多肿瘤性疾病中的作用虽有一定研究，但对其自身调控机制研究尚浅，其在子宫内膜癌中的研究更是亟待深入。大多关于子宫内膜癌的研究表明，miRNA 与子宫内膜癌的发生发展等有关。分离和检测与肿瘤相关的 miRNA 分子，阐明其作用机制和临床意义，对于提高子宫内膜癌的早期诊断和治疗水平、提高患者预后及生存率、减轻患者负担、减轻社会医疗负担具有重要的意义。

二、子宫癌中的 circRNA

子宫平滑肌瘤（ULM）简称子宫肌瘤，是女性生殖器官最常见的良性肿瘤，常见于 30～50 岁女性，20 岁以下较少见。circRNA 是共价的闭环非编码 RNA 分子，在早期的一些研究中，这些分子被认为是剪接错误的副产物，而后续的研究发现有几种circRNA具有生理功能。前期有大量研究证实了circRNA和不同癌症类型之间有着重要相关性，其中包括circRNA在癌症的发生发展和转移过程中的作用，且circRNA可以充当有效的miRNA海绵，进而参与调控基因表达。然而，circRNA在子宫平滑肌瘤发病机理中的作用及circRNA用作子宫平滑肌瘤生物标志物的潜力均研究甚少，仍有待阐明。

目前关于子宫平滑肌瘤中circRNA表达研究的报道在全球均较少见。基于circRNA作为人类疾病生物标志物和分子治疗靶标的潜力，有研究团队使用全基因组基因表达谱微阵列分析技术，从子宫平滑肌瘤患者的组织样品中筛选候选circRNA，通过对这些差异表达的circRNA进行检测，发现在正常人的子宫平滑肌组织中，hsa-circ-0083920、hsa-circ-0056686、hsa-circ-0062558、hsa-circ-0020376、hsa-circ-0020376和hsa-circ-0026353均被显著下调，说明特定circRNA的表达谱改变了子宫平滑肌瘤患者的疾病进展；同时，对hsa-circ-0083920、hsa-circ-0056686、hsa-circ-0062558、hsa-circ-0020376和hsa-circ-0043597的表达水平特征分析发现，它们具有较高的诊断敏感性和特异性，已被证明可以作为一种更为强大的判别工具。人类子宫平滑肌瘤中的全球基因表达研究已经分为许多不同的小组进行，并且发现数百种miRNA和mRNA在子宫平滑肌瘤的形成和生长中被失调，而这些失调的miRNA和mRNA在调节细胞增殖、分化和细胞外基质形成中起作用。有学者提出，circRNA可以通过与miRNA和mRNA的相互作用在转录水平或转录后水平调节基因表达，从而在人类疾病的发生和发展中起调节miRNA与mRNA的作用。

无论是良性还是恶性的子宫平滑肌瘤，都会引起严重的生殖并发症和妇科并发症，如盆腔疼痛和出血，患者要承受手术切除的痛苦。因此，迫切需要新颖的治疗方法来代替外科手术，尤其是对于那些希望怀孕的女性。尽管研究成果不断增加，但是我们对子宫平滑肌瘤发生和发展的分子机制了解甚少。因此，至关重要的是研究可能与疾病发展有关的分子机制，以检测潜在的生物标志物或新型治疗靶标。

三、子宫癌中的ceRNA

在我国女性的内生殖系统恶性肿瘤中，子宫内膜癌的发病率位居第2位。随着分子生物学在肿瘤研究领域的不断发展，人们发现 ceRNA 与子宫内膜癌的发生发展密切相关，许多研究成果对诊断和治疗子宫内膜癌具有重要意义。

ceRNA 是通过转录 miRNAs 之间相互竞争并结合共同转录产物，使 miRNAs 和反应物的原件在共同转录后反应水平上相互调节的 2 个转录本。

作为 ceRNA 的 lncRNA，这些转录调控着许多生物学过程，并可能通过引导染色质重塑复合体到特定位点、介导哺乳动物 X 染色体失活、调节 DNA 甲基化和组蛋白修饰来诱导 DNA 的表观遗传修饰。HOX 转录反义 RNA（HOTAIR）在恶性子宫内膜癌组织和细胞系中的表达上调。HOTAIR 的下调抑制了恶性子宫内膜癌细胞的增殖并诱导其凋亡，并通过竞争性结合 miR-148a，减少恶性子宫内膜癌细胞的增殖、迁移和免疫侵袭，从而有效调节正常人体内白细胞阳性抗原 -g（HLA-g）的正常表达。HOTAIR 可以通过竞争性分子有效地与其结合，间接性地调节 miR-3b 在子宫恶性肿瘤受体细胞中对丝裂原活化蛋白激酶 1（MAPK1）的功能表达。HOTAIR 也能减少体外和体内免疫抑制导致子宫恶性肿瘤细胞的恶性增殖和分化侵袭。

子宫癌是临床常见的一种妇科恶性肿瘤，但由于缺乏理想的治疗手段，其发病率和病死率逐年增高。因此，寻找与子宫癌发生发展相关的恶性肿瘤分子靶点，以准确预测恶性肿瘤发生发展、转移及其预后改变情况，构建人类子宫癌的早期 ceRNA 靶点网络变得非常重要。ceRNA 与人类子宫癌的早期发生发展、转移及其预后密切关联，为子宫靶向肿瘤治疗研究提供各种可能的新技术靶点，具有极其重要的意义。在已有的研究中观察到的 ceRNA 去调控的许多表型效应是通过表达和 / 或敲除实验诱导的，这引起了人们对它们是否能如实反映 ceRNA 在自发致瘤性中真实功能的关注。未来的努力方向应该是忠实地模仿内源性 ceRNA 去调控，并在整个转录后调控的背景下实现 ceRNA 相互作用的功能化。

参考文献

[1] YIN X Z, ZHAO D M, ZHANG G X, et al. Effect of miRNA-203 on cervical cancer cells and its underlying mechanism [J]. Genet Mol Res, 2016, 15（3）: 1-7.

[2] DENG J F, WANG W H, YU G Y, et al.MicroRNA195 inhibits epithelial-mesenchymal

transition by targeting G protein-coupled estrogen receptor 1 in endometrial carcinoma [J].Mol Med Rep, 2019, 20 (5): 4023-4032.

[3] ZHANG C H, WANG B, WU L. MicroRNA-409 may function as a tumor suppressor in endometrial carcinoma cells by targeting Smad2 [J]. Mol Med Rep, 2019, 19 (1): 622-628.

[4] MONTAGNANA M, BENATI M, DANESE E, et al. Aberrant microRNA expression in patients with endometrial cancer [J]. Int J Gynecol Cancer, 2017, 27 (3): 459-466.

[5] 张晓英，王飞鹏，姜晓春.子宫内膜癌患者组织 miR-95、miR-192、ZEB1 水平变化及临床意义 [J].海南医学，2019, 30 (22): 2925-2928.

[6] FANG S Q, GAO M, XIONG S L, et al. Expression of serum Hsa-miR-93 in uterine cancer and its clinical significance [J].Oncol Lett, 2018, 15 (6): 9896-9900.

[7] WANG W, ZHOU L, WANG J S, et al. Circular RNA expression profiling identifies novel biomarkers in uterine leiomyoma [J]. Cell Signal, 2020, 76: 109784.

[8] FAZELI E, PILTAN S, SADEGHI H, et al. Ectopic expression of CYP24A1 circular RNA hsa_circ_0060927 in uterine leiomyomas [J]. J Clin Lab Anal, 2020, 34 (4): e23114.

[9] KIM Y J, KIM Y Y, SHIN J H, et al. Variation in microRNA expression profile of uterine leiomyoma with endometrial cavity distortion and endometrial cavity non-distortion [J]. Int J Mol Sci, 2018, 19 (9): 2524.

[10] XIE G. Circular RNA hsa-circ-0012129 promotes cell proliferation and invasion in 30 cases of human glioma and human glioma cell lines U373, A172, and SHG44, by targeting MicroRNA-661 (miR-661) [J]. Med Sci Monit, 2018, 24: 2497-2507.

[11] SMOLLE M A, BULLOCK M D, LING H, et al. Long non-coding RNAs in endometrial carcinoma [J]. Int J Mol Sci, 2015, 16 (11): 26463-26472.

[12] PENG L, YUAN X Q, JIANG B Y, et al. LncRNAs: key players and novel insights into cervical cancer [J]. Tumour Biol, 2016, 37 (3): 2779-2788.

第三节 卵巢癌

一、卵巢癌中的 miRNA

卵巢癌是女性生殖系统常见的恶性肿瘤之一,严重威胁女性的生命健康,具有发病隐匿、缺乏有效的治疗手段及短时间内容易发生化疗耐药等特征,是目前临床诊治的一大难题。全球每年约 24 万名女性被诊断出患有卵巢癌,反映出该疾病的高发病率和相关的高死亡率。随着遗传学的不断发展,人们发现 miRNA 与卵巢癌的发生和发展密切相关。

miRNA 主要通过碱基互补配对原则与 mRNA 的 3′ 端非翻译区或开放阅读框区特异性结合终止翻译,从而在转录后水平调控目的基因的表达。另外,miRNA 是多种生物学功能的调节剂,包括细胞增殖、分化、凋亡和自噬。因此,miRNA 的异常表达与人类许多疾病有关,包括癌症。miRNA 在卵巢癌病理过程中的异常表达也已经被观察到,这可能对卵巢癌的早期发现、诊断、治疗和预后有极其重要的意义。

生物信息学分析预测显示,约 2/3 的人类基因受到超过 1000 个 miRNAs 的调控。miRNAs 通过与特定靶信使 RNA(mRNA)的碱基配对,使特定靶 mRNA 降解或抑制其翻译过程进行,从而促进肿瘤的发生发展。功能研究结果表明,miRNAs 参与了卵巢癌细胞周期调节、凋亡、细胞增殖与侵袭转移等基本过程。Wang 等学者发现在 156 例上皮性卵巢癌组织中的 miR-203 表达水平明显高于邻近的非肿瘤组织,且有 65.3% 的邻近 EOC 细胞中存在 miR-203 的高表达。进一步的分析显示,miR-203 的表达水平可作为一个独立的因素来预测上皮性卵巢癌患者的整体生存期和无瘤生存期。这一发现首次为 miR-203 的表达上调作为推测上皮性卵巢癌患者预后不良的指标提供了有力的证据。肿瘤干细胞是具有高致瘤性、能够自我更新与分化的癌细胞。在正常干细胞和肿瘤干细胞中,miRNA 的表达谱是截然不同的。miR-214 在卵巢肿瘤干细胞中呈高表达,并通过抑制 p53-Nanog 通路使卵巢肿瘤干细胞具有自我更新和化疗耐药的特性。

卵巢癌的发生、转移、化疗耐药及预后都与 miRNA 的表达有着密切的联系,

miRNA可以作用于不同的靶基因及信号通路，进而对卵巢癌的发生发展过程进行调控。然而，研究人员对miRNA调控机制和靶基因的发现相对较晚，对其调控机制和靶基因的研究仍处于起步阶段，其具体调控机制还需进一步深入研究。

二、卵巢癌中的circRNA

全世界每年约有24万名新发现的卵巢癌患者，约有15万人死于卵巢癌。circRNA是一类不易被RNase降解的内源性非编码RNA，通过调节基因表达在肿瘤治疗中发挥极其重要的作用。研究表明，circRNA可以直接作用于卵巢癌细胞，或者通过增加/减少下游通路来影响卵巢癌细胞的增殖、侵袭和迁移能力。这些发现为卵巢癌的早期诊断、分子机制的探明及基因靶向治疗提供了可能。

卵巢癌是最具侵略性的妇科原发性恶性肿瘤之一，其发病率位于女性肿瘤的第二，但死亡率却位居第一。circRNA在人类多种癌症中异常表达，如胃癌中的circPVT1、神经胶质瘤中的circHIPK3、结肠癌中的circCCDC66和肝细胞癌抑制剂circMTO1等。

研究发现，卵巢癌患者中circRNA CDR1as沉默可增加miR-135b-5p的表达，并减少缺氧诱导因子1-alpha抑制剂（HIF1AN）的表达，沉默circHIPK3还可以提高卵巢癌细胞的增殖、侵袭和迁移能力。circRNA通过增加或者减少下游通路，来影响卵巢癌细胞的增殖、侵袭和迁移能力。Zhang等学者研究发现，circRNA hsa-circ-0051240通过抑制miR-637/KLK4轴促进肿瘤的形成。对卵巢癌患者预后的准确预测有助于指导治疗决策，并可能极大地提高卵巢癌患者的生存期和降低复发率/无复发生存率。由于circRNAs在临床样本中的高稳定性和表达模式，其在卵巢癌中也显示出作为预后生物标志物的巨大潜力。

由于目前对卵巢癌缺乏更为完善的诊断及治疗手段，其预后仍不理想。为了提高治疗的精确性和有效性，急需寻找可作为卵巢癌诊断和预后的新标志物。circRNAs可能在卵巢癌的诊断和预后中发挥着重要的临床作用。因此，对circRNAs更深入地研究有可能为卵巢癌的诊断和治疗带来新的方向，从而在疾病预后方面取得突破性进展。

三、卵巢癌中的 ceRNA

卵巢癌具有通过腹腔侵犯邻近器官的特点，是全世界最常见和最致命的女性生殖系统恶性肿瘤之一。近年来 ceRNA 引起了人们的极大关注，其由 lncRNA、miRNA 和 mRNAs 组成，参与调控多种包括肿瘤在内的生物学过程。随着对卵巢癌研究的深入，人们发现卵巢癌的恶性生物学行为也与 ceRNA 网络密切相关。

Cheng 等研究检测到暴露雌激素对卵巢癌的影响，发现利用雌激素处理永生卵巢上皮细胞会使 E2F 转录因子 6（E2F6）和原癌基因 c-KIT 表达上调，但 miR-193a 表达下调。体内外实验均验证了 E2F6 有促进卵巢癌的干性。另外，荧光素酶还检测到 miRNA-193a 同时靶向吸附 E2F6 和 c-KIT，雌激素诱导的 E2F6/miRNA-193a/c-Kit 轴会促进卵巢癌干性和肿瘤形成。Hu 等研究发现，癌症易感基因 9（CASC9）在卵巢癌组织和细胞中的表达异常升高，通常预示着卵巢癌患者预后不良。他们通过试验证实了 CASC9 促进肿瘤的发生发展作用，并且还发现 CASC9 可作为一种 ceRNA 发挥作用。CASC9 抑制 miR-758-3p 的表达，进而刺激卵巢癌中 LIN-7 同源物 A（LIN7A）的表达。miR-758-3p 靶向 LIN7A，LIN7A 过表达逆转了 CASC9 丢失对卵巢癌的抑制作用，这一发现揭示了一个新的促进卵巢癌进展的信号通路，即 CASC9/miR-758-3p/LIN7A 轴。而 Chao 等的研究发现 HOXA 转录反义 RNA——髓系特异性 1（HOTAIRM1）在卵巢癌肿瘤组织和细胞中的表达水平异常降低。HOTAIRM1 表达降低与 FIGO 分期晚期和淋巴转移有关。Chao 等的体内外试验均验证 HOTAIRM1 是一种卵巢癌抑制元件。此外，Chao 等还发现 HOTAIRM1 可以作为 miR-106a-5p 的 ceRNA 促进 ARHGAP24 的表达。miR-106a-5p 高表达后，HOTAIRM1 介导的抑制卵巢癌发展作用被部分逆转。另外，在体外试验中，Rho GTPase 激活蛋白 24（ARHGAP24）过表达抑制卵巢癌发展，这表明 HOTAIRM1/miR-106a-5p/ARHGAP24 轴抑制卵巢癌发展，为研究卵巢癌机制提供了新的思路，并强调了卵巢癌治疗的潜在治疗策略。

卵巢癌是威胁女性健康的最主要原因之一，基础治疗方法是手术辅以放化疗和靶向治疗。然而，尽管化疗方案和靶向治疗有很大突破，但是卵巢癌的治疗方案仍不足以使患者获得长期生存率。研究发现，lncRNA/miRNA/mRNA 轴参与调控卵巢癌细胞增殖、转移，为卵巢癌的靶向治疗提供了新见解。

四、卵巢癌中的其他非编码 RNA

卵巢癌起病隐匿，早期临床表现不典型，且缺乏有效的筛查和诊断方法，故超过 75% 的患者就诊时已是临床晚期，癌细胞已转移至整个腹膜腔。siRNA 可抑制卵巢癌细胞的增殖、凋亡和侵袭。近年来，siRNA 与上皮性卵巢癌的研究一直是科研人员的研究热点。

卵巢癌患者容易产生耐药性，对化疗药物耐药是卵巢癌患者治疗失败的主要原因。多药耐药性（MDR）是指肿瘤细胞对一种抗肿瘤药物产生抗药性的同时，对化学结构和作用机制不同的抗肿瘤药物产生交叉耐药。siRNA 通过 RNA 干扰效应下调或抑制多重耐药性相关基因的表达以改善卵巢癌化疗耐药，提高化疗药物的化疗效果。Guo 等依据静电相互作用设计了 LAH4-L1-siRNA 纳米复合物（LSCs）递送系统，LSCs 可以在人卵巢癌腺癌细胞系 SKOV-3 细胞上实现 87.3% 的 GTP 酶激活蛋白 MDR1 基因沉默；结合化疗药物，SKOV-3 细胞生长抑制率可达 82.9%。薛婷等通过常规体外培养人卵巢癌细胞株 SKOV-3，采用皮下注射法建立卵巢癌裸鼠皮下移植瘤模型，随机分为对照组、顺铂组、siRNA 组和 siRNA 联合顺铂组，分组给药，发现 siRNA 在体内对卵巢癌有一定抑制肿瘤生长的作用，这可能与和顺铂联用时有较高的化疗敏感性有关。也有研究表明，引入聚乳酸 - 羟基乙酸共聚物（PLGA）纳米粒子系统作为"双重 RNAi 递送系统"，以 MDR1 和 Bcl-2 siRNA 作为递送介质，克服了紫杉醇和顺铂对复发或晚期卵巢癌的耐药性。B 淋巴细胞瘤 -2 基因是 Bcl-2 家族的重要成员之一，参与调控细胞程序性死亡，其在细胞凋亡信号转导途径中发挥重要作用，其蛋白表达可抑制多种组织细胞的凋亡。唾液酸酶（NEU）是一种糖化酶，NEU1 基因是人类唾液酸酶家族成员之一。郭晓丽等采用 NEU1 siRNA 对卵巢癌细胞行沉默处理后检测细胞增殖、细胞周期分布、细胞凋亡和侵袭，结果表明，NEU1 siRNA 能有效抑制癌细胞增殖，阻滞细胞周期 G_0/G_1 期，并且诱导细胞凋亡；经 NEU1 siRNA 处理，卵巢癌 OVCAR3 细胞的侵袭力被显著抑制；说明 NEU1 siRNA 可抑制 CLN3 溶酶体 / 内体跨膜蛋白和细胞内转运蛋白（CLN5）的表达，以及降低 ATP 合酶 H^+ 转运线粒体 F1 复合物 β 亚单位（ATP5B）和 ATP 合成酶 H^+ 转运线粒体 F0 复合物 F 亚单位（ATP5J）的表达水平，为卵巢癌的靶向治疗提供了一个新方向。研究使用卵巢癌 SKOV-3 细胞来构建皮下移植的肿瘤模型，随机分组，每周进行腹膜内注射顺铂和皮下注射 siRNA，结果在用 siRNA 和顺铂治疗的小鼠中，核糖核苷酸还原酶调节亚基 M2（RRM2）的 mRNA、蛋白的表达及皮下移植的小鼠的肿瘤体积最小，这为有效治疗和预防卵巢癌提供了新途径。

siRNA 能抑制卵巢癌细胞增殖、促进癌细胞凋亡及克服化疗耐药和增加化疗药物敏感性，已成为卵巢癌的研究热点。但是，在临床应用方面还面临着一系列问题，科研人员仍需进行更深入地研究，以便设计出高效且特异的 siRNA 序列，开发可在人体内应用安全、高效的 siRNA，提高卵巢癌患者的生存率。

参考文献

［1］ALSHAMRANI A A. Roles of microRNAs in ovarian cancer tumorigenesis：two decades later，what have we learned？［J］. Front Oncol，2020，10：1084.

［2］WANG S S，ZHAO X H，WANG J，et al. Upregulation of microRNA-203 is associated with advanced tumor progression and poor prognosis in epithelial ovarian cancer［J］.Med Oncol，2013，30（3）：681.

［3］XU C X，XU M，TAN L，et al. MicroRNA miR-214 regulates ovarian cancer cell stemness by targeting p53/Nanog［J］. J Biol Chem，2016，291（43）：22851.

［4］NING L，LONG B，ZHANG W，et al. Circular RNA profiling reveals circEXOC6B and circN4BP2L2 as novel prognostic biomarkers in epithelial ovarian cancer［J］. Int J Oncol，2018，53（6）：2637-2646.

［5］HU J H，WANG L，CHEN J M，et al. The circular RNA circ-ITCH suppresses ovarian carcinoma progression through targeting miR-145/RASA1 signaling［J］. Biochem Biophys Res Commun，2018，505（1）：222-228.

［6］邓明新，张颖. 环状 RNA 与卵巢癌研究新进展［J］. 实用肿瘤学杂志，2019，33（6）：549-552.

［7］TENG F，XU J，ZHANG M，et al. Comprehensive circular RNA expression profiles and the tumor-suppressive function of circHIPK3 in ovarian cancer［J］. Int J Biochem Cell Biol，2019，112：8-17.

［8］ZHANG M Y，XIA B R，XU Y，et al. Circular RNA（hsa_circ_0051240）promotes cell proliferation，migration and invasion in ovarian cancer through miR-637/KLK4 axis［J］.Artif

Cells Nanomed Biotechnol, 2019, 47 (1): 1224-1233.

[9] 蔡雨晗,景兰凯,林茜茜.环状RNA的分子生物学功能及其在卵巢癌中的研究[J].国际妇产科学杂志,2019,46(2):134-137,180.

[10] CHENG F, LIN H Y, HWANG T W, et al. E2F6 functions as a competing endogenous RNA, and transcriptional repressor, to promote ovarian cancer stemness [J]. Cancer Sci, 2019, 110 (3): 1085-1095.

[11] HU X, LI Y, KONG D, et al. Long noncoding RNA CASC9 promotes LIN7A expression via miR-758-3p to facilitate the malignancy of ovarian cancer [J]. J Cell Physiol, 2019, 234 (7): 10800-10808.

[12] CHAO H, ZHANG M, HOU H, et al. HOTAIRM1 suppresses cell proliferation and invasion in ovarian cancer through facilitating ARHGAP24 expression by sponging miR-106a-5p [J]. Life Sci, 2020, 243: 117296.

[13] GUO N, GAO C, LIU J, et al. Reversal of ovarian cancer multidrug resistance by a combination of LAH4-L1-siMDR1 nanocomplexes with chemotherapeutics [J]. Mol Pharm, 2018, 15 (5): 1853-1861.

[14] 薛婷,王黎明,焦今文,等.siRNA介导RRM2基因沉默治疗人卵巢癌裸鼠移植瘤[J].山东大学学报(医学版),2019,57(10):74-79.

[15] RISNAYANTI C, JANG Y S, LEE J, et al. PLGA nanoparticles co-delivering MDR1 and Bcl-2 siRNA for overcoming resistance of paclitaxel and cisplatin in recurrent or advanced ovarian cancer [J]. Sci Rep, 2018, 8 (1): 7498.

[16] 郭晓丽,杜军强,程其,等.唾液酸酶NEU1 siRNA对人卵巢癌OVCAR3细胞增殖、凋亡和侵袭的影响[J].中华全科医学,2018,16(3):431-433,460.

[17] XUE T, WANG L M, LI Y, et al. SiRNA-mediated RRM2 gene silencing combined with cisplatin in the treatment of epithelial ovarian cancer in vivo: an experimental study of nude mice [J]. Int J Med Sci, 2019, 16 (11): 1510-1516.

第四节 睾丸癌

睾丸生殖细胞肿瘤是年轻男性中最常见的癌症类型之一,起源于常见的前体生殖细胞原位肿瘤。以往睾丸生殖细胞肿瘤患者的临床诊断一直依靠经典的血清肿瘤标志物,如α-甲胎蛋白、人绒毛膜促性腺激素亚基-β和乳酸脱氢酶等。在原发性肿瘤的诊断及随访监测和复发预测中,miRNA已显示出优于经典的血清肿瘤标志物之处。miRNA能调控哺乳动物性腺(睾丸和卵巢)的发育,促进精子与卵母细胞的分化成熟，影响受精卵的发育过程，并可能作为诊断生殖疾病的重要指标。检测 miRNA 似乎可成为区分睾丸癌不同组织类型的可靠手段。

近年来，有关 miRNAs 的研究越来越多，人们发现 miRNAs 在睾丸癌的发病中起着重要的作用，可以利用 miRNAs 来做睾丸癌的诊断及预测，或者找到新的治疗手段。已发现精原细胞瘤和非精原细胞瘤生殖细胞高度表达了两类 miRNA，这两类 miRNA 被分泌到睾丸生殖细胞肿瘤患者的血液中，可以从血清或血浆中提取出来，并通过实时聚合酶链反应进行定量。目前已经提取了血清和血浆中的循环 miR-371a-3p 和 miR-372-3p 作为 TGCT 生物标志物，用于诊断和监测疾病。miR-371a-3p 是用于检测睾丸生殖细胞肿瘤患者疾病复发的敏感且潜在的新型生物标志物，这种有前途的生物标志物应在进一步的大型前瞻性试验中进行研究。

表观遗传学的变化包括 DNA 甲基化、组蛋白修饰和 miRNA 调控，通过表观遗传学的研究，可以为睾丸癌建立早期发现的诊断方法和新的治疗策略。与经典标志物相反，miR-371a-3p 可以识别原发性睾丸生殖细胞肿瘤，可在临床发现不明确的情况下帮助做出临床决策。睾丸生殖细胞肿瘤中 miR-514a-3p 表达的缺失会增加父系表达 3（PEG3）表达，从而募集肿瘤坏死因子受体相关因子 2（TRAF2）并激活 NF-κB 通路，进而保护生殖细胞免于凋亡。重要的是，该研究还观察到大多数睾丸生殖细胞肿瘤中存在 PEG3 和核 p50 的高表达。血清中的 miR-371a-3p 有希望成为睾丸生殖细胞肿瘤的生物标志物。正如生殖细胞肿瘤患者的高血清水平一样，治疗后血脂水平会快速恢复至正常范围，血清水平与睾丸生殖细胞肿瘤体积密切相关，miR-371a-3p 在非睾丸恶性肿瘤中无法表达，而在睾丸静脉血中的 miR-371a-3p 水平更高。在精子发生过程中，miRNA 表达谱的改变与原位癌的发生密切相关，发生期间上调的 miRNA 有 miR-136、miR-743a、miR-463，下调的 miRNA 有 miR-290-5p、miR-291a-5p、miR-294、miR-293。对以上 miRNA 的靶点进行分析，提示这些 miRNA 可能作用于同源性磷酸酶 PTEN、C-X-C 基序趋化因子受体 4（CXCR4）及 Wnt/β-catenin 信号通路，并参与睾丸生殖细胞肿瘤的转移。

随着在 miRNAs 方面研究的不断深入，越来越多与肿瘤有关的 miRNAs 被发现，miRNAs 在肿瘤诊治中的价值越来越显著。在睾丸癌中，已有多种相关的 miRNAs 正在被研究，涉及睾丸癌的发生、检测、治疗和预后等多个方面，拥有良好的发展前景。然而目前已有的研究成果还较少，还需要大量的研究，miRNAs 与睾丸癌的关系才会展现得更加清楚。

参考文献

［1］MYKLEBUST M P，ROSENLUND B，GJENGSTØ P，et al. Quantitative PCR measurement of miR-371a-3p and miR-372-p is influenced by hemolysis［J］. Front Genet，2019，10：463.

［2］TERBUCH A，ADIPRASITO J B，STIEGELBAUER V，et al. MiR-371a-3p serum levels are increased in recurrence of testicular germ cell tumor patients［J］. Int J Mol Sci，2018，19（10）：3130.

［3］ANHEUSER P，RADTKE A，WÜLFING C，et al. Serum levels of microRNA-371a-3p：a highly sensitive tool for diagnosing and staging testicular germ cell tumours：a clinical case series［J］. Urol Int，2017，99（1）：98-103.

［4］ÖZATA D M，LI X，LEE L，et al. Loss of miR-514a-3p regulation of PEG3 activates the NF-kappa B pathway in human testicular germ cell tumors［J］. Cell Death Dis，2017，8（5）：e2759.

［5］SPIEKERMANN M，BELGE G，WINTER N，et al. MicroRNA miR-371a-3p in serum of patients with germ cell tumours：evaluations for establishing a serum biomarker［J］. Andrology，2015，3（1）：78-84.

［6］MCIVER S C，STANGER S J，SANTARELLI D M，et al. A unique combination of male germ cell miRNAs coordinates gonocyte differentiation［J］. PLoS One，2012，7（4）：e35553.

第五节　畸胎瘤

畸胎瘤属于一类复杂的肿瘤，为生殖细胞肿瘤中的一种，是生殖细胞分化异常导致的，其可分化为一个或多个基底层的肿瘤，包括外胚层、内胚层和中胚层。畸胎瘤可在机体多处发生，如卵巢、腹部、后纵隔、腹膜后和骶尾部等。畸胎瘤可分为良性畸胎瘤和恶性畸胎瘤。恶性畸胎瘤包括未成熟畸胎瘤和良性畸胎瘤的恶性转化，但具体的发病机制尚未明确。已知 miRNAs 在转录后调节基因表达，在各种生物学过程中发挥作用，在癌症中可表现出抑癌基因或促癌基因等功能。因此，研究 miRNAs 有助于阐明疾病的发病机制，发现新的非侵袭性生物标志物。

研究发现，miR-302 在调节细胞增殖、自我更新、多潜能分化和畸胎瘤形成方面具有重要作用。miR-302 的下调抑制畸胎瘤的形成，并促进多能干细胞分化，其机制是 miR-302 的高内源性表达，通过直接靶向其非翻译区 3′-UTR 来抑制丝氨酸/苏氨酸激酶 1（AKT1）的表达，从而使多能干细胞因子 OCT4 维持在较高水平，促进多潜能分化和畸胎瘤的形成。有研究显示，用 miRNA 对卵巢成熟畸胎瘤引起的鳞状细胞癌恶性转化进行分子分析，在癌症和成熟畸胎瘤的比较中发现存在 2 个显著上调的 miRNAs（miR-151a-3p 和 miR-378a-3p）和 2 个显著下调的 miRNAs（miR-26a-5p 和 miR-99a-5p），这些发现在新鲜肿瘤组织中得到了证实。此外，当肿瘤组织增大时，一些 miRNA（如 miR-151a-3p 和 miR-378a-3p）的表达水平在小鼠血浆中升高，表明这些 miRNAs 的靶基因与肿瘤相关的途径（如癌症途径）和细胞周期密切相关。这项研究还确定了 4 种与鳞状细胞癌相关的 miRNAs，它们被认为与恶性转化的特征有关。还有研究表明，以 miR-371 家族作为血浆生物标志物检测畸胎瘤，能分析出未分化和潜在恶性的人类多能干细胞。

血清 miRNA 水平作为疾病标志物的研究越来越广泛。血清 miR-375-3p 被证明为一种新的生殖细胞肿瘤血清生物标志物，是监测畸胎瘤可靠的生物标志物，但是不能区分畸胎瘤和生殖细胞肿瘤的其他亚型，特异性不高。而且畸胎瘤可由多种组织组成，成分复杂。因此，仍然缺少畸胎瘤的分子生物标志物。目前人体已鉴定出 2000 多个 miRNAs，且数量不断增加。在未来，通过大规模的微阵列研究可能揭示出更多畸胎瘤的高敏感与高特异的新标志物，miR-301 可能是也仅是微阵列中的一种。

畸胎瘤发病率低，目前对其发生机制尚不完全清楚，极易误诊漏诊，因此与发病部位相近的恶性肿瘤的鉴别非常重要。已知一些 miRNA 对畸胎瘤有一定的指示性，因此，广泛研究 miRNA 可能有助于揭示畸胎瘤的发病机制，同时也有助于寻找出合适的 miRNA 标志物。

参考文献

[1] LI H L, WEI J F, FAN L Y, et al. MiR-302 regulates pluripotency, teratoma formation and differentiation in stem cells via an AKT1/OCT4-dependent manner [J]. Cell Death Dis, 2016, 7(1): e2078.

[2] SALVATORI D, DORSSERS L, GILLIS A, et al. The microRNA-371 family as plasma biomarkers for monitoring undifferentiated and potentially malignant human pluripotent stem cells in teratoma assays [J]. Stem Cell Reports, 2018, 11(6): 1493-1505.

[3] BELGE G, GROBELNY F, MATTHIES C, et al. Serum level of microRNA-375-3p is not a reliable biomarker of teratoma [J]. In Vivo, 2020, 34(1): 163-168.

第六节　绒毛膜癌

一、绒毛膜癌中的 miRNA

绒毛膜癌是发生于胎盘外层的绒毛膜上皮细胞（即滋养细胞）的一种恶性程度很高的肿瘤。绒毛膜癌是一种高度恶性肿瘤，可以继发于正常妊娠或异常妊娠之后。早期就可通过血行转移至全身，破坏组织或器官，引起出血坏死。患者多为育龄女性，也有少数发生于绝经后。

miRNA 是一类长度为 18～22 nt 的微小非编码 RNA，虽然不能编码蛋白质，但是在灵长类动物中，其可提高或抑制所有蛋白质编码基因 50% 的活性。miRNA 在生物学过程（发育、细胞增殖、分化和凋亡）中起重要的调节作用。研究表明，miRNA 通过控制靶标 mRNA 的表达来促进肿瘤的生长、侵袭、血管生成和免疫逃逸，从而调节癌症发生发展。

丝裂原活化蛋白激酶 1（MAP3K1）是生物信息学分析预测的靶基因，经 miR-196b 处理后，在绒毛膜癌细胞株 JAR 和 BeWo 细胞中的 MAP3K1 表达水平降低。研究表明，miR-196b 通过抑制转录靶点 MAP3K1 来抑制人绒毛膜癌细胞的增殖、迁移和侵袭。miR-196b 和 MAP3K1 可能被认为是治疗葡萄胎（HM）的潜在靶点。研究还发现，Lin-28 同源物 B（Lin28b）在人绒毛膜癌组织和细胞系中高表达。β-catenin/Lin28b/Let-7a 通路可能在调节人绒毛膜癌细胞增殖中起关键作用。相关研究证明，miR-371a-5p 是 XIAP-caspase-3 凋亡途径的调节因子之一，可能参与了反复妊娠丢失的发病机制。

肺腺癌转移相关转录本 1（MALAT1）参与了一些肿瘤的发生发展，可在肝细胞癌、宫颈癌、乳腺癌、卵巢癌和结直肠癌中异常表达。在绒毛膜癌细胞株中，未经过研究的 RNA-MALAT1 促进了绒毛膜癌以 miR-218 为靶点的细胞生长。最初发现 miR-21 在葡萄胎组织中与正常的早孕胎盘相比有明显的上调，miR-21 的表达仅限于滋养层。另有研究表明，miR-21 与妊娠滋养细胞疾病的侵袭表型有关，对妊娠滋养细胞肿瘤具有潜在的诊断和治疗价值。

二、绒毛膜癌中的 circRNA

绒毛膜癌恶性程度高，侵袭性强，易转移，是威胁广大育龄期女性的主要疾病之一，其临床治疗与化疗效果都不佳。因此，探索一种新的方法或有效的药物来治疗绒毛膜癌非常重要。circRNA 作为一类重要的非编码 RNA，其与癌症的发生发展及转移密切相关，是近年研究的热点。circRNA 的作用机制非常复杂，至今尚未完全清楚其生物学功能，尽管人们对 circRNA 在人类生物学过程中的作用知之甚少，但是 circRNA 的失调已经在癌症中得到证实，并且明确其在人类肿瘤的发生发展过程中起着重要的作用。

随着 circRNA 研究的不断深入，大量研究证实了 circRNA 与不同种类癌症具有一定相关性，包括其在癌症的发生发展和转移中的作用。研究表明，血清 circ-PTENP1、血清 circ-HIPK3 和人绒毛膜促性腺激素在绒毛膜癌中高表达，相对于低血清 circ-PTENP1 组和低血清 circ-HIPK3 组，高血清 circ-PTENP1 组和高血清 circ-HIPK3 组的患者生存率显著降低。绒毛膜癌患者血清 circ-PTENP1、circ-HIPK3 和 β-HCG 水平显著高于健康对照组（$P < 0.05$），证明血清 circ-PTENP1H 和 circ-HIPK3 对绒毛膜癌的诊断有价值、有意义。研究证实了血清 circ-PTENP1 和血清 circ-HIPK3 在绒毛膜癌中高表达，但是它们是否能用于绒毛膜癌早期筛查及治疗预后的判断，还有待进一步研究。

综上所述，越来越多的研究表明 circRNA 在绒毛膜癌中异常表达，并通过各种途径调控绒毛膜癌的发生发展。不过，绒毛膜癌中的 circRNA 研究还处在初步研究阶段，许多机制、机理还不十分清楚，还需要进一步研究，以期为绒毛膜癌的治疗寻找到新的生物标志物和治疗靶点，为临床诊疗提供思路。

三、绒毛膜癌中的其他非编码 RNA

绒毛膜癌对化疗敏感。以往的研究表明，许多肿瘤中含有一小部分细胞，这些细胞具有增强肿瘤起始潜能和干细胞样特性。研究发现，在无血清条件下从绒毛膜癌中分离出的球形细胞具有干细胞样特征。芳烃受体（AhR）在球形细胞中的表达和核转位明显升高，用 2，3，7，8- 四氯代二苯并 - 对二噁英（TCDD）激活 AhR 能显著提高细胞成球效率、化疗耐药性和形成肿瘤异种移植物的能力，而用短发卡 RNA（shRNA）敲除 AhR 则显著降低了其干细胞样特性。在机制上，β-catenin 通路激活可能是 AhR 在调控肿瘤干细胞特性过程中所必需的生物学功能。研究还发现在肿瘤干细胞中发挥重要作用的 ATP 结合家族亚家族 G（WHITE）成员 2（ABCG2）是 AhR 的直接靶点。这些结果强烈提示 AhR 参与绒毛膜癌的癌变过程，靶向 AhR 可能为绒毛膜癌的治疗提供新的方向。

AhR 在球形细胞中的表达明显高于贴壁非肿瘤细胞，提示 AhR 可能在绒毛膜癌中起致癌基因的作用。有学者在存在或不存在 Wnt 抑制剂（XAV-939）的情况下，使用 TCDD 处理绒毛膜癌细胞系 JEG-3 和 BeWo，分别对球形细胞进行计数。Western blot 检测 TCDD 处理的 JEG-3 细胞中 β-catenin、β-catenin 下游靶点（Cyclin D1 和 c-MYC）的表达时，将经 TCDD 处理或 AhR shRNA 稳定转染的 JEG-3 细胞用一抗 β-catenin（红色）染色，接着用二抗和 4,6- 二脒基 -2- 苯基吲哚（DAPI）染色（蓝色），然后用免疫荧光法检测 β-catenin 定位和核转位，最终显示出 β-catenin 阳性细胞在不同组中的百分比。在绒毛膜癌中，球形细胞中细胞色素 P450 1A1（CYP1A1）mRNA 和 AhR 核定位明显高于贴壁非肿瘤干细胞；AhR 的激活增强了肿瘤干细胞样特征，包括球状群体、细胞增殖、化疗耐药性和致瘤潜能；相反，AhR 被破坏则降低了这些能力。

此外，Wnt/β-catenin 信号通路参与肿瘤干细胞的发育和维持，在肿瘤干细胞生物学中起着至关重要的作用，已在许多研究中得到证实。研究表明，AhR 可能控制 β-catenin 的激活。还有研究表明化疗耐药是癌细胞转移的一个很有意义的标志，AhR 介导的耐药性具有更大的意义。以往的研究将 AhR 激活与 ATP 结合和转运蛋白 G2（ABCG2）介导的药物耐药相关联。据报道，AhR 是 ABCG2 的转录激活因子，参与了 ABCG2 在椭球细胞中的过表达，表明它是绒毛膜癌化疗耐药性的关键调节因子。总之，AhR 在绒毛膜癌中增强了肿瘤干细胞样特征，表明其可能成为新的治疗靶点。

参考文献

［1］VALIHRACH L，ANDROVIC P，KUBISTA M. Circulating miRNA analysis for cancer diagnostics and therapy［J］. Mol Aspects Med，2020，72：100825.

［2］LIN Q，ZHOU C R，BAI M J，et al. Exosome-mediated miRNA delivery promotes liver cancer EMT and metastasis［J］. Am J Transl Res，2020，12（3）：1080-1095.

［3］GUO Z Z，SUI L L，QI J，et al. MiR-196b inhibits cell migration and invasion through targeting MAP3K1 in hydatidiform mole［J］. Biomed Pharmacother，2019，113：108760.

［4］WU J，FENG X，DU Y，et al. β-catenin/LIN28B promotes the proliferation of human choriocarcinoma cells via Let-7a repression［J］. Acta Biochim Biophys Sin（Shanghai），2019，51（5）：455-462.

［5］DU E，CAO Y M，FENG C，et al.The possible involvement of miR-371a-5p regulating XIAP in the pathogenesis of recurrent pregnancy loss［J］.Reprod Sci，2019，26（11）：1468-1475.

［6］SHI D，ZHANG Y，LU R，et al. The long non-coding RNA MALAT1 interacted with miR-218 modulates choriocarcinoma growth by targeting Fbxw8［J］. Biomed Pharmacother，2018，97：543-550.

［7］WANG Y X，ZHAO J R，XU Y Y，et al. MiR-21 is overexpressed in hydatidiform mole tissues and promotes proliferation, migration, and invasion in choriocarcinoma cells［J］. Int J Gynecol Cancer，2017，27（2）：364-374.

［8］KRISTENSEN L S，ANDERSEN M S，STAGSTED L，et al. The biogenesis, biology and characterization of circular RNAs［J］.Nat Rev Genet，2019，20（11）：675-691.

［9］张宇华，王晓彬，刘佳，等. 血清环状 RNA PTENP1、HIPK3 联合 β-HCG 在绒毛膜癌诊断和预后评估中的价值［J］. 实用癌症杂志，2019，34（8）：1261-1266.

［10］NEAVIN D R，LIU D，RAY B，et al. The role of the aryl hydrocarbon receptor（AHR）in immune and inflammatory diseases［J］. Int J Mol Sci，2018，19（12）：3851.

［11］PATRIZI B，CUMIS M. TCDD toxicity mediated by epigenetic mechanisms［J］. Int J Mol Sci，2018，19（12）：4101.

［12］LI Y B，CUI J H，JIA J P.The activation of procarcinogens by CYP1A1/1B1 and related chemo-preventive agents：a review［J］.Curr Cancer Drug Targets，2021，21（1）：21-54.

［13］LARIGOT L，JURICEK L，DAIROU J，et al. AhR signaling pathways and regulatory functions［J］. Biochim Open，2018，7：1-9.

［14］KUKAL S，GUIN D，RAWAT C，et al. Multidrug efflux transporter ABCG2：expression and regulation［J］. Cell Mol Life Sci，2021，78（21-22）：6887-6939.

［15］HIRA D，TERADA T. BCRP/ABCG2 and high-alert medications：biochemical，pharmacokinetic，pharmacogenetic and clinical implications［J］. Biochem Pharmacol，2018，147：201-210.

第七节　输卵管癌

一、输卵管癌中的 miRNA

原发性输卵管癌是一种少见的女性生殖道恶性肿瘤。浆液性输卵管上皮内癌（STIC）是高级浆液性卵巢癌（HGSOC）的前体，非浆液黏液性肿瘤可能从卵巢表面上皮或皮质包含囊肿发展而来。STIC 可能是携带生殖细胞株的高危女性患 HGSOC 的前兆。乳腺癌易感基因 BRCA1 或 BRCA2 突变可能与 HGSOC 的发病有关。上皮间质转化是卵巢癌等多种癌症移行和侵袭的重要调节机制。上皮间质转化可以被多种 miRNAs 所修饰，如 miR-200 家族、miR-23b、miR-29b 和 miR-150 等，导致细胞由极化的上皮表型转变为高度运动的间充质表型。在上皮间质转化过程中，细胞失去上皮黏附分子，获得间充质标志物，迁移和侵袭增加。多种 miRNA 异常表达参与卵巢上皮癌的形成，而输卵管上皮癌的肿瘤细胞表现出与卵巢上皮癌相似的表达模式趋势。

miRNAs 是一种小的长度为 19～22 nt 的非编码 RNA，是基因表达的转录后调控因子，参与多种生物学特性，包括增殖、侵袭周围组织、炎症、抑制细胞凋亡、解除血管生成和远处扩散能力等。此外，越来越多的证据表明 miRNA 参与氧化应激过程，会导致月经逆行，血液分解致腹膜氧化应激增加，加快子宫内膜异位症的发展和输卵管恶性转化，最终导致了高级浆液性卵巢癌。

miR-200 家族成员在交界性恶性肿瘤、浆液性恶性肿瘤和非浆液性恶性肿瘤中明显过表达于卵巢上皮细胞中。研究表明 miR-200 可以在 STIC 细胞中激活，并在调节和促进输卵管上皮细胞的上皮样肿瘤发生中起重要作用。正常的输卵管上皮细胞比卵巢上皮细胞具有更高的 miR-200 表达，以调控糖类抗原 125（CA125）的表达倾向。此外，高级浆液性卵巢肿瘤也比非浆液黏液性卵巢肿瘤表达更高水平的 CA125，这也为探索一些高级浆液性卵巢肿瘤的起源提供证据。

E2F1/miR-519d/RHOC 可以作为诊断和治疗卵巢癌的一种很有前途的信号通路。E2F 转录因子 1（E2F1）是一种癌基因，在卵巢癌发生发展中具有重要作用。E2F1 过表达可促进细胞增殖、G1-S 进程、存活、迁移和侵袭，还促进了肿瘤的体内生长，而 miR-519d 的过表达则抑制了肿瘤的生长。E2F1 过表达增加了 Ras 同源物基因家族成员 C（RHOC）、B 细胞淋巴瘤-2（Bcl-2）、细胞周期蛋白 D1、生存素、MMP2、MMP9、STAT3 和人抗原 R（HuR）的表达，降低 miR-519d 的表达。E2F1 直接下调 miR-519d 的表达，miR-519d 直接下调 RHOC 的表达。相反，miR-519d 也可以直接下调 E2F1 的表达，E2F1 与 miR-519d 之间存在直接抑制性调节循环。所以认为 E2F1、miR-519d、RHOC 是诊断和治疗卵巢癌的一种很有前途的信号通路。

miR-34a 具有明显的增殖抑制作用。研究表明，miR-34a 的表达在卵巢中被下调，卵巢癌组织中 miR-34a 的表达水平明显低于相应的癌旁非肿瘤组织。过表达的 miR-34a 可抑制受体酪氨酸激酶（Axl）的表达，提示 Axl 是 miR-34a 的靶基因。miR-34a 可能通过抑制卵巢中致癌的 Axl 而发挥抑癌作用。不过，其在输卵管癌中的作用是否相似目前仍不明确。

二、输卵管癌中的 circRNA

circRNA 是一类广泛存在于各种生物中的非编码 RNA，它的 3′和 5′末端连接在一起形成共价闭合环状结构，正是这一结构使得它具有更好的稳定性及保守性。有学者发现，circRNA 是细胞基因表达的一种形式，circRNA 可充当 miRNA 海绵，参与复杂的 RNA-RNA 相互作用网络。circRNA 还具有调节基因的表达、在翻译过程中发挥顺式转录调控及调控可变剪接等功能。临床上，尤其在分子水平的肿瘤诊断及治疗方面，可将 circRNA 作为在心脑血管疾病、免疫疾病等多种疾病中的临床生物标志物。有文献研究报道，circRNA 在冠心病、骨肿瘤、头颈部肿瘤、胃癌、肾癌、胰腺导管腺癌、肠癌中的应用较多。

原发性输卵管癌是一种来源于输卵管上皮组织的女性生殖道恶性肿瘤，发病率为0.18%～1.60%，患者发病年龄一般在50～60岁，约2/3的患者在绝经后发病。原发性输卵管癌是一种非常少见的女性生殖道恶性肿瘤。目前，circRNA在卵巢癌中的调节与表达的研究较多见，如circPUM1通过海绵样作用于miR-615-5p和miR-6753-5p；circWHSC1通过海绵样作用于miR-145和miR-1182；circ-ITCH通过海绵样作用于miR-145/RASA1，均被报道从基因层面参与了卵巢癌细胞的增殖、凋亡及自噬的调控，从而促进了癌细胞的发展，最终形成了卵巢癌，严重者发展至远处转移。目前单纯研究circRNA与原发性输卵管癌之间的关系较少。因为FIGO分期已将上述3种疾病归入同一体系描述，而原发性输卵管癌的发病率极低，所以目前大部分研究都集中在卵巢癌方面。通过对卵巢癌的分子层面上的研究，期望在未来原发性输卵管癌基因层面的诊断治疗也能有所进展。

参考文献

[1] LEE C H, SUBRAMANIAN S, BECK A H, et al. MicroRNA profiling of BRCA1/2 mutation-carrying and non-mutation-carrying high-grade serous carcinomas of ovary [J]. PLoS One, 2009, 4 (10): e7314.

[2] WANG Y, YAN S, LIU X L, et al. MiR-1236-3p represses the cell migration and invasion abilities by targeting ZEB1 in high-grade serous ovarian carcinoma[J].Oncol Rep, 2014, 31(4): 1905-1910.

[3] MARÍ-ALEXANDRE J, CARCELÉN A P, AGABABYAN C, et al. Interplay between microRNAs and oxidative stress in ovarian conditions with a focus on ovarian cancer and endometriosis [J]. Int J Mol Sci, 2019, 20 (21): 5322.

[4] YANG J Z, ZHOU Y L, NG S K, et al. Characterization of MicroRNA-200 pathway in ovarian cancer and serous intraepithelial carcinoma of fallopian tube [J].BMC Cancer, 2017, 17 (1): 422.

[5] SANG X B, ZONG Z H, WANG L L, et al. E2F-1 targets miR-519d to regulate the expression of the ras homolog gene family member C [J]. Oncotarget, 2017, 8 (9): 14777-14793.

[6] LI R, SHI X J, LING F Y, et al.MiR-34a suppresses ovarian cancer proliferation and motility by targeting AXL [J].Tumour Biol, 2015, 36 (9): 7277-7283.

[7] 张公杰, 李薇薇, 兰宇贞, 等. 以外阴淋巴水肿为首发表现的输卵管癌1例 [J]. 中华皮肤科杂志, 2022, 55 (1): 68-69.

[8] XUE G, HONG Z Z, YAO L, et al. CircPUM1 promotes tumorigenesis and progression of ovarian cancer by sponging miR-615-5p and miR-6753-5p [J].Mol Ther Nucleic Acids, 2019, 18: 882-892.

[9] ZONG Z H, DU Y P, GUAN X, et al. CircWHSC1 promotes ovarian cancer progression by regulating MUC1 and hTERT through sponging miR-145 and miR-1182 [J].Journal of experimental & clinical cancer research, 2019, 38 (1): 437.

第八节　阴道癌

阴道癌是一种女性生殖系统的恶性肿瘤，分为原发性阴道癌和继发性阴道癌。原发性阴道癌的发病率较低，约占所有女性生殖系统恶性肿瘤的1%～2%。既往阴道癌常见于老年女性和绝经后女性，但近年来高危型HPV持续感染增多，阴道癌的患者渐渐开始往低龄化发展，年轻女性的阴道癌发病率逐渐升高。虽然阴道癌的发病率较低，但是对女性的身体和心理造成的伤害仍然巨大。siRNA来源于长的双链RNA分子（包括RNA病毒复制子、转座子或转基因靶点等），经Dicer酶剪切为长度是21～25 nt的双链RNA片段，装载至AGO蛋白而发挥作用。Smith等学者研究证实，约40.4%的外阴癌患者可以检测出HPV DNA，其中以HPV16型、HPV18型、HPV33型较多见，同时siRNA在基因阻断术中的沉默现象可以改变HPV的基因表达，从而影响癌细胞生命活动。付海丹等利用siRNA沉默宫颈癌HeLa细胞HPV18-E7基因，从而研究HPV18-E7基因下调对宫颈癌细胞凋亡和增殖的影响，发现沉默HPV18-E7基因后，HeLa细胞凋亡增加、增殖抑制，HeLa细胞的恶性增殖表型得到部分逆转，这些结果都表明了HPV18-E7基因对于宫颈癌HeLa细胞维持恶性表现型是非常必要的。Kuner等应用RNA干扰技术沉默感染HPV宫颈癌细胞中的HPV18-E6和HPV18-E7基因，在分子水平层面分析了参与宫颈癌细胞凋亡调控、纺锤体构成、细胞周期调节等多个基因的功能。

综上所述，siRNA可以抑制HPV的表达，进而影响阴道癌的发生发展。阴道癌的发生和发展是一个十分复杂的过程，受多个基因的影响。通过siRNA的干扰技术可以在不影响正常的基因功能的情况下阻断多个基因表达，在研究原癌基因和抑癌基因功能方面发挥了巨大作用。RNA干扰作为一种新的基因阻断技术，具有特异性、高效性、低毒性等特点，较传统基因敲除和反义技术有明显优势。利用siRNA

干扰技术阻断 HPV 病毒基因，在未来可能成为治疗阴道癌的有效手段，从而降低阴道癌的死亡率，给广大女性带来福音。

参考文献

[1] TIJSTERMAN M, PLASTERK R H. Dicers at RISC; the mechanism of RNAi [J]. Cell, 2004, 117 (1): 1-3.

[2] SMITH J S, BACKES D M, HOOTS B E, et al. Human papillomavirus type-distribution in vulvar and vaginal cancers and their associated precursors [J]. Obstet Gynecol, 2009, 113 (4): 917-924.

[3] 付海丹，宋毓平，张庆华，等. siRNA 沉默 HPV18-E7 基因表达对人宫颈癌 HeLa 细胞凋亡和增殖的影响 [J]. 病毒学报，2017, 33 (4): 535-540.

[4] KUNER R, VOGT M, SULTMANN H, et al. Identification of cellular targets for the human papillomavirus E6 and E7 oncogenes by RNA interference and transcriptome analyses [J]. Journal of molecular medicine (Berlin, Germany), 2007, 85 (11): 1253-1262.

第九节　阴茎癌

阴茎癌是一种源自阴茎组织的恶性实体肿瘤。阴茎癌占阴茎肿瘤的 90% 以上，是阴茎最常见的恶性肿瘤。较贫穷的发展中国家的阴茎癌发病率和死亡率是发达国家的 3～10 倍。仍处于肿瘤早期，且经手术治疗的阴茎癌患者治愈率可达 70%～80%；伴腹股沟淋巴结转移的晚期阴茎癌患者即使经过积极的治疗，五年生存率仅有 20%～30%，如不治疗，患者一般在 2 年内死亡，五年生存率为 0。由此可见，阴茎癌的早期诊断对提高患者的生存率及预后尤为关键。在不同的肿瘤类型或同一肿瘤的不同分期中，miRNA 的表达谱均有不同，故其作为分子标志物在肿瘤的诊断、治疗、评估预后及疗效的研究中无疑是一种有效可靠的途径。

Liang 等研究表明，miR-506 通过下调 LIM 同源框基因 2（LHX2）并降低转录因子 4（TCF4）来抑制 Wnt/β-catenin 信号传导，最终抑制鼻咽癌中的肿瘤细胞生长和转移。Zeuschner 等发现泌尿系统肿瘤（如尿路上皮源性肿瘤、肾脏肿瘤、前列腺肿瘤）患者的血液（血清、血浆）和尿液样本中均可检测到非编码 RNA，包括 miRNA、lncRNA、小干扰 RNA、小核 RNA 等。也有研究表明，阴茎癌患者中溶质载体超家族 8 成员 A1（SLC8A1）的低表达（$P=0.001$）与 miR-223 的过表达（$P=0.002$）呈正相关，与 SLC8A1 的基因复制无关。调控因子 miR-223 介导 SLC8A1 基因在阴茎癌组织中表达下调，导致癌组织中钙分布降低，Ki-67（一种与细胞增殖、核糖体 RNA 转录有关的核蛋白）增多和半胱氨酸蛋白酶-3 免疫低表达，从而抑制肿瘤细胞凋亡使肿瘤细胞增殖。miR-223-NCX1-钙信号转导轴也许能为阴茎癌的治疗提供新的思路和方法。Kuasne 等研究证实，共有 68 个 miRNA 和 255 个 mRNA 的 598 种相互作用涉及阴茎癌，其中 hsa-miR-31-5p、hsa-miR-224-5p 和 hsa-miR-223-3p 过表达，hsa-miR-145 低表达，它们在阴茎癌发生发展中尤为重要。此外，基质金属蛋白酶 1（MMP1）表达水平可预测阴茎癌患者发生淋巴结转移的可能性，MMPs 基因还可能是阴茎癌发病的驱动因子。Peta 等研究表明，高危型 HPV（HPV16-E6）通过下调 miR-146a 的表达和上调表皮生长因子受体的表达，最终介导了阴茎鳞状细胞癌的发生。Hartz 与 Engelmann 等研究表明，miR-1（$P=0.0048$）、miR-101（$P=0.0001$）和 miR-204（$P=0.0004$）可用于预测阴茎鳞状细胞癌的淋巴结转移，以上 3 种 miRNA 同时丢失提示阴茎鳞状细胞癌患者预后不良。

目前学界对 miRNA 在许多肿瘤性疾病中虽有一定研究，但对其自身调控机制研究尚浅，在阴茎癌中的研究更是亟待深入。大多关于阴茎癌的研究表明，miRNA 与阴茎癌的发生发展、转移等有关，尤其是阴茎癌伴淋巴转移的预测。分离和检测与肿瘤相关的 miRNA 分子，阐明其作用机制和临床意义，对于提高阴茎癌的早期诊断和治疗水平、提高患者预后及生存率、减少患者负担，以及减轻社会医疗负担具有重要的意义。但关于阴茎癌患者外周血 miRNA 表达谱的研究报道不多，且结果有差异，需要进一步研究和探讨。

参考文献

[1] LIANG T S, ZHENG Y J, WANG J, et al. MicroRNA-506 inhibits tumor growth and metastasis in nasopharyngeal carcinoma through the inactivation of the Wnt/beta-catenin signaling pathway by down-regulating LHX2［J］.J Exp Clin Cancer Res，2019，38（1）：97.

[2] ZEUSCHNER P, LINXWEILER J, JUNKER K. Non-coding RNAs as biomarkers in liquid

biopsies with a special emphasis on extracellular vesicles in urological malignancies [J].Expert Rev Mol Diagn, 2020, 20 (2): 151-167.

[3] MUÑOZ J J, DRIGO S A, BARROS-FILHO M C, et al. Down-regulation of SLC8A1 as a putative apoptosis evasion mechanism by modulation of calcium levels in penile carcinoma [J].J Urol, 2015, 194 (1): 245-251.

[4] KUASNE H, FILHO M C B, LOPES A B, et al. Integrative miRNA and mRNA analysis in penile carcinomas reveals markers and pathways with potential clinical impact [J].Oncotarget, 2017, 8 (9): 15294-15306.

[5] PETA E, CAPPELLESSO R, MASI G, et al. Down-regulation of microRNA-146a is associated with high-risk human papillomavirus infection and epidermal growth factor receptor overexpression in penile squamous cell carcinoma [J].Hum Pathol, 2017, 61: 33-40.

[6] HARTZ J M, ENGELMANN D, FÜRST K, et al. Integrated loss of miR-1/miR-101/miR-204 discriminates metastatic from nonmetastatic penile carcinomas and can predict patient outcome [J]. J Urol, 2016, 196 (2): 570-578.

第二章　消化系统肿瘤中的非编码RNA

第一节　胃癌

一、胃癌中的miRNA

胃癌是消化系统最常见的恶性肿瘤之一。研究发现，hsa-miR-1、hsa-miR-142-3p、hsa-miR-95、hsa-miR-133a和hsa-miR-181d在胃癌中表达上调，而hsa-miR-375表达下调。胃癌相关成纤维细胞（CAFs）中miR-214表达明显下调，CAFs中miR-214的上调则抑制胃癌细胞的迁移和侵袭，但不影响细胞的增殖。转染miR-214模拟物的CAFs条件培养液培养的胃癌细胞中钙黏着蛋白E表达增加，波形蛋白、钙黏着蛋白N和Snail的表达降低，表明胃癌细胞的上皮间质转化受到抑制。成纤维细胞生长因子9（FGF9）是miR-214的直接靶基因。miR-96-5p可能通过下调转录因子叉头框Q1（FOXQ1）的表达，抑制胃癌细胞的增殖、迁移和上皮间质转化。miR-340可能在肿瘤的发生发展中起到抑癌作用，其过度表达抑制了胃癌细胞的增殖，提示miR-340与多种环蛋白一起参与了胃癌的形成。研究还发现敲除circNRIP1基因能成功阻断胃癌细胞的增殖、迁移、侵袭和AKT1的表达。miR-149-5p抑制表型复制了circNRIP1在胃癌细胞中的过度表达，其过度表达阻断了circNRIP1的恶性行为。circNRIP1可以通过GC细胞间的外体通讯进行传递，并促进肿瘤转移。

MMP11在胃CAFs中受到miR-139的负调控。外源性miR-139通过降低MMP11的表达抑制胃癌细胞的生长和转移。胃CAFs的miR-139外显体可以通过降低肿瘤微环境中MMP11的表达来抑制胃癌的进展和转移。miR-1207-3p、miR-

1205、miR-1207-5p 和 miR-1208 在大约 50% 的胃癌中表达水平上调,miR-1205 的表达与基因拷贝的增加有关。8 号染色体长臂 2 区 4 带上 miRNA 的共表达表明,miR-1205 在胃癌发生发展中起着重要作用。虽然 miRNA 在胃癌发生发展的研究方面取得长足的发展,但是某些机制未能完全搞清楚,还需进一步深入研究,以期为胃癌的早期发现以及治疗提供更多的理论基础。

二、胃癌中的 circRNA

胃癌是指源于胃黏膜上皮细胞的恶性肿瘤。通过蛋白质相互作用的平台,circRNA 在调节细胞功能中可能具有相似作用。Ashwal-Fluss 等研究发现,剪切因子 MBL/MBNL1 的第 2 个外显子可以在蝇类和人类体内被转化形成环状结构,形成 circRNA。研究表明,circMb1 及其侧翼内含子具有保守的 MBL 的高特异性结合位点,从而可以调控 circMb1 的生物合成。另外,有研究发现,RNA 结合蛋白人抗原 R(HuR)最突出的靶点 circPABPN1 可与 HuR 结合,从而阻止 HuR 与多聚(A)结合蛋白核 1(PABPN1)mRNA 的结合,使 PABPN1 翻译减少。研究表明,PABPN1 翻译受 HuR 正向调节,受 circPABPN1 负向调节,这也为影响翻译的 RNA 结合蛋白提供了 circRNA 及其同源 mRNA 之间竞争的第一个例子。与癌旁组织相比,circRNA 在肿瘤组织中表达异常,可通过自身或干扰相关 miRNA 的表达来干扰肿瘤的发生发展。Chen 等发现,与邻近正常组织相比,hsa-circ-0000190 在胃癌组织和血浆中表达下调。许多研究表明,circRNA 被认为是胃癌早期诊断和预后的生物标志物,参与胃癌发展的 circRNAs 有可能成为胃癌个体化治疗的新靶点。circRNAs 与胃癌相互作用的分子机制是一个新兴的领域,需要我们进一步地研究。

三、胃癌中的 ceRNA

胃癌被认为是癌症死亡的第三大原因。在癌症形成过程中,免疫逃逸已成为癌细胞的标志性特征。Liu 等研究发现,免疫细胞参与了胃癌的预后,较高的 TCD68$^+$/SCD68$^+$ 比值和 TCD8$^+$/TFoxp3$^+$ 比值与总生存率成正比,有望成为胃癌预后的独立预测因子。许多研究报道了 ceRNA 在癌症发展中的作用,表明 ceRNA 可能作为胃癌的诊断生物标志物或治疗靶点。Chen 等研究发现,lnc-LINC01234 通过与 miR-

204-5p 竞争性结合调控核心结合因子 β 亚基（CBFB）表达来参与胃癌发生发展，提示这些基因可能被认为是胃癌诊断和治疗的新靶点；研究证实，下调的吩嗪生物合成样结构域蛋白（PBLD）可引起胃癌，其通过抑制 TGF-cad1 诱导的上皮间质转化负向调控胃癌细胞的生长和侵袭。同时，前期研究表明，miR-17-5p 在胃癌组织中被高度调控，对癌细胞的发生发展具有促进作用。有研究表明，LINC01133 可以调控 miR-17-5p 的表达，并发现 PBLD 和 LINC01133 均与浆细胞相关联。浆细胞对肿瘤组织中反复发生的炎症病灶提供了保护性免疫。

四、胃癌中的其他非编码 RNA

非编码 RNA 是指不编码蛋白质的 RNA，它们虽然不被翻译成蛋白质，但是参与了编码基因的转录调控，并在转录加工、蛋白质翻译等过程中发挥关键作用。PIWI 样 RNA 介导的基因沉默 2（PIWIL2）属于 PIWI 蛋白亚家族，广泛表达于多种肿瘤中。其中，RNA 干扰（RNAi）已被认为是用于癌症治疗最有希望的策略之一，RNAi 治疗剂需要一种高效的递送系统协助其运用于临床并发挥作用。研究表明，抗癌药物和 CDC20 siRNA 的共同递送对胃癌细胞的生长表现出高度抑制性，它们共同负载的新型阳离子聚乙二醇化脂质体在胃癌的治疗中具有广阔的应用前景。

通过 RNAi 进行的基因沉默正在迅速发展并有望成为癌症治疗的个性化领域。siRNA 可用于关闭特定的癌症基因，从而达到治疗癌症的效果。Garrido 等提出，化学合成的核仁实体-TAP siRNA 偶联物，可以通过增加肿瘤病变的抗原性来提高免疫增强疗法的抗肿瘤作用。可见，RNAi 在癌症治疗中发挥着重要的作用。

参考文献

［1］JIANG F，SHEN X B. MiRNA and mRNA expression profiles in gastric cancer patients and the relationship with circRNA［J］. Neoplasma，2019，6（6）：879-886.

［2］WANG R F，SUN Y Q，YU W W，et al.Downregulation of miRNA-214 in cancer-associated fibroblasts contributes to migration and invasion of gastric cancer cells through targeting FGF9 and inducing EMT［J］.J Exp Clin Cancer Res，2019，38（1）：20.

［3］杨欣怡，李宁，邓文英，等．miRNA-96-5p 靶向调控叉头框蛋白 Q1 的表达抑制胃癌细胞增殖侵袭和上皮间质转化［J］.中华肿瘤杂志，2019，41（3）：193-199.

［4］王健，陈文静，林慧娟，等. 胃癌中 miRNA-340 在体内外增殖能力检测及生物信息分析［J］. 南方医科大学学报，2019，39（7）：784-790.

［5］TERASHIMA M，ISHIMURA A，UDOM S W，et al. MEG8 long noncoding RNA contributes to epigenetic progression of the epithelial-mesenchymal transition of lung and pancreatic cancer cells［J］. J Biol Chem，2018，293（47）：18016-18030.

［6］FLUSS R A，MEYER M，PAMUDURTI N R，et al. CircRNA biogenesis competes with pre-mRNA splicing［J］. Mol Cell，2014，56（1）：55-66.

［7］WILUSZ J. Circular RNA and splicing：skip happens［J］. J Mol Biol，2015，427（15）：2411-2413.

［8］WANG X，LI H，LU Y，et al. Circular RNAs in Human Cancer［J］. Front Oncol，2020，10：577118.

［9］WEI W，ZENG H，ZHENG R，et al. Cancer registration in China and its role in cancer prevention and control［J］. Lancet Oncol，2020，21（7）：e342-e349.

［10］LIU K，YANG K，WU B，et al. Tumor-infiltrating immune cells are associated with prognosis of gastric cancer［J］. Medicine（Baltimore），2015，94（39）：e1631.

［11］CHEN Z，CHEN X，LU B，et al. Up-regulated LINC01234 promotes non-small-cell lung cancer cell metastasis by activating VAV3 and repressing BTG2 expression［J］. J Hematol Oncol，2020，13（1）：7.

［12］WU Q，LUO G，YANG Z，et al. MiR-17-5p promotes proliferation by targeting SOCS6 in gastric cancer cells［J］. FEBS Lett，2014，588（12）：2055-2062.

［13］ZU F，HAN H，SHENG W，et al. Identification of a competing endogenous RNA axis related to gastric cancer［J］. Aging（Albany NY），2020，12（20）：20540-20560.

［14］QIU B，ZENG J，ZHAO X，et al. PIWIL2 stabilizes beta-catenin to promote cell cycle and proliferation in tumor cells［J］. Biochem Biophys Res Commun，2019，516（3）：819-824.

［15］ANDO H，ABU L A，FUKUSHIMA M，et al. A simplified method for manufacturing RNAi therapeutics for local administration［J］. Int J Pharm，2019，564：256-262.

［16］HEMATI M，HAGHIRALSADAT F，JAFARY F，et al. Targeting cell cycle protein in gastric cancer with CDC20siRNA and anticancer drugs（doxorubicin and quercetin）co-loaded cationic PEGylated nanoniosomes［J］. Int J Nanomedicine，2019，14：6575-6585.

［17］GARRIDO G，SCHRAND B，RABASA A，et al. Tumor-targeted silencing of the peptide transporter TAP induces potent antitumor immunity［J］. Nat Commun，2019，10（1）：3773.

第二节 肝细胞癌

一、肝细胞癌中的 miRNA

肝细胞癌是一种侵袭性恶性肿瘤，占原发性肝癌的大多数，在世界范围内死亡率排名第三。在肝细胞癌中，几乎所有临床阶段均能发现 miRNA 表达的改变。许多 miRNAs 在肝细胞癌中发挥着癌基因的作用，如 miR-155 参与炎症性肝病，导致瘤性增加。在酸性微环境诱导的外泌体 miR-21 和 miR-10b 可促进肝癌细胞的增殖和转移。也有许多 miRNA 对癌基因有抑制作用，如 miR-4270-5p 通过靶向 SATB 同源框 2（SATB2）抑制肝细胞癌中癌细胞的增殖和转移。miR-124-3p 可通过靶向衔接蛋白（CRKL）来抑制肝细胞癌的癌变。此外，还有许多研究发现 miRNA 的特征表达可作为肝细胞癌的生物标志物或治疗靶标。

肝细胞癌的药物治疗包括化疗药物顺铂、多柔比星、5-氟尿嘧啶（5-FU）及分子靶向药物索拉非尼、仑伐替尼和提瓦替尼等，但耐药仍是治疗癌症的难点。miRNA 通过靶向药物相关基因，在调控肝细胞癌细胞多重耐药性方面发挥着重要作用。miR-96、miR-130a、miR-182、miR-199a 和 miR-340 表达的改变可增加或降低肝细胞癌对顺铂的敏感性。miR-125b 和 miR-195 分别通过下调抗凋亡蛋白 Bcl-2 和己糖激酶 II，提高 5-FU 耐药肝癌细胞对 5-FU 诱导的凋亡敏感性。miR-93、miR-216a 和 miR-217 通过靶向 p21Cip/Waf1 促进索拉非尼耐药，从而调控细胞凋亡和 TGF-β 信号通路。

目前，miRNA 在肝细胞癌中作用的研究仍不断发展，但由于体内环境的复杂性，miRNA 的体内研究仍然相对匮乏，临床应用前需要在体内广泛确认 miRNA 在肝细胞癌进展中的作用及其治疗效果。推进 miRNA 与肝细胞癌之间关系的深入研讨，有助于了解临床 miRNA 应用的现状，也有助于进一步提高医生在抗肝癌诊断和治疗中的临床决策能力。

二、肝细胞癌中的 circRNA

circRNA 是非编码肿瘤基因组的新成员，具有稳定性、保守性、普遍性和特异性。研究表明，CDR1反义RNA（CDR1AS）在肝细胞癌细胞和组织中均有高表达，大大加速了肝细胞癌细胞的增殖和迁移。circRNA CDR1AS是促进肝细胞癌发展的中心环节，同时通过外泌体直接从肝细胞癌细胞转移到周围正常细胞，从而介导周围细胞的生物学功能。

研究显示，circ-100338通过分泌miR-141-3p来促进肝细胞癌的进展，hsa-circ-103809在肝细胞癌中表达异常。hsa-circ-103809在肝细胞癌中的生物学功能和潜在的调控机制提示其在肝细胞癌患者中过表达，而其表达下调则显著抑制肝细胞癌细胞的增殖、周期进展和迁移，这为从实验到临床的肝癌治疗提供了新思路。circRNA-100338也被报道在肝细胞癌中高表达，其可使mTOR信号通路更为活跃，从而影响乙型肝炎相关的肝癌患者的预后。cSMARCA5被报道通过刺激miR-17-3p和miR-181b-5p促进肿瘤抑制因子TIMP3表达，从而抑制肝细胞癌细胞的生长和迁移。其他circRNA，如circSMAD2、circSETD3、circFBLIM1、circMTO1和circHIPK3，也可通过调节肝细胞癌细胞的增殖、迁移、凋亡和上皮间质转化而发挥致癌或抑癌作用。可见，越来越多的circRNA都被发现具有调节功能。

三、肝细胞癌中的ceRNA

肝细胞癌是世界上第六大常见癌症。大量研究也表明，miRNAs与lncRNAs、circRNAs之间存在着复杂的、密切相关的调控网络，参与肝细胞癌的发生发展。

Wang等人证明lncRNA-HULC通过与miR-372竞争性结合影响蛋白激酶cAMP激活的催化亚单位β（PRKACB）的表达，从而参与肝细胞癌的发病机制。Long等系统地研究了来自5个肝细胞癌队列（TCGA、GSE54236、GSE76427、GSE64041和GSE14520）的838例肝细胞癌患者的lncRNA、miRNA和mRNA的表达谱和预后价值，发现共有721个lncRNAs、73个miRNAs和1563个mRNAs在肝细胞癌中异常表达，此外MYCN反向链（MYCNOS）、DLX6反义RNA 1（DLX6-AS1）、LINC00221和结直肠肿瘤差异表达基因（CRNDE）等4个lncRNAs，以及细胞周期蛋白B1（CCNB1）、SHC结合和纺锤体相关1（SHCBP1）等2个mRNA，可作为肝细胞癌患者的预后生物标志物。这些参与ceRNA网络的候选基因可能成为肝细胞癌潜在的治疗靶点或诊断生物标志物。

四、肝细胞癌中的其他非编码RNA

肝细胞癌是原发性肝癌的主要类型，严重威胁人们的身体健康。不同靶向基因siRNA作用于肝癌基因，可抑制癌基因表达，诱导癌细胞凋亡。李伟伟等研究发现，siRNA可针对性下调肝癌HepG2细胞中DEK原癌基因表达，促进HepG2细胞凋亡，这可能与下调Bcl-2表达、上调半胱天冬酶3和Bcl-2相关X凋亡调节因子（Bax）表达有关。DEK原癌基因有望成为抗肿瘤治疗的新靶点，为临床早期发现和治疗肝癌提供新思路。siRNA有阻断信号传导通路的作用。有学者设计的高度特异性脂质纳米颗粒（LNPs）封装了化学药物索拉非尼（SOR）和针对中期因子基因（MK）的siRNA，从而在治疗肝细胞癌上赋予了一种新型的高效抗癌作用。MK-siRNA增加了肝癌HepG2细胞对SOR的敏感性，新型的靶向pH敏感LNPs成功并选择性地将SOR和MK-siRNA均递送至肝细胞癌细胞。

siRNA具有特异性、快速、可靠、操作简单等特点，现已成为治疗癌症、遗传病等多种疾病的一条新途径，运用siRNA技术抑制癌基因表达、促进癌细胞凋亡、抑制癌细胞侵袭转移能力及增强机体对化疗的耐受能力等方面均取得了可喜的研究成果，为肝癌的临床治疗奠定了基础。

参考文献

［1］BLAYA D，BRAVO B A，HAO F，et al. Expression of microRNA-155 in inflammatory cells modulates liver injury［J］. Hepatology，2018，68（2）：691-706.

［2］TIAN X P，WANG C Y，JIN X H，et al. Acidic microenvironment up-regulates exosomal miR-21 and miR-10b in early-stage hepatocellular carcinoma to promote cancer cell proliferation and metastasis［J］. Theranostics，2019，9（7）：1965-1979.

［3］WANG Y，LI C F，SUN L B，et al. MicroRNA-4270-5p inhibits cancer cell proliferation and metastasis in hepatocellular carcinoma by targeting SATB2［J］.Hum Cell，2020，33（4）：1155-1164.

［4］MAJID A，WANG J，NAWAZ M，et al. MiR-124-3p suppresses the invasiveness and metastasis of hepatocarcinoma cells via targeting CRKL［J］. Front Mol Biosci，2020，7：223.

［5］INCHINGOLO R，POSA A，MARIAPPAN M，et al. Locoregional treatments for hepatocellular carcinoma: current evidence and future directions［J］. World J Gastroenterol，2019，25（32）：

4614-4628.

［6］SI W，SHEN J，ZHENG H，et al. The role and mechanisms of action of microRNAs in cancer drug resistance［J］. Clin Epigenetics，2019，11（1）：25.

［7］WEI L，WANG X，LV L，et al. The emerging role of microRNAs and long noncoding RNAs in drug resistance of hepatocellular carcinoma［J］. Mol Cancer，2019，18（1）：147.

［8］CHENG X，TIAN P，ZHENG W，et al. Piplartine attenuates the proliferation of hepatocellular carcinoma cells via regulating hsa-circ-100338 expression［J］. Cancer Med，2020，9（12）：4265-4273.

［9］ZHAN W，LIAO X，CHEN Z，et al. Circular RNA hsa_circRNA_103809 promoted hepatocellular carcinoma development by regulating miR-377-3p/FGFR1/ERK axis［J］. J Cell Physiol，2020，235（2）：1733-1745.

［10］HUANG X Y，HUANG Z L，ZHANG P B，et al. CircRNA-100338 is associated with mTOR signaling pathway and poor prognosis in hepatocellular carcinoma［J］. Front Oncol. 2019，9：392.

［11］LI Z，ZHOU Y，YANG G，et al. Using circular RNA SMARCA5 as a potential novel biomarker for hepatocellular carcinoma［J］. Clin Chim Acta，2019，492：37-44.

［12］YU J，XU Q G，WANG Z G，et al. Circular RNA cSMARCA5 inhibits growth and metastasis in hepatocellular carcinoma［J］. J Hepatol，2018，68（6）：1214-1227.

［13］ZHANG X，ZHOU H，JING W，et al. The circular RNA hsa-circ-0001445 regulates the proliferation and migration of hepatocellular carcinoma and may serve as a diagnostic biomarker［J］. Dis Markers，2018，2018：3073467.

［14］GONG Y，MAO J，WU D，et al. Circ-ZEB1.33 promotes the proliferation of human HCC by sponging miR-200a-3p and upregulating CDK6［J］. Cancer Cell Int，2018，18（1）：116.

［15］BAI N，PENG E，QIU X，et al. CircFBLIM1 act as a ceRNA to promote hepatocellular cancer progression by sponging miR-346［J］. J Exp Clin Cancer Res，2018，37（1）：172.

［16］CHEN G，SHI Y，LIU M，et al. CircHIPK3 regulates cell proliferation and migration by sponging miR-124 and regulating AQP3 expression in hepatocellular carcinoma［J］. Cell Death Dis，2018，9（2）：175.

［17］HAN D，LI J，WANG H，et al. Circular RNA circMTO1 acts as the sponge of microRNA-9 to suppress hepatocellular carcinoma progression［J］. Hepatology，2017，66（4）：1151-1164.

［18］XU L，FENG X，HAO X，et al. CircSETD3（Hsa-circ-0000567）acts as a sponge for microRNA-421 inhibiting hepatocellular carcinoma growth［J］. J Exp Clin Cancer Res，2019，38（1）：98.

[19] ZHANG X, LUO P, JING W, et al. CircSMAD2 inhibits the epithelial-mesenchymal transition by targeting miR-629 in hepatocellular carcinoma[J]. Onco Targets Ther, 2018, 11: 2853-2863.

[20] WANG J, LIU X, WU H, et al. CREB up-regulates long non-coding RNA, HULC expression through interaction with microRNA-372 in liver cancer[J]. Nucleic Acids Res, 2010, 38(16): 5366-5383.

[21] LONG J, BAI Y, YANG X, et al. Construction and comprehensive analysis of a ceRNA network to reveal potential prognostic biomarkers for hepatocellular carcinoma[J]. Cancer Cell Int, 2019, 19: 90.

[22] 李伟伟, 申保生, 宋新文, 等. 小干扰RNA沉默DEK基因对肝癌HepG_2细胞凋亡的影响[J]. 中华实用诊断与治疗杂志, 2017, 31（12）: 1167-1170.

[23] YOUNIS M A, KHALIL I A, ABD E M, et al. A multifunctional lipid-based nanodevice for the highly specific codelivery of sorafenib and midkine siRNA to hepatic cancer cells[J]. mol pharm, 2019, 16（9）: 4031-4044.

第三节　食管癌

食管癌是世界上最常见的恶性肿瘤之一，发病率和死亡率高，其中食管鳞状细胞癌是最主要的癌症类型。circRNA是一种具有环状结构的内源性非编码RNA，具有普遍性、稳定性、保守性和特异性的特点。Pan等研究发现，hsa_circ_0006948在食管鳞状细胞癌组织和细胞中表达水平上调，此外，高水平的hsa_circ_0006948与淋巴转移和不良预后呈正相关。过表达的hsa_circ_0006948促进癌症发展，它可以通过激活miR-490-3p来增强高移动族AT钩2（HMGA2），从而诱导上皮间质转化，提示hsa_circ_0006948可能是食管鳞状细胞癌的生物标志物。

Luo等发现，circFNDC3B在食管癌组织中表达特异性上调。研究通过基因沉默在2种食管癌细胞ECA109和KYSE150中抑制circFNDC3B表达，表现为肿瘤细胞增殖抑制、凋亡增加、迁移和侵袭能力减弱。结果证明，circFNDC3B是食管癌细胞增殖、凋亡、迁移和侵袭的重要调节因子，参与细胞恶性转化相关的重要细胞过程。

参考文献

[1] FAN L, CAO Q, LIU J, et al. Correction to: circular RNA profiling and its potential for esophageal squamous cell cancer diagnosis and prognosis [J]. Mol Cancer, 2020, 19 (1): 113.

[2] PAN Z, LIN J, WU D, et al. Hsa-circ-0006948 enhances cancer progression and epithelial-mesenchymal transition through the miR-490-3p/HMGA2 axis in esophageal squamous cell carcinoma [J]. Aging (Albany NY), 2019, 11 (24): 11937-11954.

[3] LUO G, LI R, LI Z. CircRNA circFNDC3B promotes esophageal cancer progression via cell proliferation, apoptosis, and migration regulation [J]. International journal of clinical and experimental pathology, 2018, 11 (8): 4188-4196.

第四节 肠癌

一、肠癌中的 miRNA

结肠癌是发生于结肠部位的肿瘤，好发于乙状结肠至直肠的交界处，发病率居于消化道肿瘤的第三位。随着对 miRNA 研究的不断深入，学者们发现在结肠癌的发展过程中，有多个 miRNA 参与肿瘤细胞的发生发展、增殖、侵袭、分化和转移过程。朱琳等研究发现，人结肠癌 HCT116 细胞中的 miR-145-5p 表达水平低于正常结肠上皮 NCM460 细胞，而 miR-145-5p 过表达可使 HCT116 细胞的增殖活力降低、细胞凋亡率升高，miR-145-5p 表达抑制则 HCT116 细胞的增殖活力升高、细胞凋亡率降低。在结肠癌细胞中，miR-145-5p 通过靶向筋膜蛋白-肌动蛋白捆绑蛋白 1（FSCN1）来调控癌细胞的增殖并促进其凋亡，发挥着抑癌作用。另外，Zhao 等研究表明，在结肠活检组织和结肠癌患者全血中的 miR-143 表达均低于健康对照组，且 miR-143 的表达水平与肿瘤大小呈显著相关，但与远处肿瘤转移无关；miR-143 过表达会抑制结肠癌细胞增殖，抑制细胞葡萄糖的摄取和葡萄糖转运蛋白 1（GLUT1）的表达。

此外，王小东等研究发现，miR-148a-3p 在人结肠癌细胞（SW480、SW620、LOVO 和 HCT-116）中低表达，并使用 miR-148a-3p 对应 NC 转染结肠癌细胞，明显增加了细胞中 miR-148a-3p 的表达，miR-148a-3p 过表达可以抑制结肠癌细的转移及侵袭能力，同时抑制结肠癌细胞发生上皮间质转化。miR-148a-3p 是通过 SRSF 蛋白激酶 2（SRPK2）来影响结肠癌的进展。吲哚胺 2,3- 双加氧酶 1（IDO1）是 T 细胞重要的调节因子，参与免疫耐受，IDO1 表达异常在许多癌症类型都有发现。Lou 等在结肠癌细胞中观察 miRNA 表达水平和 IDO1 蛋白水平，发现 miR-448 在肿瘤微环境中靶向 IDO1，能显著下调 IDO1 蛋白的表达，并通过抑制 IDO1 的表达来增强 CD8T 细胞的应答，从而发挥着抑癌作用。可见，越来越多的研究表明，miRNA 在结肠癌细胞和组织中表达异常，并在结肠癌的发生发展和侵袭转移方面发挥着重要的作用。

二、肠癌中的 circRNA

越来越多的证据显示了 circRNA 在癌症的发生发展中起着关键作用。新兴研究还表明，circRNA 可能作为癌症诊断和治疗的潜在标志物。

Wang 等研究发现 hsa_circ_0014717 的表达降低与结直肠癌患者的远处转移、TNM 分期和不良操作系统密切相关。hsa_circ_0014717 的异位表达则通过上调 p16 的表达，在诱导细胞周期 G_0/G_1 期停滞的同时，抑制了结直肠癌细胞的生长和侵袭。这些结果表明，hsa_circ_0014717 具有作为结直肠癌预后生物标志物的潜力。有研究证明了 hsa_circ_0000567 是来源于含有 SET 结构域 3（SETD3）的外显子 2～6，与非肿瘤组织相比，其在结直肠癌组织中的表达水平显著下调，这种下调与结直肠癌的肿瘤大小、淋巴转移和远端转移密切相关。重要的是，hsa_circ_0000567 的药时曲线下面积（AUC）为 0.87，这些结果也表明了 hsa_circ_0000567 可能是诊断结直肠癌的新生物标志物和治疗的新靶点。

越来越多的证据表明，circRNA 可以作为癌症诊断的生物标志物，同时许多研究也揭示了一些差异表达的 circRNA 可作为结直肠癌的候选诊断生物标志物，并且有希望成为结直肠癌新的治疗靶点。

三、肠癌中的 ceRNA

盲肠癌属于右半结肠癌，恶性程度极高，常快速并发肝转移，尽管放化疗与常规手术相结合疗效有所改善，但是死亡率仍较高。作为 ceRNA 的一员，lncRNA 可以调控盲肠癌细胞的增殖、转移等过程。Zhao 等研究发现，LINC02418 在盲肠癌组织和细胞中高表达，通过吸收 miR-1273g-3p 上调母体胚胎亮氨酸拉链激酶（MELK）基因的表达。另外，外泌 LINC02418 的细胞比无 LINC02418 的细胞能更好地区分盲肠癌患者和健康患者。

ceRNA 与盲肠癌的恶性生物学过程紧密相关，为新型诊断及预后提供有力证据，为靶向治疗提供可能的新靶点，具有极其重要的意义。

四、肠癌中的其他非编码 RNA

研究表明，piRNA 可能通过 DNA 甲基化来调控蛋白质编码基因，如果调节靶标是与癌症相关的，则可能会对癌症的发展产生影响。piRNA 可通过 DNA 甲基化来沉默转座子，在保持基因完整性方面发挥重要作用。

研究发现，结直肠癌的发展过程中有多个 piRNA 参与肿瘤细胞的发生发展、增殖、侵袭、分化和转移过程。piRNA 的表达异常可以为早期诊断结直肠癌提供参考，在治疗过程中影响患者的预后。有研究表明，在结直肠癌组织中 piR-18849、piR-19521 和 piR-17724 表达上调，其中 piR-18849 和 piR-19521 的高表达与分化程度较差有关，piR-18849 的高表达也与其淋巴结转移有关。此外，也有研究发现，在结直肠癌患者血清中 5 种 piRNA（piR-001311、piR-004153、piR-017723、piR-017724 和 piR-020365）的表达明显低于正常对照组，且这五种 piRNA 在血清中具有足够的稳定性。其中，血清 piR-017724 处于较低水平的结直肠癌患者总生存率和无进展生存率较低。血清 piR-017724 是总生存率和无进展生存率的独立预后因素，从而表明了血清 piRNA 表达信号有可能作为结直肠癌检测的生物标志物，并在诊断时预测预后。

此外，还有许多研究表明，piRNAs 和 PIWI 蛋白于癌症中异常表达，从而导致了基因组的异常沉默，说明了 piR-PIWI 通路可能是一种潜在的治疗癌症的新靶点。但是 piRNAs 在癌症中的确切作用及其机制还需进一步阐明，从而为诊断癌症和治疗癌症提供新的突破点。

参考文献

[1] 朱琳, 曾庆松, 王续. 微小RNA-145-5p对结肠癌细胞增殖凋亡和FSCN1表达的影响[J]. 临床肿瘤学杂志, 2019, 24(11): 999-1003.

[2] ZHAO J, CHEN Y, LIU F, et al. Overexpression of miRNA-143 inhibits colon cancer cell proliferation by inhibiting glucose uptake[J]. Arch Med Res, 2018, 49(7): 497-503.

[3] 王小东, 马博昭, 戚峰. MiR-148a-3p通过靶向SRPK2抑制结肠癌细胞转移[J]. 天津医科大学学报, 2019, 25(2): 99-104.

[4] LOU Q, LIU R, YANG X, et al. MiR-448 targets IDO1 and regulates $CD8^+$ T cell response in human colon cancer[J]. J Immunother Cancer, 2019, 7(1): 210.

[5] WANG F, WANG J, CAO X, et al. Hsa-circ-0014717 is downregulated in colorectal cancer and inhibits tumor growth by promoting p16 expression[J]. Biomed Pharmacother, 2018, 98: 775-782.

[6] WANG J, LI X, LU L, et al. Circular RNA hsa-circ-0000567 can be used as a promising diagnostic biomarker for human colorectal cancer[J]. J Clin Lab Anal, 2018, 32(5): e22379.

[7] LI R, WU B, XIA J, et al. Circular RNA hsa-circRNA-102958 promotes tumorigenesis of colorectal cancer via miR-585/CDC25B axis[J]. Cancer Manag Res, 2019, 11: 6887-6893.

[8] JIA Z, PENG J, YANG Z, et al. Long non-coding RNA TP73AS1 promotes colorectal cancer proliferation by acting as a ceRNA for miR103 to regulate PTEN expression[J]. Gene, 2019, 685: 222-229.

[9] ZHAO Y, DU T, DU L, et al. Long noncoding RNA LINC02418 regulates MELK expression by acting as a ceRNA and may serve as a diagnostic marker for colorectal cancer[J]. Cell Death Dis, 2019, 10(8): 568.

[10] YIN J, QI W, JI C G, et al. Small RNA sequencing revealed aberrant piRNA expression profiles in colorectal cancer[J]. Oncol Rep, 2019, 42(1): 263-272.

[11] QU A, WANG W, YANG Y, et al. A serum piRNA signature as promising non-invasive diagnostic and prognostic biomarkers for colorectal cancer[J]. Cancer Manag Res, 2019, 11: 3703-3720.

第五节 胰腺癌

一、胰腺癌中的miRNA

胰腺癌是一种诊断难度高、治愈率低的恶性侵袭性消化道肿瘤。在Xu等的研究中，胰腺癌组织中miR-143的表达显著降低（$P<0.01$），Kirsten大鼠肉瘤病毒癌基因同源物（KRAS）基因和KRAS蛋白的表达显著增加（$P<0.01$）。miR-143的表达与患者年龄、性别无关，但与肿瘤大小、临床分期、淋巴结转移密切相关。即使是在胰腺的神经内分泌肿瘤中，也存在miRNAs异常表达的情况。研究发现，与正常胰腺内分泌细胞相比，胰腺癌组织中miR-155、miR-146a、miR-142-5p和miR-142-3p表达上调。由此可见，miRNA对于各类胰腺癌的发生是有确凿影响的。

在胰腺癌致死率居高不下、诊断困难、治愈率低的今日，miRNA能更好地帮助我们寻找治疗靶点，探索更高效的治疗方案。随着研究的深入，越来越多的miRNA进入研究人员的视野，将为胰腺癌的诊断和治疗提供新的思路和方向。

二、胰腺癌中的circRNA

胰腺癌是一种高度恶性的消化道肿瘤，其起病隐匿、进展迅速、发病率逐年攀升，患者预后极差。circRNA作为一类新的非编码RNA分子，种类丰富，具有结构稳定、高度保守性及特异性表达的特性，在胰腺癌发展中发挥关键性作用，可作为诊断及预后评估的生物标志物。circ_0007534被鉴定为一种新型的癌症相关circRNA，具有影响细胞增殖、凋亡和转移特性，其表达与晚期肿瘤阶段和淋巴结转移阳性密切相关，且可以部分通过Bcl-2/caspase-3途径抑制细胞凋亡。分析发现，circ_0007534在癌组织中高表达，提示其可能是参与致癌作用的关键分子。吉西他滨化疗是晚期胰腺癌的首选治疗方法，但是吉西他滨的化学抗性导致其对胰腺癌的作用是有限的。作为一线药物，由于内在因素的影响，吉西他滨的治疗效果远不能令人满意。接受吉西他滨治疗的患者只在早期治疗阶段可获得治疗的益处，大多数患者后期会对吉西他滨产生化学耐药性。

三、胰腺癌中的其他非编码RNA

胰岛素瘤是一种胃肠道和胰腺神经内分泌肿瘤,也称为胰岛B细胞瘤。莫丽雯等研究报道,RNA干扰(RNAi)MAX脂质体介导的沉默siRNA转染胰岛细胞瘤,可实现对血管紧张素Ⅱ受体1型(AT1R)基因的沉默。这为RNA干扰技术抑制离体胰岛B细胞AT1R基因提供了一个基本模型,也为进一步探讨血管紧张素转换酶受体抑制剂药物对胰岛B细胞的保护机制提供了实验数据。肿瘤的发生与发展与相关基因的异常表达密不可分。肿瘤的原癌基因、抑癌基因和促癌基因的突变、扩增、易位、失活、突变等都可能影响着移位。RNAi通过小分子的双链DNA特异性互补结合靶向基因转录本,进而导致基因转录后沉默。多发性内分泌肿瘤是由MEN-1抑癌基因突变引起的,胰腺内分泌肿瘤是其主要病变之一。

关于siRNA对胰岛素瘤的研究更多的是通过RNA干扰技术作用于胰岛素瘤小鼠模型进行的,对于siRNA引起胰岛素瘤的抑癌基因影响的研究仍然十分缺乏。通过RNA干扰技术对肿瘤基因沉默可能成为胰岛素瘤治疗的有效方法。

参考文献

[1] CHAN J J,TAY Y. Noncoding RNA:RNA regulatory networks in cancer [J]. Int J Mol Sci,2018,19(5):1310.

[2] XU B,LIU J,XIANG X,et al. Expression of miRNA-143 in pancreatic cancer and its clinical significance [J]. Cancer Biother Radiopharm,2018,33(9):373-379.

[3] OLSON P,LU J,ZHANG H,et al. MicroRNA dynamics in the stages of tumorigenesis correlate with hallmark capabilities of cancer [J]. Genes Dev,2009,23(18):2152-2165.

[4] YAO J,ZHANG C,CHEN Y,et al. Downregulation of circular RNA circ-LDLRAD3 suppresses pancreatic cancer progression through miR-137-3p/PTN axis [J]. Life Sci,2019(239):116871.

[5] HAO L,RONG W,BAI L,et al. Upregulated circular RNA circ-0007534 indicates an unfavorable prognosis in pancreatic ductal adenocarcinoma and regulates cell proliferation,apoptosis,and invasion by sponging miR-625 and miR-892b [J]. J Cell Biochem,2019,120(3):3780-3789.

[6] XU C,YU Y,DING F. Microarray analysis of circular RNA expression profiles associated with gemcitabine resistance in pancreatic cancer cells [J]. Oncol Rep,2018,40(1):395-404.

[7] 莫丽雯，卢德成，李海滨. 脂质体 RNAiMAX 介导 siRNA 转染沉默胰岛素瘤 NIT-1 细胞血管紧张素 II 1 型受体基因的实验研究 [J]. 广西医科大学学报，2016，33（5）：770-773.

[8] PAPACONSTANTINOU M, MASLIKOWSKI B M, PEPPER A N, et al. Menin: The protein behind the MEN1 syndrome [J]. Adv Exp Med Biol, 2009 (668): 27-36.

第六节　胆管癌和胆囊癌

一、胆管癌中的 miRNA

miRNA 调控异常与肿瘤的发生、增殖、发展及迁移有着紧密联系。胆管癌来源于胆管上皮细胞，是一种常见的胆管恶性肿瘤，患者死亡率高。有报道称，miRNAs 可作为胆管癌早期诊断的生物标志物。Han 等研究了胆汁样本中的 miRNAs，发现多个 miRNAs 在良性胆道疾病和胆管癌中差异表达，胆管癌患者胆汁中 miR-30d-5p 和 miR-92a-3p 水平明显高于良性胆道疾病患者，因此他们推断胆汁中 miR-30d-5p 和 miR-92a-3p 可能作为鉴别胆管癌患者与良性胆道疾病患者的潜在生物标志物。Deng 等研究证明，miR-29a 表达水平上调与胆管癌的发展有关，miR-29a 可作为胆管癌患者的预后标志物。另外，Liu 等在胆管癌的血清中发现，miR-21 的表达水平显著升高（$P < 0.05$），并随着肿瘤、淋巴结和转移期 I 期、III 期和 IV 期的发展（$P < 0.05$）显著升高。

众所周知，胆管癌病死率高，预后差，了解 miRNA 在其疾病发展中发挥的作用及机制，有助于提高胆管癌早期确诊率，同时也为研发新的治疗方案做出巨大贡献。

二、胆囊癌中的 circRNA

胆囊癌起源于胆囊黏膜上皮细胞，是一种恶性肿瘤。由于大部分 circRNA 在细胞质中高表达，故许多研究探索了肿瘤细胞细胞质中的 circRNA。Kai 等研究者发现，circRNA 可以通过其 miRNA 吸附位点吸附细胞质中特定的 miRNA，以干扰 miRNA 介导的生物学调控过程。研究发现，circHIPK3 通过海绵化 miR-124 促进胆囊癌细胞的生长。研究表明，circHIPK3 在人类胆囊癌细胞中表达上调，靶向沉默

circHIPK3可有效抑制已建立和原发的人胆囊癌细胞的存活和增殖，同时诱导细胞凋亡；相反，异位表达circHIPK3可以进一步促进癌细胞的增殖。基于以上研究，过表达的circHIPK3可能是人类胆囊癌的一种新型治疗靶点和诊断标志。Huang等研究表明，circERBB2在体内外均可促进胆囊癌增殖，除了作为miRNA的海绵，还积累在核仁中并调节核糖体DNA转录，这是核糖体合成和细胞增殖的限速步骤之一。circERBB2调节增殖关联2G4（PA2G4）的核仁定位，从而形成circERBB2-PA2G4-TIFIA调节轴来调节核糖体DNA转录和胆囊癌细胞的增殖。circERBB2表达增加会让胆囊癌患者预后变差。由此可见，circERBB2在癌细胞增殖的过程中是重要的调节剂，并表现出成为胆囊癌新治疗靶标的潜力。

多项研究均显示，circRNA在胆囊癌的发生发展中发挥关键性作用，可作为诊断及预后评估的生物标志物。虽然现在对于circRNA的认识仅是冰山一角，要揭示其形成机制、功能及在肿瘤中的作用机制还有漫长的研究道路要走，但是随着研究的深入，越来越多的circRNA有望成为新的肿瘤诊断标志物，并为开发新型高效的抗肿瘤药物提供思路。

三、胆囊癌中的ceRNA

许多研究发现，ceRNA调控网络在胆囊癌中广泛存在，并影响胆囊癌相关基因的表达，从而对胆囊癌的发生发展及治疗有着重大的意义。Wang等研究发现，lncRNA-H19在胆囊癌中过表达，并通过实验证实了lncRNA-H19在ceRNA调控网络中通过竞争性结合胆囊癌中的内源性miR-342-3p来调控叉头框M1（FOXM1）表达。研究lncRNA-H19与miR-342-3p构成的ceRNA调控网络有助于进一步了解胆囊癌的发病机理，并为胆囊癌提供潜在的治疗策略。Hu等研究发现，胆囊癌中高表达lncRNA（lncRNA-HGBC）充当竞争性内源RNA，与抑制靶基因SET核原癌基因（SET）的miR-502-3p结合；lncRNA-HGBC的过表达，改变了miR-502-3p对SET表达和AKT1下游激活的抑制作用；lncRNA-HGBC可通过激活miR-502-3p促进胆囊癌转移。此外，还有研究发现，lncRNA-PVT1通过miR-143的ceRNA网络调控己糖激酶2（HK2）蛋白的表达，进而调节胆囊癌细胞中的有氧葡萄糖代谢来促进细胞增殖和转移，这可能为胆囊癌的新型分子治疗靶标提供新的方法。Kong

等通过基因表达谱分析鉴定发现 miRNA 和 lncRNA 可能通过 ceRNA 调控网络参与胆囊癌的发生发展。Liu 等研究发现，lncRNA 通过竞争性结合 miR-340-5p 来抑制 SRY 盒转录因子 4（Sox4）的表达，进而抑制胆囊癌细胞的生长。Li 等研究发现，lncRNA GATA6-AS 与 miR-421 通过 ceRNA 调控网络抑制胆囊癌中的癌细胞迁移和侵袭。

由于胆囊癌中有很多种 ceRNA，哪些能够抑制胆囊癌和哪些能够促进胆囊癌的生长和转移目前还不完全知晓。随着研究的不断深入，利用 ceRNA 治疗胆囊癌将成为现实。

四、胆管癌中的其他非编码 RNA

胆管癌是指从左右肝管至胆总管下端的恶性肿瘤。已有多项研究证实，siRNA 参与转录水平、转录后水平的基因表达调控，对人类各种疾病有着关键的影响作用。糖原合酶激酶 3β（GSK3β）是 β 连环蛋白破坏复合物的关键部分，而活化的 β 连环蛋白/细胞周期蛋白 D1 途径参与了多种肿瘤细胞的增殖。Qiu 等研究发现，PIWI 样蛋白 2（PIWIL2）抑制 GSK3β 诱导的 β 连环蛋白磷酸化和泛素化，从而增加细胞核中 β 连环蛋白的积累，进而上调了 β 连环蛋白和细胞周期蛋白 D1 表达，最终促进了肿瘤细胞的增殖。Klungsaeng 等研究发现，siRNA 可抑制黏着斑激酶（FAK）的表达，并诱导了胆管癌细胞的凋亡，从而间接证明了葫芦素 B 可能通过抑制 FAK 介导的致癌信号来诱导胆管癌细胞内在的线粒体凋亡途径。该化合物可作为胆管癌治疗的候选药物进行更深入地研究，这为胆管癌的治疗提供了新的方向。也有研究认为，siRNA 可通过介导叉头框 M1（FOXM1）来调节胸苷酸合成酶（TYMS）在胆管癌中的表达，从而调节氟尿嘧啶在治疗胆管癌时出现的抗药性，表明 FOXM1-TYMS 轴可以作为胆管癌新的诊断、预后标志物及治疗靶标。通过 RNA 干扰进行的基因沉默正在迅速发展并有望成为癌症治疗的个性化领域，siRNA 可用于关闭特定的癌症基因，从而达到治疗癌症的效果。

参考文献

[1] LIANG Z, LIU X, ZHANG Q, et al. Diagnostic value of microRNAs as biomarkers for cholangiocarcinoma [J]. Dig Liver Dis, 2016, 48 (10): 1227-1232.

[2] HAN H S, KIM M J, HAN J H, et al. Bile-derived circulating extracellular miR-30d-5p and miR-92a-3p as potential biomarkers for cholangiocarcinoma [J]. Hepatobiliary Pancreat Dis Int, 2020, 19 (1): 41-50.

[3] DENG Y, CHEN Y. Increased expression of miR-29a and its prognostic significance in patients with cholangiocarcinoma [J]. Oncol Res Treat, 2017, 40 (3): 128-132.

[4] KAI D, YANNIAN L, YITIAN C, et al. Circular RNA HIPK3 promotes gallbladder cancer cell growth by sponging microRNA-124 [J]. Biochem Biophys Res Commun, 2018, 503 (2): 863-869.

[5] HUANG X, HE M, HUANG S, et al. Circular RNA circERBB2 promotes gallbladder cancer progression by regulating PA2G4-dependent rDNA transcription[J]. Mol Cancer, 2019, 18(1): 166.

[6] WANG S H, MA F, TANG Z H, et al. Long non-coding RNA H19 regulates FOXM1 expression by competitively binding endogenous miR-342-3p in gallbladder cancer [J]. J Exp Clin Cancer Res, 2016, 35 (1): 160.

[7] HU Y P, JIN Y P, WU X S, et al. LncRNA-HGBC stabilized by HuR promotes gallbladder cancer progression by regulating miR-502-3p/SET/AKT axis [J]. Mol Cancer, 2019, 18 (1): 167.

[8] CHEN J, YU Y, LI H, et al. Long non-coding RNA PVT1 promotes tumor progression by regulating the miR-143/HK2 axis in gallbladder cancer [J]. Mol Cancer, 2019, 18 (1): 33.

[9] KONG L, WU Q, ZHAO L, et al. Identification of messenger and long noncoding RNAs associated with gallbladder cancer via gene expression profile analysis [J]. J Cell Biochem, 2019, 120 (12): 19377-19387.

[10] LIU L, YAN Y, ZHANG G, et al. Knockdown of LINC01694 inhibits growth of gallbladder cancer cells via miR-340-5p/Sox4 [J]. Biosci Rep, 2020, 40 (4): BSR20194444.

[11] LI K, TANG J, HOU Y. LncRNA GATA6-AS inhibits cancer cell migration and invasion in gallbladder cancer by downregulating miR-421 [J]. Onco Targets Ther, 2019, 12: 8047-8053.

[12] QIU B, ZENG J, ZHAO X, et al. PIWIL2 stabilizes beta-catenin to promote cell cycle and proliferation in tumor cells [J]. Biochem Biophys Res Commun, 2019, 516 (3): 819-824.

[13] KLUNGSAENG S, KUKONGVIRIYAPAN V, PRAWAN A, et al. Cucurbitacin B induces mitochondrial-mediated apoptosis pathway in cholangiocarcinoma cells via suppressing focal

adhesion kinase signaling [J]. Naunyn Schmiedebergs Arch Pharmacol, 2019, 392 (3): 271-278.

[14] INTUYOD K, GARCIA P S, ZONA S, et al. FOXM1 modulates 5-fluorouracil sensitivity in cholangiocarcinoma through thymidylate synthase (TYMS): implications of FOXM1-TYMS axis uncoupling in 5-FU resistance [J]. Cell Death Dis, 2018, 9 (12): 1185.

第七节　腹膜癌

一、腹膜癌中的 miRNA

腹膜癌发生在腹腔或腹膜，会引起肠梗阻或腹水等症状，是一种常见且预后差的恶性肿瘤。miRNA 是内源性的非编码 RNA 分子，是潜在的治疗靶标。某些 miRNA（如 miR-107、miR-484、miR-361）在多种类型疾病中发挥了重要作用。相关学者前瞻性分析了腹膜癌、自发性细菌性腹膜炎和门静脉高压症患者的样本，系统分析了各种因素，结果表明，has-miR-31-5p 在有腹膜转移的大肠癌中过表达，可通过抑制介导上皮间质转化的激酶 c-MET 来抑制上皮间质转化。在有肝转移的大肠癌中，miRNA has-miR-31-5p 被抑制，上皮间质转化被支持，可能是通过上调 c-MET 来实现的。腹水 miRNA 具有良好的稳定性。与没有自发性细菌性腹膜炎/门静脉高压症的患者相比，腹膜癌患者的 miRNA 表达谱显示，miR-21、miR-186、miR-222 和 miR-483-5p 上调，而 miR-26b 下调。miRNA 表达验证分析证实，与无自发性细菌性腹膜炎/门静脉高压症的患者相比，腹膜癌患者的 miR-21 和 miR-186 的表达水平更高，而自发性细菌性腹膜炎患者的 miR-223 表达水平明显上调。腹膜癌是临床常见的一种肿瘤，由于目前缺乏更为理想的治疗手段，其发病率和死亡率逐年增高。因此，寻找与腹膜癌发生发展、转移及其预后的分子靶点，具有重要意义。

二、腹膜癌中的 ceRNA

有研究使用半定量 RT-PCR 分析了原发性腹膜癌中的 miRNA 的表达变化情况，发现 miR-195 和 miR-497 在原发性腹膜肿瘤发展中可能具有肿瘤抑制基因的作用。此外，还有研究发现，在卵巢癌腹膜转移癌中 lncRNAENTPD1-AS1/PRANCR/NR2F2-AS1 轴的表达水平下降，并验证了 lncRNA-miRNA-mRNA 的 ceRNA 机制有抑制腹膜转移癌的作用。lncRNA 可通过 miRNA 反应元件吸附 miRNA，使 ceRNA 与 miRNA 竞争性结合，影响 miRNA 与下游靶基因的结合，从而干预腹膜癌的发生和发展过程。由于 lncRNA 与相对应的 miRNA 之间存在竞争的关系，基于 ceRNA 理论，竞争性结合 miRNA 可抑制或促进肿瘤的发展。研究证明，核旁丛组装转录本 1（NEAT1）和 Rho 关联，含卷曲螺旋蛋白激酶 1（ROCK1）是 miRNA-382-3p 的靶标，并且共享 miRNA 响应元件（MRE），NEAT1 还可通过调节 miRNA-382-3p/ROCK1 轴促进卵巢癌的腹膜转移。越来越多的研究表明，在 ceRNA 理论中的 lncRNA 或 miRNA 可以作为肿瘤的生物标志物，发挥靶向治疗的作用。

目前，ceRNA 在腹膜癌中的研究开展得比较少，随着 ceRNA 理论技术发展，相信关于 ceRNA 在腹膜癌中的作用机制研究会越来越多，这将逐步为腹膜癌靶向治疗提供新的靶点，具有极其重要的意义。

三、腹膜癌中的其他非编码 RNA

腹膜癌是临床胃肠道肿瘤及妇科肿瘤常见的散播形式。siRNA 是长度为 21～23bp 的双链 RNA（dsRNA）。为应对腹膜内疗法局部毒性和对大肿瘤的无效性及 siRNA 在体内传递所面临的挑战，Wang 等使用聚乙二醇化阳离子脂质体（PCat）作为 siRNA 载体，在转移性腹膜内胰腺人类 H766T 异种移植肿瘤模型中测量了体内递送和对凋亡抑制蛋白抑制的有效性。因凋亡抑制基因 Survivin 在大多数人类癌症（包括胃癌和结肠直肠癌及腹膜转移癌）中高度表达，并且其高表达与更广泛的腹膜转移（如浸润深度、淋巴结转移）、胃癌和结肠直肠癌患者的总体生存期缩短明显相关，故 Wang 等选择了 Survivin，并合成了 Survivin siRNA（siSurvivin）以选择性地沉默 Survivin。此外，研究表明，紫杉醇或紫杉醇负载的肿瘤穿透微粒（TPM）可增强阿霉素脂质体腹膜内荧光乳胶珠的渗透性和分散性。基于这些观察，Wang 等将二羧酸转运体和 PCat- 联合用于腹膜内疗法，发现对位于腹膜腔并显示高表达的肿瘤治疗有效。故有效传递系统的使用，可保护并促进其进入靶细胞质，增加肿瘤细胞的凋亡，有效治疗肿瘤。

基于分子靶向的 siRNA 干扰技术有望成为新的突破，接下来积极探索 siRNA 传递效率的提高和作用效果将有助于腹膜癌的治疗。

参考文献

［1］HILL M，TRAN N. MiRNA interplay： mechanisms and consequences in cancer［J］.Dis Model Mech，2021，14（4）：dmm047662.

［2］PRETZSCH E，BÖSCH F，NEUMANN J，et al. Mechanisms of metastasis in colorectal cancer and metastatic organotropism： hematogenous versus peritoneal spread［J］. J Oncol，2019：7407190.

［3］杨尊敬，杜先玲.细胞周期蛋白依赖性激酶在 miR-193a-5p 调控卵巢癌细胞增殖及上皮细胞间充质转变中的作用［J］.中国应用生理学杂志，2020，36（2）：176-180.

［4］FLAVIN R J，SMYTH P C，LAIOS A，et al. Potentially important microRNA cluster on chromosome 17p13.1 in primary peritoneal carcinoma［J］. Mod Pathol，2009，22（2）：197-205.

［5］LI X，YU S，YANG R，et al. Identification of lncRNA-associated ceRNA network in high-grade serous ovarian cancer metastasis［J］. Epigenomics，2020，12（14）：1175-1191.

［6］YANGCHENG L，YONG W，XINMING F，et al. Long non-coding RNA NEAT1 promoted ovarian cancer cells' metastasis through regulation of miR-382-3p/ROCK1 axial［J］. Cancer science，2018，109（7）：2188-2198.

［7］邢益桓，付斌，夏鹰.lncRNA XIST 介导的 ceRNA 调控网络在恶性肿瘤中作用的研究进展［J］.中国肿瘤生物治疗杂志，2020，27（9）：1062-1067.

［8］石嘉琛，阿依木古丽·阿不都热依木，王家敏，等.竞争内源性 RNA 在肿瘤中的研究进展［J］.生命科学，2020，32（9）：929-936.

［9］KANASTY R，DORKIN J R，VEGAS A，et al. Delivery materials for siRNA therapeutics［J］.Nat Mater，2013，12（11）：967-977.

［10］WANG J，LU Z，YEUNG B Z，et al. Tumor priming enhances siRNA delivery and transfection in intraperitoneal tumors［J］. J Control Release，2014，178：79-85.

［11］HUANG Y J，QI W X，HE A N，et al. The prognostic value of survivin expression in patients with colorectal carcinoma： a meta-analysis［J］. Jpn J Clin Oncol，2013，43（10）：988-995.

第八节 肛门癌

一、肛门癌中的 miRNA

肛门癌是一种少见的肿瘤,发病率逐年增加。其中肛门鳞状细胞癌是肛门癌最常见的组织学亚型,主要归因于 HPV 感染,肛门鳞状上皮内病变和 HIV 感染也是重要的致病因素。miRNA 是正常细胞和肿瘤细胞发展过程中的主要调控因子,并与肿瘤发生发展、侵袭和转移有关。

HPV 基因组中蛋白 E6 和蛋白 E7 是病毒致癌基因,能改变宿主免疫反应及促进细胞增殖和转化,蛋白 E6 通过使 p53 功能失活来促进 DNA 损伤而致使细胞转化为癌细胞,从而导致肿瘤的发生发展。研究表明,miRNA 可加速 HPV 诱导的恶性肿瘤发展进程。在 HPV 诱导的癌症中,miRNA 加工蛋白 Drosha、DGCR8、Dicer 和 AGO2 表达异常。此外,蛋白 E6 和蛋白 E7 与 Drosha、DGCR8 和 Dicer 调控有关。因此 miRNA 加工蛋白可能参与早期癌症的发生发展,但是 HPV 在 miRNA 加工蛋白上的确切作用尚待进一步阐明。肛门鳞状上皮内病变或肛门上皮内瘤变是癌前病变。

目前,miRNA 在肛门癌中的研究报道仍较少,相关研究还参考宫颈癌的研究,故仍需要进一步研究 miRNA 在肛门癌中的发生机制,同时寻找特异性 miRNA 类型作为癌症早期诊断的特异性标志物、治疗靶点或预后指标,为肛门癌的风险评估、早期控制、治疗预后及 HPV 疫苗的研发提供策略。

二、肛门癌中的 circRNA

肛门癌是一种相对罕见的疾病,其大多数发生于肛管。circRNA 是多功能分子,在肿瘤进展中起着至关重要的作用。研究表明,高风险 HPV 亚型来源的蛋白 E7 能促进子宫颈癌细胞发生转化。该研究在已知感染 HPV16 的细胞株中发现 HPV16 蛋白 E7 存在,并发现 HPV16 蛋白 E7 耐受核糖核酸酶 R 的降解作用,并证实敲低蛋白 E7 表达是特异性抑制蛋白 E7 表达,进而抑制细胞增殖。此外,在裸鼠上移植 DOX 诱导蛋白 E7 表达沉默的 CaSki 细胞后,发现敲低蛋白 E7 表达可抑制肿瘤生长,表现为体积更小、边界清楚、核浆比例减小、组织侵袭程度降低和 Ki-67 表达阳性减少，同时组织中 HPV16 蛋白 E7 致癌表达水平明显降低。研究发现，从 HPV 感染的组织中筛选出蛋白 E7，敲低蛋白 E7 表达可抑制其编码蛋白的表达，从而抑制肿瘤细胞的增殖和生长。肛门周围的癌前病变若未接受治疗会随着时间的延长而癌变，由于癌前病变和肛门癌的治疗方式完全不同，所以早期治疗至关重要。

参考文献

[1] MOREL A, NEUZILLET C, WACK M, et al. Mechanistic signatures of human papillomavirus insertions in anal squamous cell carcinomas [J]. Cancers (Basel), 2019, 11 (12): 1846.

[2] GHEIT T. Mucosal and cutaneous human papillomavirus infections and cancer biology [J]. Front Oncol, 2019, 9: 355.

[3] SNOEK B C, BABION I, KOPPERS-LALIC D, et al. Altered microRNA processing proteins in HPV-induced cancers [J]. Curr Opin Virol, 2019, 39: 23-32.

[4] MORRIS V K, RASHID A, RODRIGUEZ-BIGAS M, et al. Clinicopathologic features associated with human papillomavirus/p16 in patients with metastatic squamous cell carcinoma of the anal canal [J]. Oncologist, 2015, 20 (11): 1247-1252.

[5] GENG Y, JIANG J, WU C. Function and clinical significance of circRNAs in solid tumors [J]. J Hematol Oncol, 2018, 11 (1): 98.

[6] ZHAO J, LEE E E, KIM J, et al. Transforming activity of an oncoprotein-encoding circular RNA from human papillomavirus [J]. Nat Commun, 2019, 10 (1): 2300.

第九节　壶腹周围癌

一、壶腹周围癌中的 miRNA

壶腹周围癌是一组发生在壶腹周围 2 厘米以内的异质性肿瘤。它们可能起源于胰腺、远端胆总管、十二指肠或壶腹。源于十二指肠和壶腹十二指肠内区域的肿瘤被归类为肠道亚型，源于胰腺或远端胆管的肿瘤被归类为胰胆管亚型。这些肿瘤的临床标志是无痛性梗阻性黄疸，惠普尔胰十二指肠切除术是唯一可用的治疗方法。虽然临床上肠型肿瘤和胰胆型肿瘤的治疗方案相似，但是胰胆型肿瘤的预后差。

血浆 miRNA 水平（miR-375、miR-31 和 miR-192）和糖类抗原循环 CA19-9

水平与壶腹周围癌特征的相关性研究显示，miR-192 与淋巴结阳性、肿瘤分期、肿瘤侵袭性 - 神经周围侵袭和淋巴血管栓塞呈显著正相关，循环 CA19-9 水平也与癌症分期和癌症侵袭性相关。血浆 miR-192 或 CA19-9 水平与肿瘤分化之间没有显著相关性。与肠道亚型相比，胰胆系壶腹周围癌亚型与不良预后相关，血清 CA19-9 是独立的预后生物标志物，其敏感性和特异性较低。有学者在胰腺导管腺癌组织中观察到 miR-21 和 miR-198 表达水平显著升高，而 miR-217 表达水平显著降低。尽管 miR-34a 通常被描述为一种重要的肿瘤抑制因子，但是与健康组织相比，这种 miRNA 在胰腺导管腺癌样本中的表达明显更高。

miRNA 与壶腹周围癌的发生发展、转移及预后情况有着十分重要的联系，它为壶腹周围癌的靶向治疗提供了全新的与更好的选择。

二、壶腹周围癌中的 circRNA

壶腹周围癌是生长在肝胰壶腹、十二指肠乳头、胆总管下端、胰管开口处和十二指肠内侧壁癌的总称。Chen 等实验发现，circ_100782 在胰腺导管腺癌组织中显著上调。此外，荧光素酶分析显示 miR-124 是 circ_100782 的直接靶标，敲除 circ_100782 可下调 miR-124 靶基因白细胞介素 -6 受体（IL-6R）、STAT3，从而抑制细胞增殖。Liu 等研究发现，circ-7 在 PDAC 组织中的表达明显高于癌旁组织，通过靶向 miR-7 和调节 EGFR/STAT3 信号通路来调控细胞的增殖。Hao 等研究发现，circ_0007534 可部分通过 Bcl-2/caspase-3 途径抑制细胞凋亡，促进细胞生长增殖和侵袭。进一步研究发现，circ_0007534 的致癌功能部分依赖于其对 miR-625 和 miR-892b 的调节。另外，王赫研究发现，hsa_circ_0015022 在胰腺癌组织及胰腺癌患者血液中均存在高表达现象，并且与 CA19-9 联合使用可能会作为生物标志物，用于协助诊断胰腺癌，尤其是协助诊断胰腺癌的分期情况。此外，Jie 等研究发现，胰腺癌组织和转移性疾病患者血浆外泌体中 circ-IARS 表达上调，circ-IARS 可通过外泌体进入人脐静脉血管内皮细胞，促进肿瘤侵袭和转移。circ-IARS 表达与肝转移、血管浸润和肿瘤淋巴结转移（TNM）分期呈正相关，与术后生存时间呈负相关。circ-IARS 的过度表达显著下调 miR-122 和 ZO-1 水平，上调 RhoA 和 RhoA-GTP 水平，增加 F- 肌动蛋白表达和黏着，增强内皮细胞单层通透性，促进肿瘤侵袭和转移。

这项研究结果表明，外泌体中 circRNA 的存在可能是胰腺导管腺癌早期诊断和预后预测的重要指标。

目前，有关壶腹周围癌的 circRNA 相关研究还甚少，未来对于壶腹周围癌中的 circRNA 研究可为生物标志物的确定，以及探明调节肿瘤生长、增殖和侵袭的机制提供进一步的参考。

三、壶腹周围癌中的 ceRNA

壶腹周围癌是一种异质性肿瘤，属于罕见的恶性肿瘤。但有研究表明，在 ceRNA 网络中胰胆管和肠道 2 个组织学亚型之间差异表达的 mRNA 和 miRNA 与特定的分子途径有关，在壶腹周围癌中 miR-215 明显过表达，而 miR-134 和 miR-214 的表达降低，特别是与胰腺癌相比尤为明显。通过这些区分性 miRNA 来正确预测肿瘤组织的来源，对判断其壶腹周围癌预后有重要的意义。

目前，ceRNA 网络在调控基因和蛋白质表达中起到重要作用。基因表达与壶腹周围癌的发生发展、转移及其预后密切相关，但报道较少，今后需持续探索 ceRNA 网络在壶腹周围癌中的作用，为新靶向治疗及预后评估提供依据。

参考文献

［1］MITRA A，SOUZA A D，GOEL M，et al. Surgery for pancreatic and periampullary carcinoma［J］. Indian J Surg，2015，77（5）：371-380.

［2］LOPEZ V L，CAMPOS R R，CONESA A L，et al. Surgical resection of liver metastasis in pancreatic and periampullary carcinoma［J］. Minerva Chir，2019，74（3）：253-262.

［3］MURALI M K，SASIKALA M，KVSRR Y，et al. Plasma microRNA192 in combination with serum CA19-9 as non-invasive prognostic biomarker in periampullary carcinoma［J］. Tumour Biol，2017，39（3）：1393394646.

［4］FALTEJSKOVA P V，KISS I，KLUSOVA S，et al. MiR-21，miR-34a，miR-198 and miR-217 as diagnostic and prognostic biomarkers for chronic pancreatitis and pancreatic ductal adenocarcinoma［J］. Diagn Pathol，2015（10）：38.

［5］CHEN G，SHI Y，ZHANG Y，et al. CircRNA-100782 regulates pancreatic carcinoma proliferation through the IL6-STAT3 pathway［J］. Onco Targets Ther，2017（10）：5783-5794.

［6］LIU L，LIU F，HUANG M，et al. Circular RNA ciRS-7 promotes the proliferation and metastasis of pancreatic cancer by regulating miR-7-mediated EGFR/STAT3 signaling pathway［J］. Hepatobiliary & Pancreatic Diseases International，2019，18（6）：580-586.

［7］HAO L，RONG W，BAI L，et al. Upregulated circular RNA circ-0007534 indicates an unfavorable prognosis in pancreatic ductal adenocarcinoma and regulates cell proliferation，apoptosis，and invasion by sponging miR-625 and miR-892b［J］. J Cell Biochem，2019，120（3）：3780-3789.

［8］王赫. 环状RNA hsa-circ-0015022作为胰腺癌新型诊断生物标志物及其对胰腺癌细胞生物学行为影响的研究［D］. 沈阳：中国医科大学，2020.

［9］JIE L，ZHONGHU L，PENG J，et al. Circular RNA IARS（circ-IARS）secreted by pancreatic cancer cells and located within exosomes regulates endothelial monolayer permeability to promote tumor metastasis［C］.2018年中国肿瘤标志物学术大会暨第十二届肿瘤标志物青年科学家论坛，郑州：2018.

［10］ACHARYA A，MARKAR S R，SODERGREN M H，et al. Meta-analysis of adjuvant therapy following curative surgery for periampullary adenocarcinoma［J］. Br J Surg，2017，104（7）：814-822.

［11］CHOI D H，PARK S J，KIM H K. MiR-215 overexpression distinguishes ampullary carcinomas from pancreatic carcinomas［J］.Hepatobiliary Pancreat Dis Int，2015，14（3）：325-329.

第十节　口腔癌

一、口腔癌中的miRNA

同大多数肿瘤相似，口腔癌主要发生在长期吸烟、饮酒的患者身上，另外口腔卫生差、长期的异物刺激及营养不良等也是口腔癌重要的致病因素。口腔癌的治疗以手术联合放化疗为主，早期口腔癌的治疗效果尚可，但仍有很大的复发可能。对于口腔鳞状细胞癌而言，晚期的低治疗反应及转移很大程度上是由于肿瘤干细胞亚群的存在。研究表明，miRNA介导的肿瘤微环境和细胞因子具有调节肿瘤干细胞亚群信号通路的能力。miR-5423p和miR-34a靶向CD44v6-Nanog-PTEN轴，结果引起CD44v6表达增加，而PTEN和AKT的表达则明显降低。肿瘤患者细胞因子分析显示，与正常人相比，细胞因子IL-6水平和IL-8水平显著增加，推测细胞因子IL-6和IL-8很可能参与肿瘤干细胞亚群的形成，进一步推测miRNA具有预后评估和治疗意义。口腔鳞状细胞癌患者全血中miR-186、miR-494和miR-3651的异常表达，可作为建立以 miRNA 为生物标志物的口腔鳞状细胞癌微创筛查方法的基础。

综上可知，在肿瘤微环境这个复杂的维度中，miRNA 发挥着重要的生物学功能。但 miRNA 成员多样，在多种肿瘤中均有发现，因此需要不断地探索 miRNA 在生命中的奥秘。

二、口腔癌中的 circRNA

口腔鳞状细胞癌的发生率约占所有口腔恶性肿瘤的 90%，具有高复发率和高转移率的特点。circRNA 在肿瘤的进展和治疗中起着重要作用，并在肿瘤微环境中起着调节作用。这表明 circRNA 可作为新的癌症生物标志物和潜在的治疗靶点。

circ_100290 在口腔鳞状细胞癌组织中表达上调，使 miR-29b 家族表达上调，从而促进口腔鳞状细胞癌的进展。在细胞功能研究中，有一种新的 circRNA，又被称为 circUHRF1，可促进口腔鳞状细胞癌细胞的恶性转化，还可促进癌上皮间充质发生转化。唾液中差异表达的 circRNA 也可以作为生物标志物。研究表明，口腔鳞状细胞癌患者唾液中 hsa_circ_0001874 和 hsa_circ_0001971 表达上调，且 hsa_circ_0001874 和 hsa_circ_0001971 均与口腔鳞状细胞癌的临床分期有关，且前者与口腔鳞状细胞癌分级有关。Chen 等学者发现放射治疗后，circATRNL1 的表达水平下降，而 circATRNL1 的表达水平上调，通过抑制细胞增殖和降低集落存活率，诱导细胞凋亡和细胞周期停滞，提高了口腔鳞状细胞癌的放射敏感性。circANTRL1 可能借助 miR-23a-3p 通道以增加 PTEN 的表达，最终促进口腔鳞状细胞癌细胞放射敏感性的增加，表明 circANTRL1 或是提高口腔鳞状细胞癌放疗效率的一个新的治疗靶点。

越来越多的科学数据揭示了 circRNA 在口腔鳞状细胞癌发生和发展中的重要作用，其有很大的潜力成为口腔鳞状细胞癌的生物标志物，可广泛应用于口腔鳞状细胞癌患者的临床诊断和疾病预后。

三、口腔癌中的其他非编码 RNA

研究表明，piRNAs 和 PIWI 蛋白在癌症的发生发展过程中发挥着多种作用，它们可以作为肿瘤生物标志物。Wu 等基于在口腔鳞状细胞癌的人和小鼠模型中差异表达的基因，提供了 piRNA 和 mRNA 的网络，观察到 11 种能够与 piRNA 配对的基因，其中包括新型 piR-354、新型 piR-415、新型 piR-494、新型 piR-443、新型 piR-444、新型 piR-446、新型 piR-984、新型 piR-162、新型 piR-1185、新型 piR-1584 和新型 piR-832。研究还发现 PIWIL2 与口腔鳞状细胞癌和口腔白斑的预后相关，且在肿瘤微环境中的巨噬细胞及肿瘤上皮细胞中表达；在用乙醇和乙醛处理的正常口腔角质形成细胞中，还发现 PIWIL4 过表达。PIWIL1 的过表达与口腔癌预后不良严密相关，PIWI 蛋白家族的这一成员有可能被用作早期诊断的生物标志物，可以成为在口腔癌中不良反应较小的、更具特异性的治疗靶标，但目前仍然不清楚某些 piRNA 和 PIWI 蛋白的确切作用机制。

参考文献

［1］LI Z，LIU Q，ZHANG Y，et al. Charge-reversal nanomedicine based on black phosphorus for the development of a novel photothermal therapy of oral cancer［J］. Drug delivery，2021，28（1）：700-708.

［2］CHIEN J，HU Y，CHANG K，et al. Contralateral lymph node recurrence rate and its prognostic factors in stage IVA-B well-lateralized oral cavity cancer［J］. Auris，nasus，larynx，2021，48（5）：991-998.

［3］OHKOSHI A，SATO N，KUROSAWA K，et al. Impact of CAD/CAM mandibular reconstruction on chewing and swallowing function after surgery for locally advanced oral cancer：a retrospective study of 50 cases［J］. Auris，nasus，larynx，2021，48（5）：1007-1012.

［4］RIES J，VAIRAKTARIS E，KINTOPP R，et al. Alterations in miRNA expression patterns in whole blood of OSCC patients［J］. In Vivo，2014，28（5）：851-861.

［5］FAN H Y，JIANG J，TANG Y J，et al. CircRNAs：a new chapter in oral squamous cell carcinoma biology［J］. Onco Targets Ther，2020，13：9071-9083.

［6］CHEN X，YU J，TIAN H，et al. Circle RNA hsa_circRNA_100290 serves as a ceRNA for miR-378a to regulate oral squamous cell carcinoma cells growth via glucose transporter-1（GLUT1）and glycolysis［J］. J Cell Physiol，2019，234（11）：19130-19140.

［7］ZHAO W，CUI Y，LIU L，et al. Correction to：splicing factor derived circular RNA circUHRF1 accelerates oral squamous cell carcinoma tumorigenesis via feedback loop［J］. Cell Death Differ，2020，27（6）：2033-2034.

[8] ZHAO S Y, WANG J, OUYANG S B, et al. Salivary circular RNAs hsa_circ_0001874 and hsa-circ-0001971 as novel biomarkers for the diagnosis of oral squamous cell carcinoma [J]. Cell Physiol Biochem, 2018, 47(6): 2511-2521.

[9] CHEN G, LI Y, HE Y, et al. Upregulation of circular RNA circATRNL1 to sensitize oral squamous cell carcinoma to irradiation [J]. Mol Ther Nucleic Acids, 2020, 19: 961-973.

[10] HALAJZADEH J, DANA P M, ASEMI Z, et al. An insight into the roles of piRNAs and PIWI proteins in the diagnosis and pathogenesis of oral, esophageal, and gastric cancer [J]. Pathol Res Pract, 2020, 216(10): 153112.

[11] WU L, JIANG Y, ZHENG Z, et al. MRNA and P-element-induced wimpy testis-interacting RNA profile in chemical-induced oral squamous cell carcinoma mice model [J]. Exp Anim, 2020, 69(2): 168-177.

[12] WANG S, LI F, FAN H, et al. Expression of PIWIL2 in oral cancer and leukoplakia: prognostic implications and insights from tumors [J]. Cancer Biomark, 2019, 26(1): 11-20.

[13] SAAD M A, KU J, KUO S Z, et al. Identification and characterization of dysregulated P-element induced wimpy testis-interacting RNAs in head and neck squamous cell carcinoma [J]. Oncol Lett, 2019, 17(3): 2615-2622.

第十一节 腮腺瘤

一、腮腺瘤中的 miRNA

近年来，癌症的发病率逐年上升，恶性腮腺瘤作为癌症中的一种当然也不例外。在癌症及肿瘤的发病过程中，科研人员发现 miRNA 出现经常性失调现象，并参与不同的细胞过程，如增殖、分化、凋亡和转移等。通过进一步研究探索，科研人员更加确定 miRNA 是一种与恶性肿瘤关系极为密切的一类基因标志物。miR-211 是目前为止发现的最重要的一种 miRNA，它参与了细胞增殖、DNA 修复、代谢和细胞迁移等活动。越来越多的数据表明，miR-211 是一种低氧或缺氧诱导的 miRNA，并被缺氧诱导因子（HIF）所调控。由于 miR-211 在低氧条件下被 HIF 所调控，miR-211 在神经胶质瘤、肾透明细胞癌、肺癌和乳腺癌等许多癌症组织中表达水平上调。有研究发现了蝶素 A3 基因（EFNA3）与 miR-211 在腮腺瘤中呈现出拮抗作用，并通过进一步探索认为 EFNA3 是 miRNA 的一种靶基因，且 miR-211 诱导的 EFNA3 表达抑制只是部分促进了腮腺瘤细胞的增殖，即 miR-211 的靶基因 EFNA3

参与了腮腺瘤侵袭的抑制。

miRNA 与恶性腮腺瘤的发生发展有密切的关系，一些特定的 miRNA 分子在恶性腮腺瘤细胞中的表达情况也会出现特定的上调或下调情况，这也充分说明 miRNA 可能成为恶性腮腺瘤中的一种分子标志物。

二、腮腺瘤中的 circRNA

腮腺瘤是发生于腮腺的一种肿瘤，以良性肿瘤多见。Legnini 等研究发现，在小鼠和人肌肉细胞中具有内部核糖体进入位点的 circ-ZNF609，含有一个从起始密码子开始的开放阅读框，其与线性 RNA 相同，可以参与蛋白质的翻译。与 RNA 结合蛋白相结合，circRNA 还可以直接或间接与蛋白质相结合，从而影响蛋白质功能。circRNA 在多种癌组织与癌旁正常组织中的表达存在差异性，并有着癌基因或抑癌基因的作用，同时发现 circRNA 与肿瘤的原发灶、分期、远处转移等密切相关。研究发现，circRNA 与肝癌的远处转移、低生存率有关。有关学者利用微阵列技术检测发现 3 种不同的 circRNA 分子在胃癌、乳腺癌、膀胱癌及宫颈癌组织中均有大量的表达，可作为诊断肿瘤的新型标志物，同时具有成为临床治疗新靶点的潜力。circRNA 在肿瘤中的相关功能机制研究成为当前研究热点。Lu 等采用 GO 和《京都基因与基因组百科全书》对 circRNA-miRNA 进行了研究，使用 RT-qPCR 分析进行筛选和确认，结果发现 NONHSAT154433.1 的高表达和 circ_012342 的低表达与黏液表皮样癌的发病机理密切相关，揭示了隐藏的 ceRNA 机制，其中 hsa_circ_0012342 可作为潜在黏液表皮样癌预后指标的生物标志物和治疗靶标。

circRNA 的差异性表达是其能够作为诊断生物标志物的前提，尤其在血清中的高表达使检测 circRNA 变得更为简便，能成为恶性腮腺瘤潜在的早期诊断标志物、预测预后因子及治疗的新靶点，这将为腮腺瘤的精准治疗提供新思路和新策略。

三、腮腺瘤中的其他非编码 RNA

腮腺多形性腺瘤是临床上常见的良性腮腺瘤之一。piRNA 是近年来新发现的一小类非编码小 RNA，大多数 piRNA 都不与潜在的靶基因 mRNA 互补，这表明 piRNA 可能参与表观遗传调控，而不是转录后调控，从而控制包括癌症在内的多种生物学现象。在癌组织中，由整体低甲基化和局部高甲基化产生异常表达的 piRNA 可能是潜在的癌症特异性特征。越来越多的证据表明，尽管目前发现在体细胞组织中仅表达少量的 piRNA，但是已有几种 piRNA 参与了癌症的发展。总之，piRNA 与癌细胞的增殖、凋亡、转移和侵袭有关，可能是癌症发展中潜在的预后和诊断生物标志物。

参考文献

［1］ALI S Z，LANGDEN S，MUNKHZUL C，et al. Regulatory mechanism of microRNA expression in cancer［J］. Int J Mol Sci，2020，21（5）：1723.

［2］IORIO M V，CROCE C M. MicroRNAs in cancer：small molecules with a huge impact［J］. J Clin Oncol，2009，27（34）：5848-5856.

［3］HENEGHAN H M，MILLER N，KERIN M J. Circulating miRNA signatures：promising prognostic tools for cancer［J］. J Clin Oncol，2010，28（29）：e573-e576.

［4］LEWIS A，GALETTA S. Teaching neuroImages：pseudopathologic brain parenchymal enhancement due to vascular compression in parotid tumor［J］. Neurology，2021，97（1）.

［5］LEGNINI I，TIMOTEO G D，ROSSI F，et al. Circ-ZNF609 is a circular RNA that can be translated and functions in myogenesis［J］. Mol Cell，2017，66（1）：22-37.

［6］LU H，HAN N，XU W，et al. Screening and bioinformatics analysis of mRNA，long non-coding RNA and circular RNA expression profiles in mucoepidermoid carcinoma of salivary gland［J］. Biochem Biophys Res Commun，2019，508（1）：66-71.

［7］CHENG Y，WANG Q，JIANG W，et al. Emerging roles of piRNAs in cancer：challenges and prospects［J］. Aging（Albany NY），2019，11（21）：9932-9946.

［8］STOIA S，BACIUT G，LENGHEL M，et al. Cross-sectional imaging and cytologic investigations in the preoperative diagnosis of parotid gland tumors - An updated literature review［J］. Bosn J Basic Med Sci，2021，21（1）：19-32.

［9］VERGEZ S，FAKHRY N，CARTIER C，et al. Guidelines of the French Society of Otorhinolaryngology-Head and Neck Surgery（SFORL），part I：primary treatment of pleomorphic adenoma［J］. Eur Ann Otorhinolaryngol Head Neck Dis，2021，138（4）：269-274.

第十二节 印戒细胞癌

一、印戒细胞癌中的 miRNA

印戒细胞在许多组织中都可以观察到，但多见于胃癌中。胃印戒细胞癌是一种独特的胃癌类型，发生率在亚洲、欧洲持续上升，占新发腺癌病例的 35%～45%。Chen 等利用微阵列技术，首次发现 hsa-miR-665 和 hsa-miR-95 在胃印戒细胞癌细胞中与肠道抗小肠杯状细胞中表现出显著差异的表达模式。通过对相应 miRNAs 的生物信息学分析、筛选靶基因，发现差异表达的 miRNAs 和 mRNAs 可能与胃印戒细胞的侵袭转移和多药耐药有显著相关性。

在早期胃印戒细胞癌患者中，可以观察到高水平的 miR-99a-5p，且证实 miR-99a-5p 表达与细胞增殖相关。因此 miR-99a-5p 可作为早期胃印戒细胞癌和淋巴结转移或不良预后的诊断生物标志物。Yan 等的研究表明，miR-935 与 Notch 受体 1（Notch1）在胃组织中的表达呈负相关，并且认为 miR-935 通过靶向 Notch1 抑制胃癌细胞增殖、迁移和侵袭，提示 miR-935-Notch1 通路在胃癌临床诊断和治疗中，特别是在胃印戒细胞癌中具有潜在的应用价值。

目前，针对性地研究 miRNAs 对胃印戒细胞癌的作用及作用机制较少。根据 miRNAs 的基本功能及结合当前相关研究可见，miRNAs 在胃印戒细胞癌的发生发展及预后起到很重要的作用。

二、印戒细胞癌中的 ceRNA

印戒细胞癌是一种特殊类型的黏液分泌型腺癌，恶性程度较高。张珈源等以 lncRNA 为核心构建的胃癌 lncRNA 介导的 lncRNA-mRNA-ceRNA 分子调控网络证实了在 ceRNA 通路中，UCA1、miR-143-3P、FGF1 3 种分子水平的表达与 GSRC 具有显著相关性。lncRNA UCA1 与成纤维细胞生长因子 1（FGF1）在癌组织中表达上调且呈正相关，miR-143-3P 表达下调且呈负相关，这两种表达水平的变化都与患者预后有关。

但其他常见印戒细胞癌的组织或器官中，如前列腺、膀胱、胆囊、乳腺、结肠、卵巢和睾丸等，ceRNA 网络的基因调节相关性暂未表明，有待进一步研究探讨。ceRNA 中的 lncRNA 通过特异性结合 miRNA 调节靶基因的表达，可为研究胃印戒细胞癌的发生发展机制提供重要线索，同时也为研究其他靶器官及组织中印戒细胞癌的相关机制和分子生物学提供新思路。

三、印戒细胞癌中的其他非编码 RNA

piRNA 可在体细胞和癌细胞中重新激活，失调其表达，从而在转录后水平上导致肿瘤抑制基因的下调和癌基因的过表达。Cheng 等在体外模型研究中证实 piR-823 上调，导致胃癌细胞和移植肿瘤的生长受到抑制。有研究显示，与健康个体和术后患者相比，piR-651 和 piR-823 在胃癌患者外周血中的表达水平均低于术前患者，腺癌患者外周血的 piR-651 水平低于印戒细胞癌患者。此外，piR-823 水平与肿瘤淋巴结转移阶段和远处转移呈正相关，具有更高的阳性预测价值，将外周血中 piR-823 的表达水平作为胃印戒细胞癌患者与健康对照组区分开来的标志物具有更高灵敏度和特异性。对 66 例患者的生存分析显示，与低表达 piR-1245 的患者相比，高表达 piR-1245 的患者的总生存期更短和无进展生存时间更长，COX 比例风险模型证明 piR-1245 表达是胃癌患者总生存期的独立预后特征。该研究还显示，胃癌患者胃液和组织中 piR-1245 的表达水平显著高于健康人。与传统的肿瘤生物标志物癌胚抗原（CEA）和癌抗原（CA）相比，piR-1245 在人胃液中的显著预测价值优于传统的胃癌指标，可作为筛选胃印戒细胞癌的指标。

总之，piRNA 在胃印戒细胞癌的早期诊断应用方面具有很大的潜力，对降低胃印戒细胞癌患者死亡率及改善患者预后具有重大意义。

参考文献

［1］LI Y，ZHU Z，MA F，et al. Gastric signet ring cell carcinoma：current management and future challenges［J］. Cancer Manag Res，2020（12）：7973-7981.

［2］CHEN J，SUN D，CHU H，et al. Screening of differential microRNA expression in gastric signet ring cell carcinoma and gastric adenocarcinoma and target gene prediction［J］. Oncol Rep，2015，33（6）：2963-2971.

［3］SAITO R，MARUYAMA S，KAWAGUCHI Y，et al. MiR-99a-5p as possible diagnostic and prognostic marker in patients with gastric cancer [J]. J Surg Res, 2020 (250): 193-199.

[4] YAN C, YU J, KANG W, et al. MiR-935 suppresses gastric signet ring cell carcinoma tumorigenesis by targeting Notch1 expression [J]. Biochem Biophys Res Commun, 2016, 470 (1): 68-74.

[5] LI Y, ZHU Z, MA F, et al. Gastric signet ring cell carcinoma: current management and future challenges [J]. Cancer Manag Res, 2020 (12): 7973-7981.

[6] 张珈源. 胃癌长链非编码RNA（lncRNA）表达谱及其相关ceRNA分子调控网络的分析 [D]. 长春：吉林大学，2018.

[7] CHEN C, XUE D, CHEN H, et al. Nomograms to predict overall and cancer-specific survival in gastric signet-ring cell carcinoma [J]. Journal of Surgical Research, 2021 (266): 13-26.

[8] CHENG J, DENG H, XIAO B, et al. PiR-823, a novel non-coding small RNA, demonstrates in vitro and in vivo tumor suppressive activity in human gastric cancer cells [J]. Cancer Lett, 2012, 315 (1): 12-17.

[9] CUI L, LOU Y, ZHANG X, et al. Detection of circulating tumor cells in peripheral blood from patients with gastric cancer using piRNAs as markers [J]. Clin Biochem, 2011, 44 (13): 1050-1057.

[10] ZHOU X, LIU J, MENG A, et al. Gastric juice piR-1245: a promising prognostic biomarker for gastric cancer [J]. J Clin Lab Anal, 2020, 34 (4): e23131.

第十三节　舌癌

一、舌癌中的miRNA

舌癌是口腔颌面部常见的恶性肿瘤，男性患者多于女性患者，多数为鳞状细胞癌，发生部位多位于舌前2/3处。舌癌常为溃疡型舌癌或浸润型舌癌，其生长快，浸润性强，早期常发生颈淋巴结转移。因此，尽早识别舌癌对于提高生存率和预后是很有必要的。

miRNA具有发展为肿瘤生物标志物、预测预后和治疗功效的潜力。miR-184在某些类型的癌症（包括舌鳞状细胞癌）中作为癌基因，在抗细胞凋亡、侵袭和增殖过程中起着重要作用，可认为它是舌癌中的一种创新标志物。有研究通过实时荧光定量PCR评估了20例舌癌样品和20例非癌样品中miR-103、miR-184、miR-375、miR-497和miR-506的表达，结果显示，miR-184和miR-375表达水平上调，miR-497 和 miR-506 表达水平下调。王健等通过实验发现，舌鳞状细胞癌组织相对于癌旁组织中的 miR-125b 表达显著上调，并初步证实了 miR-125b 在舌鳞状细胞癌组织是呈高表达水平的，提示 miR-125b 在舌鳞状细胞癌发病中起促癌基因的作用。也有研究表明，与邻近肿瘤的正常组织相比，舌鳞状细胞癌中的 miR-21 表达水平显著上调，而 miR-125b 和 miR-203 表达水平显著下调。Boldrup 等评估了 miR-424 的表达水平，发现 miR-424 的表达水平在舌鳞状细胞癌中最高，其次是正常组织，而在与肿瘤相邻的正常组织中表达水平最低。研究发现，miR-183 和 miR-21 均可通过靶向 E-cadherin 促进上皮间质转化在口腔癌中发挥重要作用。研究表明，miR-183 在肿瘤组织中的过表达使其成为潜在的生物标志物。

miRNA 过表达和表达不足并不一定意味着 miRNA 分别起着致癌基因或抑癌基因的作用。因此，异常表达的 miRNA 可能作为舌鳞状细胞癌患者诊断的指标，但也还需验证，只有经验证的 miRNA 差异表达才能显示出明确的作用。

二、舌癌中的 circRNA

circRNA 在哺乳动物细胞中具有稳定性，且表达保守，通常与 miRNA 相互作用，与一些疾病的发生发展及预后有着紧密的联系。现有研究表明，许多 circRNA 与癌症有相关性，如 circ_0001649 与包括胃癌、肝细胞癌、胆管癌等在内的多种癌症息息相关，并被发现可作为肿瘤抑制因子和诊断标志物。在 Wei 等的研究中，鉴定了许多失调的 circRNA。在这些失调的 circRNA 中，circ_081069 和 circ_087212 的表达水平分别为显著上调和下调；敲除 circ_081069 会抑制舌鳞状细胞癌细胞的迁移和增殖能力，这表明该 circRNA 可能在舌癌的发生发展中具有促进作用。今后应深入探索各种 circRNA 在舌癌中的作用，以期为广大患者的诊断和治疗带去福音。

参考文献

[1] GHFFARI M, ASADI M, SHANAEHBANDI D, et al. Aberrant expression of miR-103, miR-184, miR-378, miR-497 and miR-506 in tumor tissue from patients with oral squamous cell carcinoma regulates the clinical picture of the patients [J]. Asian Pacific journal of cancer prevention, 2020, 21（5）: 1311-1315.

［2］王健，闫广鹏，郭超，等．microRNA-125b 在舌鳞状细胞癌中的表达及意义［J］．华西口腔医学杂志，2020，38（1）：11-16.

［3］RABINOWITS G，BOWDEN M，FLORES L M，et al. Comparative analysis of microrna expression among benign and malignant tongue tissue and plasma of patients with tongue cancer［J］．Front Oncol，2017（7）：191.

［4］BOLDRUP L，COATES P J，LAURELL G，et al. Downregulation of miRNA-424: a sign of field cancerisation in clinically normal tongue adjacent to squamous cell carcinoma［J］．Br J Cancer，2015，112（11）：1760-1765.

［5］SUPIC G，ZELJIC K，RANKOV A D，et al. MiR-183 and miR-21 expression as biomarkers of progression and survival in tongue carcinoma patients［J］．Clin Oral Investig，2018，22（1）：401-409.

［6］于肖鹏，李晓光，万光勇，等．Survivin 和 VEGF 反义寡核苷酸联合转染对舌癌的作用［J］．泰山医学院学报，2021，42（4）：249-253.

［7］LI R，JIANG J，SHI H，et al. CircRNA: a rising star in gastric cancer［J］．Cell Mol Life Sci，2020，77（9）：1661-1680.

［8］WEI T，YE P，YU G Y，et al. Circular RNA expression profiling identifies specific circular RNAs in tongue squamous cell carcinoma［J］．Mol Med Rep，2020，21（4）：1727-1738.

第十四节　牙龈癌

一、牙龈癌中的 miRNA

在牙龈肿瘤中，大多数是高分化鳞状细胞癌。这些肿瘤通常生长缓慢，表现为溃疡。原癌基因的激活和抑癌基因的突变被认为是肿瘤发生的主要机制。PTEN 于 1997 年被发现，位于 10 号染色体（10q23.3），属于肿瘤抑制基因家族。PTEN 的表达下调或缺失在细胞凋亡、细胞周期和细胞迁移中起作用，并与多种人类恶性肿瘤的发展相关。此外，有研究对牙龈癌患者肿瘤组织、血液和唾液中的 PTEN 和 miR-214 水平的基因和蛋白表达进行了评估，发现与健康者相比，牙龈癌患者的肿瘤组织、血液和唾液中 PTEN 表达水平显著降低。可见，miR-214 和 PTEN 水平之间的平衡可能调节牙龈癌的发生发展。此外，miR-214 在血液和唾液中比 PTEN 更稳定，所以可能是更合适的牙龈癌早期诊断标志物。

二、牙龈癌中的其他非编码 RNA

多数牙龈癌患者对放射治疗的敏感性较高。siRNA 可以干扰特异性基因的表达作用,比如抗病毒及抗肿瘤基因等,另有参与基因组染色体构造及重塑基因组的作用。

siRNA 与口腔肿瘤的相关性较高。研究证明,牙龈上皮细胞感染或发生癌变后,E 盒结合锌指蛋白 1(ZEB1)被 siRNA 抑制,阻止了牙龈卟啉单胞菌的间质标志物增加,而且它还能降低上皮细胞的迁移速度。ZEB1 被 siRNA 驱动的表达形式为牙龈感染及癌变的进一步研究提供了崭新的机制研究基础。已有研究证实,Dicer 酶的表达水平是低下的,在牙龈癌细胞株 Tca-8113 和 UM-1 中的表达尤其明显,不过在口腔癌 UM-1 细胞中的表达水平较舌鳞状细胞癌 Tca-8113 细胞明显降低。重要的是,经转染 Dicer 酶处理的转染 siRNA 的 Tca-8113 细胞,它的增殖和侵犯组织的性能都显著高于转染阴性对照组 siRNA 或没有被转染的细胞。可见,沉默的 Dicer 酶作用非常明显,它能显著促进牙龈鳞癌的生长,故 Dicer 酶可作为牙龈肿瘤的生物学标志物及相关治疗靶点,siRNA 对牙龈癌的干预也显示了一定的作用。

参考文献

[1] AHN J S, OKAL R, VOS J A, et al. Plasmablastic lymphoma versus plasmablastic myeloma: an ongoing diagnostic dilemma [J]. J Clin Pathol, 2017, 70(90): 775-780.

[2] LI J, YEN C, LIAW D, et al. PTEN, a putative protein tyrosine phosphatase gene mutated in human brain, breast, and prostate cancer [J]. Science, 1997, 275(5308): 1943-1947.

[3] LI D M, SUN H. TEP1, encoded by a candidate tumor suppressor locus, is a novel protein tyrosine phosphatase regulated by transforming growth factor beta [J]. Cancer Res, 1997, 57(11): 2124-2129.

[4] 李敬东, 梁锐英, 赵艳萍, 等. 牙龈癌中 VEGF 及 PTEN 的表达及其相关性分析 [J]. 上海口腔医学, 2014, 23(5): 619-623.

[5] YE P, NADKARNI M A, HUNTER N. Regulation of E-cadherin and TGF-beta3 expression by CD24 in cultured oral epithelial cells [J]. Biochem Biophys Res Commun, 2006, 349(1): 229-235.

[6] SZTUKOWSKA M N, OJO A, AHMED S, et al. Porphyromonas gingivalis initiates a mesenchymal-like transition through ZEB1 in gingival epithelial cells [J]. Cell Microbiol, 2016, 18(6): 844-858.

[7] ZENG S, YANG J, ZHAO J, et al. Silencing Dicer expression enhances cellular proliferative and invasive capacities in human tongue squamous cell carcinoma [J]. Oncol Rep, 2014, 31(2): 867-873.

第三章 运动系统肿瘤中的非编码 RNA

第一节 骨癌

骨癌是指起源于骨骼系统本身的肿瘤，可能是原发骨癌，也可能来源于其他部位恶性肿瘤的骨转移。骨骼的所有成分，包括骨细胞本身、造血成分、关节软骨、滑膜及纤维性成分发生的恶性肿瘤均可称为骨癌。骨癌按照组织学分类可分为骨瘤、骨软骨瘤、骨母细胞瘤、骨肉瘤、皮质旁骨肉瘤、软骨瘤、软骨母细胞瘤、软骨黏液样纤维瘤、骨巨细胞瘤、Ewing 瘤、骨髓瘤、血管瘤、成纤维性纤维瘤、纤维肉瘤、孤立性骨囊肿、动脉瘤样骨囊肿、非骨化性纤维瘤、嗜酸性肉芽肿及纤维性结构不良。不同部位的骨癌因发现时间不同，故预后也不同。

一、骨癌中的 miRNA

骨肉瘤是临床上最常见的原发性恶性骨肿瘤，多见于儿童和青少年，其恶性程度高、早期转移率高、疾病进展快、死亡率高。因此，寻找可用于检测和监测肿瘤负荷的高度敏感、特异和微创的生物标志物，是骨肉瘤治疗的最大挑战。miRNA 是小的非编码核糖核酸分子，调节多个靶基因的表达，在各种生理和病理过程中发挥重要作用。由于其在血浆中的稳定性、易于分离，以及其与特定疾病状态相关的独特表达，是循环生物标志物开发的理想候选物。

Fujiwara 等在骨肉瘤细胞中发现 miR-175p 和 miR-25-3p 的表达水平上调，其中骨肉瘤患者的血清 miR-25-3p 表达水平显著高于对照组。与血清碱性磷酸酶相比，血清 miR-25-5p 具有良好的敏感性和特异性，因此其可作为骨肉瘤患者肿瘤监测和预后预测的无创性血液生物标志物。Huang 等通过生物信息学、免疫组织化学和免疫细胞化学证实 miR-199a-3p 在骨肉瘤中明显下调，而周期蛋白依赖性激酶 1（CDK1）、细胞周期蛋白 B1（CCNB1）、丝氨酸/苏氨酸激酶 NIMA 相关激酶 2（NIMA NEK2）、极光激酶 A（AURKA）、泛素结合酶 E2T（UBE2T）和 RNA 结合基序蛋白 25（RBM25）被鉴定为骨肉瘤中 miR-199a-3p 的潜在靶基因。研究发现，与正常人成骨细胞相比，miR-124 在骨肉瘤细胞中经常表达下调，并证实了受体酪氨酸激酶样孤儿受体 2（ROR2）为 miR-124 的新靶点，认为 miR-124 少部分地通过靶向 ROR2 以抑制 ROR2 介导的非典型 Wnt 信号的活性，从而抑制骨肉瘤转移。miR-185 的过表达通过对靶基因突触小泡膜蛋白 2（VAMP2）的负调节来抑制骨肉瘤的增殖、迁移和侵袭。体外数据进一步证明，miR-185 作为肿瘤抑制剂发挥作用，因此 miR-185 可作为早期诊断骨肉瘤的肿瘤标志物。

关于 miRNA 的其他研究均表示，miR-204 在 4 种成骨细胞中的表达下调。此外，miR-204 的过表达显著抑制骨肉瘤细胞的增殖、迁移和侵袭。与正常骨组织相比，骨肉瘤细胞和组织中 miR-1908 显著上调，其通过抑制 PTEN 表达来促进骨肉瘤细胞的增殖和侵袭。骨肉瘤组织中 miR-199b-5p 的表达明显高于正常组织，miR-199b-5p 主要通过调节人表皮生长因子受体 2（HER2）来促进骨肉瘤的进展。miR-221 部分通过抑制 PTEN 来增强骨肉瘤细胞的增殖、侵袭和迁移能力。Allen Rhoades 等通过小鼠试验检查血浆微小核糖核酸信号，发现 miR-205-5p 水平降低，miR-214、miR-335-5p 和 miR-574-3p 水平升高。Allen Rhoades 和 Ma 等研究发现，miR-152 在骨肉瘤中起重要作用，可通过靶向 E2F 转录调节因子 3（E2F3）显著抑制骨肉瘤细胞增殖、集落形成、迁移和侵袭。

相关研究也证实了多个 miRNA 在骨癌中的复杂调节作用。识别和筛选 OS 患者中失调的 miRNA 可能有助于开发预后生物标志物和治疗。此外，由于靶向治疗微小核糖核酸有望改善操作系统患者的临床管理，未来的研究应该设计基于微小核糖核酸的治疗方法，并在引入临床之前，在动物模型中实现高质量的输送、治疗效果和更好的安全性。

二、骨癌中的 miRNA

多发性骨髓瘤是一种多发于中老年群体，以骨髓中克隆性浆细胞恶性增殖的肿瘤，其发病率在血液系统恶性肿瘤中居第二位，严重威胁着人类的健康，其疾病特征为单克隆免疫球蛋白过度生成、溶骨性病变、高钙血症、贫血、肾功能不全及感染，从而导致人体内正常免疫球蛋白的生成受阻。临床上用于治疗多发性骨髓瘤的药物有单克隆抗体和第二代蛋白酶体抑制剂，这些新型药物虽能提高多发性骨髓瘤患者的中位生存率，但是在治疗过程中仍然无法避免患者复发、产生耐药及机体免疫力低下导致感染等问题。

目前多发性骨髓瘤的发病机制尚未完全明确，其发生和发展是一个多因素多步骤的过程。已经明确多发性骨髓瘤与细胞表观遗传学密切相关，如 siRNA 参与多发性骨髓瘤的发病过程中，有些在疾病中起到抑癌作用，有些则起到促癌作用。miR-34a 是 miR-34 的家族成员之一，被认为是一种潜在的肿瘤生长抑制剂，可导致肿瘤细胞的凋亡，故可作为肿瘤治疗的潜力分子。研究表明，miRNA 在多发性骨髓瘤、肾癌、肝癌等细胞中均有异常表达。研究者发现 miR-34a 在多发性骨髓瘤患者中表达增高，其通过抑制靶基因 TGF-β 诱导的因子同源盒 2（TGIF2）的表达来阻断多发性骨髓瘤细胞分泌破骨细胞分化因子，在动物中可以预防破骨细胞的形成，减少骨吸收、骨质疏松症及骨转移；miR-34c 同样在肿瘤中发挥负向调控作用，可靶向 tgfb 诱导的因子同源框 2，起到抑制乙肝病毒相关肝癌细胞的增殖和诱导细胞凋亡的作用。miR-497 的异常表达在多发性骨髓瘤发生发展中也起着重要作用，其机制可能为 miR-497 抑制多发性骨髓瘤细胞增殖、集落形成及 G_0/G_1 期诱导细胞周期停滞和凋亡，还可通过靶向白血病细胞 X3（PBX3）抑制多发性骨髓瘤进展，从而抑制多发性骨髓瘤患者的发生发展。

目前人类对该 RNA 的研究仅是冰山一角，其在肿瘤发生和发展中起到类似致癌或者抑癌的作用。可通过明确某个 miRNA 在肿瘤中的抑制作用或者致癌作用，人为地干涉其在肿瘤中的表达，促进肿瘤细胞的凋亡，并应用于难治性肿瘤的治疗中。

三、骨癌中的 miRNA

软骨瘤（内生软骨瘤病）是良性肿瘤的一种。最常见的软骨瘤发生于髓腔内，较为单发，易发育畸形。当今科学技术研究对软骨瘤的发病机制尚不清楚，是近年来主要的研究方向。软骨肉瘤是一类恶化程度非常高的恶性肿瘤，主要来源于透明软骨。

Dicer 蛋白和 Drosha 蛋白在骨肉瘤中表达呈高阳性，而在软骨肉瘤中表达呈低阳性，说明 2 种蛋白不与这两种肿瘤的表达发生有关，而非编码基因产物 miRNA 可能在肿瘤中发挥作用。Stella 等发现具有维持胃黏膜功能的胃动蛋白 1（GKN1）中 mRNA 3'UTR 的种子序列包含有 2 种 miRNAs，即 hsa-miR-544a 和 miR-1245b-3p，它们可以直接靶向荧光素酶报告基因测定的 gkn1-3utr。其中 GKN1-3'UTR 和 premiR-544a 共转染人胃腺癌细胞（AGS），尤其在转录水平上 GKN1 低表达，发现 miR-544a 可能参与抑制 GKN1 的表达，由此可以推断 miR-544 可作为胃癌的潜在靶点。Huang 等通过小鼠异种移植模型在体内验证 miR-205-5p 在肾细胞癌组织中低表达。而在体外培养实验中，过表达的 miR-205-5p 抑制了肾细胞癌组织的侵袭并加速了其凋亡，抑制了上皮细胞间充质转化的表达，提示过表达的 miR-205-5p 可能抑制小鼠肾细胞增殖。Li 等研究胃癌与 miR-183-5p 之间的关系，通过 RT-qPCR 检测 miR-183-5p 的水平；之后使用 CCK-8 法检测 miR-183-5p 在胃癌中的作用；另外，双荧光素酶报告分析和 western blot 验证 miR-183-5p 在胃癌中的潜在靶点，结果显示高表达的 miR-183-5p 抑制胃癌细胞的增殖，加快其凋亡，这提示 miR-183-5p 可能与胃癌的预后存在联系。骨肉瘤是最常见的恶性肿瘤之一，其预后效果不佳。Han 等证实色素框同源物 2（CBX2）与 let-7a 的直接结合，是 miR-let-7a 的功能靶点；骨肉瘤组织中 CBX2 表达显著上调，而低表达 CBX2 抑制了骨肉瘤的侵袭和增殖，可见 miR-let-7a 过表达抑制骨肉瘤细胞增殖，然而 CBX2 可逆转增殖，这些结果提示 miR-let-7a 也可能在骨肉瘤的发展过程中起关键作用。

四、骨癌中的 circRNA

circRNA 呈封闭的环状结构，其结构稳定、丰度高、不受外切酶的影响，具有物种保守性及组织特异性。现在，人们对于 circRNA 与骨癌、骨肉瘤的研究还不是很深入，且研究也面临着较大的难度。

在相关 circRNAs 研究中发现，circ-NT5C2 在骨肉瘤组织和细胞中表达水平上调，circ-NT5C2 沉默抑制了骨肉瘤细胞的增殖和侵袭，促进了骨肉瘤细胞的凋亡；

在体内试验中 circ-NT5C2 沉默还抑制了肿瘤的生长。circTADA2A 在骨肉瘤组织和细胞中均高表达，并且 circTADA2A 的抑制作用减弱了骨肉瘤细胞在体外的迁移、侵袭和增殖，以及体内的肿瘤发生和转移。研究发现，circMYO10 在骨肉瘤细胞系和正常的骨细胞中差异性表达。在骨肉瘤细胞中 circMYO10 表达水平显著上调，并且在体外和体内敲低 circMYO10 的表达会抑制骨肉瘤细胞的增殖和上皮间质转化。关于 circRNA 更多的说法是其作为分子海绵作用于 miRNA，从而来调节相关表达。circRNA 中的 circR-0008717 在骨肉瘤细胞中同样扮演着致癌基因的作用，其高表达后患者预后差。circFAT1 也被证实是骨肉瘤细胞中的一个致癌基因，体外敲低其表达可以很有效地抑制骨肉瘤细胞的转移和侵袭，亦在体内抑制骨肉瘤细胞的生长。circFAT1 的分子机制是其作为 miR-375 的分子海绵，从而去调高 Yes 相关蛋白 1（YAP1）的表达水平。此外，研究认为 circPVT1b 是比碱性磷酸酶（ALP）更好地诊断骨肉瘤的靶点，并且认为 circPVT1b 与骨肉瘤治疗的耐药性有关，敲低其表达可以减少经典的耐药基因腺苷三磷酸结合盒转运体 B1（ABCB1）的表达。circ-HIPK3 在骨肉瘤中低表达，并且其可以抑制细胞的增生、转移和侵袭，和预后有很大的关系。circ-HIPK3 也有作为潜在诊断价值的靶点，过表达的 circ-HIPK3 可以抑制骨肉瘤细胞的增生、转移和侵袭。

五、骨癌中的 ceRNA

ceRNA 通过影响 miRNA 的有效水平对 miRNA 进行调控，继而进行转录后基因表达调控。ceRNA 网络连接编码 RNA 和非编码 RNA，RNA 出现转录异常时，可能导致组织的癌变。研究发现，lncRNAs 通过结合位点对特定 miRNA 实行负调控，继而对下游的靶分子产生作用，抑制正常 miRNA 对 mRNA 的靶向活性。这些 lncRNAs 具有 MRE 共享元件（miRNA 识别元件），能形成 ceRNA 网络，从而调节 mRNA 的表达。

以骨肉瘤为例，有研究表明在骨肉瘤细胞中，细胞浆中的 circ_orc2 存在普遍表达上调现象。而 circ_corc2 具有 miR-19a 结合位点，可以增强 miR-19a 的表达，从而抑制 PI3K 拮抗剂 PTEN 的下游表达。lncRNA MEG3/hsa-miR-200b-3p/AKT2 通路在骨肉瘤化疗耐药中发挥作用。circMYO10 是作为 miR-370-3p 的分子海绵来发挥调节的作用。miR-370-3p 可以抑制骨肉瘤细胞的增殖和上皮间质转化，而 miR-370-3p 的靶点经过实验证实是一种癌基因——Ruvbl1，参与骨肉瘤细胞 Wnt/β-catenin 信号转导，并且与染色质的重塑和组蛋白修饰因子 Tat 相互作用蛋白 60（TIP60）及淋巴细胞增强结合因子 1（LEF1）结合，促进 C-myc 基因启动子区域附近的组蛋白 H4K16 乙酰化。经过一系列的研究证实，circMYO10 通过调节 miR-370-3p/RUVBL1 轴影响染色质重塑而增强 β-catenin/LEF1 复合物的转录活性，从而促进骨肉瘤的进展。circRNA-0008717 的作用靶点是 miR-203，通过充当 miR-203 的分子海绵，作用于原癌基因 BMI-1，以抑制骨肉瘤细胞的增殖和转移，一系列实验也证实了，circRNA-0008717 促进骨肉瘤细胞的进展是通过作为 miR-203 的分子海绵，并调高 BMI-1 的表达来实现的。另外，circTADA2A 也在骨肉瘤中高表达，并且促进肿瘤细胞的进展，其作用机制是作为 miR-203a-3p 分子海绵，调节环磷酸腺苷反应元件结合蛋白 3（CREB3）的表达来完成的。CREB3 是 miR-203a-3p 的直接作用靶点，并且被认为在骨肉瘤中是一种致癌基因。circTADA2A 能促进肿瘤块的生长，这在体外实验中同样获得了证实。

软骨瘤是一种软骨源性的、由透明软骨组织构成的较常见的良性肿瘤，多发性骨软骨瘤恶变多形成软骨肉瘤。ceRNA 为软骨瘤的发生发展机制提供了新的研究方向，为其诊断及治疗等提供新的理论指导。研究发现，软骨肉瘤细胞分泌的外泌体能促进人脐静脉内皮细胞的增殖和迁移，并且通过 lncRNA 芯片分析，发现外泌体中携带 lncRNA RAMP2-AS1，进一步验证发现软骨肉瘤患者血清中 RAMP2-AS1 表达水平升高，参与患者局部浸润、远处转移及不良预后。目前关于骨肉瘤中的 ceRNA 研究已经获得了很多进展，不过很多机制仍然不是很清楚，今后仍需要大量的科学数据来支持 ceRNA 在软骨肉瘤的发展进程中的重要作用，为改善软骨肉瘤等肿瘤预测、诊断和治疗等作出贡献。

六、骨癌中的其他非编码 RNA

多发性骨髓瘤是一种源于骨髓中的浆细胞，恶性程度较高的 B 淋巴细胞肿瘤。目前有学者认为一些基因与一些类型的 RNA 也参与了多发性骨髓瘤的发生发展，其中，PIWI 的表达失调不仅在许多肿瘤中发挥重要作用，也在多发性骨髓瘤的发生和发展中有重要作用,且存在巨大的潜在作用。因此,探索 piRNA 与多发性骨髓瘤的相关性可能是提高多发性骨髓瘤疗效、改善多发性骨髓瘤患者预后的手段之一。

研究显示,piR-823 高表达可能与多发性骨髓瘤的晚期和不良预后有关。Li 等发现多发性骨髓瘤衍生外泌体携带的 piR-823 可通过改变其生物学特性促使细胞外基质向着适于多发性骨髓瘤细胞生长的独特微环境发展。Ai 等研究也发现粒细胞源性骨髓抑制细胞通过上调 piR-823 的表达,进而促进 DNA 甲基化并增加多发性骨髓瘤细胞的致癌潜力,而多发性骨髓瘤细胞中 piR-823 的沉默则降低了由粒细胞源性骨髓抑制细胞维持的多发性骨髓瘤干细胞的干性,从而导致体内肿瘤负荷和血管生成减少。

siRNA 为一种沉默 RNA,其生物功能表达调控许多重要过程,如细胞增殖与凋亡、免疫机制和神经分化等。范兆阳等通过 siRNA 沉默 Polo 样激酶(PLK1)基因,探究了其对骨肉瘤总生存期的影响。siR-PLK1 组中,蛋白表达相对降低,PLK1 表达受到抑制,导致肿瘤细胞增殖受到抑制,凋亡率增大。张津等研究发现 Wnt/β-catenin 信号通路中的配体、受体和共受体在骨肉瘤细胞中表达较高,导致骨肉瘤细胞的增殖及转移加快,认为可阻滞这一通路实现治疗,为肿瘤细胞的发生发展提供新思路和新靶点。含 SET 结构域(赖氨酸甲基转移酶)8(SETD8)参与细胞周期、DNA 断裂等过程。张津等通过 siRNA 转染实验探究 SETD8 在骨肉瘤中的用途,结果发现干扰 SETD8 后骨肉瘤细胞的增殖能力显著降低。Wang 等研究了 Grb2 协同结合蛋白 2(Gab2)在骨肉瘤中的作用。Gab2 是对肿瘤细胞的转移、分化与迁移具有重要作用的一种蛋白质,是一种潜在的促进肿瘤增殖的重要因素。通过 siRNA 沉默 Gab2,转染人 MG-63 骨肉瘤细胞,Gab2 基因表达明显受到抑制;通过体外培养和侵袭实验,发现骨肉瘤细胞的侵袭能力明显下降。因此,可以推断出通过 siRNA 沉默 Gab2 基因可导致肿瘤细胞的迁移和分化能力发生改变。Kawashima 等发现小豆蔻明在骨肉瘤呈高水平表达,其中小豆蔻明的表达水平和腺病毒基因转导效率同 p53 基因的抗增殖有一定的相关度,通过腺病毒介导的 p53 基因治疗可能对骨肉瘤的治疗具有作用。纳米医学具有很大的潜力,如 Cs-g-PLLD-FA 纳米颗粒是骨肉瘤靶向载瘤病毒 siRNA 的系统,可以通过沉默 Aeg1 和调节 MMP-2 或 MMP-9,达到抑制荷瘤小鼠的肿瘤生长和肺转移的目的。以上的方式都将为研究肿瘤的发生和发展提供新的思路，为临床诊疗提供新的方法。

参考文献

［1］FUJIWARA T，UOTANI K，YOSHIDA A，et al. Clinical significance of circulating miR-25-3p as a novel diagnostic and prognostic biomarker in osteosarcoma［J］. Oncotarget，2017，8（20）：33375-33392.

［2］HUANG W T，LIU A G，CAI K T，et al. Exploration and validation of downregulated microRNA-199a-3p，downstream messenger RNA targets and transcriptional regulation in osteosarcoma［J］. Am J Transl Res，2019，11（12）：7538-7554.

［3］ZHANG C，HU Y，WAN J，et al. MicroRNA-124 suppresses the migration and invasion of osteosarcoma cells via targeting ROR2-mediated non-canonical Wnt signaling［J］. Oncol Rep，2015，34（4）：2195-2201.

［4］LI L，WANG X，LIU D. MicroRNA-185 inhibits proliferation，migration and invasion in human osteosarcoma MG63 cells by targeting vesicle-associated membrane protein 2［J］. Gene，2019，696：80-87.

［5］SHI Y，HUANG J，ZHOU J，et al. MicroRNA-204 inhibits proliferation，migration，invasion and epithelial-mesenchymal transition in osteosarcoma cells via targeting Sirtuin 1［J］. Oncol Rep，2015，34（1）：399-406.

［6］YUAN H，GAO Y. MicroRNA-1908 is up regulated in human osteosarcoma and regulates cell proliferation and migration by repressing PTEN expression［J］. Oncol Rep，2015，34（5）：2706-2714.

［7］CHEN Z，ZHAO G，ZHANG Y，et al. MiR-199b-5p promotes malignant progression of osteosarcoma by regulating HER2［J］.J BUON，2018，23（6）：1816-1824.

［8］ZHU J，LIU F，WU Q，et al. MiR-221 increases osteosarcoma cell proliferation，invasion and migration partly through the downregulation of PTEN［J］.Int J Mol Med，2015，36（5）：1377-1383.

［9］RHOADES W A，KURENBEKOVA L，SATTERFIELD L，et al. Cross-species identification of a plasma microRNA signature for detection，therapeutic monitoring，and prognosis in osteosarcoma［J］. Cancer Med，2015，4（7）：977-988.

［10］MA C，HAN J，DONG D，et al. MicroRNA-152 suppresses human osteosarcoma cell proliferation and invasion by targeting E2F transcription factor 3［J］. Oncol Res，2018，26（5）：765-773.

［11］LIU C，KELNAR K，LIU B，et al. The microRNA miR-34a inhibits prostate cancer stem cells

[12] WANG Y, WANG C M, JIANG Z Z, et al. MicroRNA-34c targets TGFB-induced factor homeobox 2, represses cell proliferation and induces apoptosis in hepatitis B virus-related hepatocellular carcinoma [J].Oncol Lett, 2015, 10 (5): 3095-3102.

[13] YU T, ZHANG X, ZHANG L, et al. MicroRNA-497 suppresses cell proliferation and induces apoptosis through targeting PBX3 in human multiple myeloma [J].Am J Cancer Res, 2016, 6 (12): 2880-2889.

[14] STELLA D S C, FARAONIO R, FEDERICO A, et al. GKN1 expression in gastric cancer cells is negatively regulated by miR-544a [J]. Biochimie, 2019 (167): 42-48.

[15] HUANG J, WANG X, WEN G, et al. MiRNA-205-5p functions as a tumor suppressor by negatively regulating VEGFA and PI3K/Akt/mTOR signaling in renal carcinoma cells [J]. Oncol Rep, 2019, 42 (5): 1677-1688.

[16] LI W, CUI X, QI A, et al. MiR-183-5p acts as a potential prognostic biomarker in gastric cancer and regulates cell functions by modulating EEF2[J].Pathol Res Pract, 2019, 215(11): 152636.

[17] HAN Q, LI C, CAO Y, et al. CBX2 is a functional target of miRNA let-7a and acts as a tumor promoter in osteosarcoma [J]. Cancer Med, 2019, 8 (8): 3981-3991.

[18] LIU X, ZHONG Y, LI J, et al. Circular RNA circ-NT5C2 acts as an oncogene in osteosarcoma proliferation and metastasis through targeting miR-448 [J].Oncotarget, 2017, 8 (70): 114829-114838.

[19] ZHOU X, NATINO D, QIN Z, et al. Identification and functional characterization of circRNA-0008717 as an oncogene in osteosarcoma through sponging miR-203 [J]. Oncotarget, 2018, 9 (32): 22288-22300.

[20] PENG Z K, LONG M X, LIN Z C. Overexpressed circPVT1, a potential new circular RNA biomarker, contributes to doxorubicin and cisplatin resistance of osteosarcoma cells by regulating ABCB1 [J].Int J Biol Sci, 2018, 14 (3): 321-330.

[21] LONG M X, PENG Z K, LIN Z C. Circular RNA circ_HIPK3 is down-regulated and suppresses cell proliferation, migration and invasion in osteosarcoma [J].J Cancer, 2018, 9 (10): 1856-1862.

[22] SEN R, GHOSAL S, DAS S, et al. Competing endogenous RNA: the key to posttranscriptional regulation [J].ScientificWorldJournal, 2014 (2014): 896206.

[23] KARTHA R V, SUBRAMANIAN S. Competing endogenous RNAs (ceRNAs): new entrants to the intricacies of gene regulation [J].Front Genet, 2014, 5: 8.

[24] CHEN J, LIU G, WU Y, et al. CircMYO10 promotes osteosarcoma progression by regulating

miR-370-3p/RUVBL1 axis to enhance the transcriptional activity of beta-catenin/LEF1 complex via effects on chromatin remodeling［J］.Mol Cancer, 2019, 18（1）: 150.

［25］ ZHOU X, NATINO D, QIN Z, et al. Identification and functional characterization of circRNA-0008717 as an oncogene in osteosarcoma through sponging miR-203［J］.Oncotarget, 2018, 9（32）: 22288-22300.

［26］ WU Y, XIE Z, CHEN J, et al. Circular RNA circTADA2A promotes osteosarcoma progression and metastasis by sponging miR-203a-3p and regulating CREB3 expression［J］.Mol Cancer, 2019, 18（1）: 73.

［27］ NAZAROVA N Z, UMAROVA G S, VAIMAN M, et al. The distribution of chondromas: why the hand？［J］.Med Hypotheses, 2020（143）: 110132.

［28］ LI B, HONG J, HONG M, et al. PiRNA-823 delivered by multiple myeloma-derived extracellular vesicles promoted tumorigenesis through re-educating endothelial cells in the tumor environment［J］.Oncogene, 2019, 38（26）: 5227-5238.

［29］ AI L, MU S, SUN C, et al. Myeloid-derived suppressor cells endow stem-like qualities to multiple myeloma cells by inducing piRNA-823 expression and DNMT3B activation［J］.Mol Cancer, 2019, 18（1）: 88.

［30］ 范兆阳, 鲜文峰, 刘永喜. SiRNA 沉默 PLK1 基因对骨肉瘤细胞生物学特性影响［J］.青岛大学学报（医学版）, 2019, 55（2）: 171-174.

［31］ 张津, 丁界先, 安江东, 等. 沉默 SETD8 基因表达对骨肉瘤 MG-63 细胞增殖、侵袭和迁移的抑制作用［J］. 临床和实验医学杂志, 2019, 18（5）: 449-454.

［32］ WANG H, HE H, MENG H, et al. Effects of Grb2-associated binding protein 2-specific siRNA on the migration and invasion of MG-63 osteosarcoma cells［J］.Oncol Lett, 2018, 15（1）: 926-930.

［33］ KAWASHIMA H, OGOSE A, YOSHIZAWA T, et al. Expression of the coxsackievirus and adenovirus receptor in musculoskeletal tumors and mesenchymal tissues: efficacy of adenoviral gene therapy for osteosarcoma［J］.Cancer Sci, 2003, 94（1）: 70-75.

第二节　腱鞘瘤

腱鞘瘤是由致密的结缔组织构成的软组织肿块，常发生于关节腱鞘内，多见于手腕、脚踝处和足背部等部位，属于良性肿瘤，又称腱鞘囊肿。腱鞘巨细胞瘤是一种罕见的良性病变，起源于腱鞘，好发于关节或法氏囊腱鞘组织，并表现为界限清楚的结节，由单个核组织细胞、黄瘤细胞、铁噬菌体和破骨细胞型多核巨细胞混合而成，通常被表征为局部侵袭性且经常复发的肿瘤。

一、腱鞘瘤中的 miRNA

miRNA 在腱鞘瘤中的作用研究较少，已知其主要参与基因或毒力因子、炎症和神经病理性疼痛的表达。miRNA 在慢性疼痛中起到调节作用，同时也调节着疼痛相关基因的表达。分析腱鞘瘤中 miRNAs 的序列与 miRBase 在线数据库中的序列的不同之处，有助于提高腱鞘瘤靶向功能分析。Wang 等人利用小干扰 RNA 沉默了目的基因，从而逆转了 miR-210 介导的腱鞘瘤毒性作用。腱鞘瘤虽是良性肿瘤，但仍给患者带来很大的疼痛感，给患者的日常生活带来极大的不便。Chang 等发现 miR-21 和 miR-31 之间存在着特殊的表达形式，这些 miRNA 可能是缓解腱鞘瘤疼痛的治疗靶点。miRNA 在外周神经系统中的表达变化常调节着神经病理性疼痛的发生发展。除此之外，与疼痛相关的多个靶点之间还存在着相互作用。弥漫性腱鞘肿瘤和局灶性腱鞘肿瘤均以集落刺激因子1（CSF1）基因重排为特征，CSF1 是一种控制巨噬细胞产生、分化和功能的细胞因子。在 CSF1 mRNA 的 3'-UTR 中有 miR-1207-5p 结合位点，研究表明 miR-1207-5p 可直接识别 CSF1 的 3'-UTR 而抑制其翻译，从而调节肿瘤的微环境。

二、腱鞘瘤中的 circRNA

腱鞘瘤是好发于手足肌腱周围的良性肿瘤，手术完整切除后复发率较低，发病原因尚不是特别清楚。研究表明，circRNA 可通过 JAK2/STAT3 介导非小细胞肺癌（NSCLC）的发生。Li 等通过 RT-qPCR（实时荧光定量 PCR）实验，发现 circ-ZNF124 表达在 NSCLC 细胞中高度上调，使用 siRNA 敲除 circ-ZNF124 可以显著减缓细胞生长，促进细胞周期滞留在亚 G_1 期，影响细胞迁移和集落形成。生物信息学分析发现，miR-337-3p 是 circ-ZNF124 的直接靶标，可见 circRNA 对肿瘤的调控作用不容忽视。钙调磷酸酶 B 类蛋白（CBL）是一类分布广泛的细胞内蛋白，在细胞内活化过程中作为接头分子参与信号转导，其突变可以作为一类癌基因，许多肿瘤细胞内与肿瘤有关的分子发生突变后就不再受 CBL 的负调控。研究发现，腱鞘巨细胞瘤与 CBL 错义突变有关，CBL 与 circRNA 有着密切的关系，小部分与 CBL 基因的错位突变有关。在其他癌症中发现，circRNA 可以通过信号转导通路来调控

CBL的表达水平，从而介导肿瘤的发生发展，所以预测腱鞘巨细胞瘤与circRNA的表达水平有关。但与哪些circRNA的表达水平有关，目前还不是很清楚。研究腱鞘瘤中的circRNA有助于深入研究其发病机制，值得今后不断探索。

三、腱鞘瘤中的其他非编码RNA

腱鞘瘤常发生于关节腱鞘内，而人的关节处存在多个神经元。慢性疼痛常由炎症引起，这种炎症使得感觉神经元对外界刺激异常敏感。这种疼痛感常使人们获得运动障碍，影响到人们日常的生活。Nowodworska等利用siRNA敲除神经元和非神经元细胞中P2X7受体，从而确定了P2X7受体在神经节中的表达。用siRNA对线粒体中钠离子和钙离子的交换通路（mNCX-1）进行调节，使得mNCX-1免疫反应面积大幅度减少，从而减轻了腱鞘瘤引起的疼痛感。另外，研究发现siRNA介导的BDNF下调逆转了miR-210下调对DRG神经毒性的影响。可见，siRNA参与了腱鞘瘤的发生发展。siRNA调节lncRNA可以有效减少炎症因子的释放，从而抑制神经元的兴奋性；将特异性siRNA注射到神经节中，可逆转损伤达到减少痛觉的效果。深入研究siRNA在腱鞘瘤中的作用及siRNA的作用机制，既可以为确定治疗方案提供新的思路，也可以为治疗腱鞘瘤带来新的曙光。

参考文献

［1］COKARIC B M，ZUBKOVIC A，FERENCIC A，et al. Herpes simplex virus 1 miRNA sequence variations in latently infected human trigeminal ganglia［J］.Virus Res，2018（256）：90-95.

［2］WANG Y，NI H，ZHANG W，et al. Downregulation of miR-210 protected bupivacaine-induced neurotoxicity in dorsal root ganglion［J］.Exp Brain Res，2016，234（4）：1057-1065.

［3］CHANG H L，WANG H C，CHUNAG Y T，et al. MiRNA expression change in dorsal root ganglia after peripheral nerve injury［J］.J Mol Neurosci，2017，61（2）：169-177.

［4］BRANDENBURGER T，JOHANNSEN L，PRASSEK V，et al. MiR-34a is differentially expressed in dorsal root ganglia in a rat model of chronic neuropathic pain［J］.Neuroscience Letters，2019，708：134365.

［5］DANG W，QIN Z，FAN S，et al. MiR-1207-5p suppresses lung cancer growth and metastasis by targeting CSF1［J］.Oncotarget，2016，7（22）：32421-32432.

［6］LI Q，HUANG Q，CHENG S，et al. Circ-ZNF124 promotes non-small cell lung cancer progression by abolishing miR-337-3p mediated downregulation of JAK2/STAT3 signaling pathway [J].Cancer Cell Int, 2019（19）：291.

[7] WANG M, CHEN B, RU Z, et al. CircRNA circ-ITCH suppresses papillary thyroid cancer progression through miR-22-3p/CBL/beta-catenin pathway [J].Biochem Biophys Res Commun, 2018, 504（1）：283-288.

[8] NOWODWORSKA A, VAN DEN MAAGDENBERG A, NISTRI A, et al. In situ imaging reveals properties of purinergic signalling in trigeminal sensory ganglia in vitro [J].Purinergic Signal, 2017, 13（4）：511-520.

[9] WANG Y, NI H, ZHANG W, et al. Downregulation of miR-210 protected bupivacaine-induced neurotoxicity in dorsal root ganglion.Experimental Brain Research [J].2016, 234（4）：1057-1065.

第三节　神经鞘瘤

神经鞘瘤是一组与神经系统肿瘤发生率增加相关的肿瘤抑制综合征，以患有全身多发性神经鞘瘤而不伴双侧前庭神经鞘瘤或皮内神经鞘瘤为特征。神经鞘瘤是多见于周围神经或神经鞘膜细胞的一种良性肿瘤，多来源于雪旺氏细胞、神经周细胞或成纤维细胞。恶性外周神经鞘瘤是一种相对罕见的软组织肉瘤，人群中总发病率约为1/100000。

一、神经鞘瘤中的 miRNA

王正光等研究发现，基因肝配蛋白A3（EFNA3）与miR-210在神经鞘瘤中的表达呈现出拮抗作用，通过进一步探索认为EFNA3是miRNA的一种靶基因，并且miR-210诱导的EFNA3表达抑制只是部分促进了神经鞘瘤细胞的增殖。miR-210的靶基因EFNA3参与了神经鞘瘤侵袭的抑制。Saydam等研究了miR-7在神经鞘瘤发病机制中的作用，结果表明，对比恶性神经鞘瘤标本和正常神经组织，miR-7在恶性神经鞘瘤标本中表达水平显著降低，同时在自然生长或者异种移植的机体内过表达，miR-7能抑制恶性神经鞘瘤细胞的生长。活化的Cdc42相关酪氨酸激酶1（ACK1）是miR-7新的直接靶点，其在恶性神经鞘瘤样本中的表达水平与miR-7的表达水平呈负相关，miR-7通过调控ACK1表达水平调节恶性神经鞘瘤的生长。可见，miRNA对神经鞘瘤的作用也非常重要。

二、神经鞘瘤中的 circRNA

随着 NGS 技术和基因芯片技术的发展，研究人员通过高通量 circRNA 芯片技术发现神经鞘瘤中 circRNA 表达谱和正常组织存在显著的差异性表达，其中一些 circRNA 表达水平下调，而另一些 circRNA 则表达水平上调，提示 circRNA 可作为神经鞘瘤早期诊断的标志物。circRNA 的差异性表达是其作为诊断生物标志物的前提，尤其在血清中的高表达使检测 circRNA 变得更为简便。circRNA 有望成为神经鞘瘤潜在的早期诊断标志物、预测预后因子及治疗的新靶点，为恶性神经鞘瘤的精准治疗提供新思路和新策略。

参考文献

[1] 王正光.miRNA-210 及其靶基因 EFNA3 对恶性外周神经鞘瘤（MPNST）的增殖和侵袭能力的机制研究［D］.长沙：中南大学，2014.

[2] SAYDAM O, SENOL O, WURDINGER T, et al. MiRNA-7 attenuation in schwannoma tumors stimulates growth by upregulating three oncogenic signaling pathways［J］.Cancer Res, 2011, 71（3）: 852-861.

第四章　神经系统肿瘤中的非编码RNA

第一节　脑瘤

　　脑瘤是发生在颅内的肿瘤，包括原发于脑组织、脑膜、垂体等组织的肿瘤，还有由全身其他器官或组织的恶性肿瘤转移至颅内的继发性颅内肿瘤。最具侵袭性的原发性脑肿瘤是胶质母细胞瘤。继发性脑肿瘤最常见的转移来自原发性肺癌和乳腺癌等。由于预后差、肿瘤异质性高、肿瘤复发率高、对治疗有抵抗力，脑癌的死亡率较其他癌症高，生存率低。脑膜瘤起源于脑膜，是最常见的良性颅内肿瘤，包括其他部位转移的转移瘤、脑膜黑素细胞性脑膜瘤和蝶鞍结节脑膜瘤等。若脑膜瘤的肿瘤体积过大或增长过速可能压迫周围神经血管组织，使者出现临床症状。

一、脑瘤中的miRNA

　　miRNA在胶质瘤的发展中起着至关重要的作用。胶质瘤术前病理分级可分为4级。据研究报道，术前病理分级为3～4级的脑胶质瘤患者血清中miR-128、miR-101的表达水平均明显高于1～2级的脑胶质瘤患者，且差异有统计学意义。肿瘤中大多数过度表达的miRNA参与神经胶质瘤的传播过程，它们起癌基因的作用，与胶质瘤的恶性转化过程有关。miR-21的过表达是最典型的例子，其与神经胶质瘤的预后不良相关。研究显示，在大多数恶性神经胶质瘤中miR-21高表达。miR-203可以通过抑制磷脂酶D2（PLD2）的蛋白表达来抑制胶质瘤细胞的增殖和侵袭，这证明了miR-203在胶质瘤中的临床意义。在高级星形细胞瘤中，miR-221/222的表达被上调。研究还发现与正常大脑相比，原发神经胶质瘤组织中miR-182上调，其表达水平与肿瘤的分级和临床特征相关。在分子水平上，miR-181可能负调控细胞周期蛋白 B1 的表达，从而抑制神经胶质瘤细胞的增殖。

另外，研究还发现 miR-1231 也会抑制脑膜瘤细胞增殖，其主要是通过靶向表皮生长因子受体（EGFR）调节 PI3K/AKT 通路实现的。有研究表明，miRNA 中的单核苷酸多态性与脑肿瘤的易感性有关，miR-146a 的 GG 基因型携带者对脑肿瘤更敏感，多态性可能会改变脑部肿瘤的风险。miR-155HG/miR-185/ANXA2 环也参与胶质母细胞瘤的生长和进展。而 miR-126-3p 通过靶向性别决定相关基因簇 2（SOX2），使 Wnt/β-连环蛋白信号传导失活，导致胶质母细胞瘤细胞对替莫唑胺敏感。miR-454-3p 通过下调胶质母细胞瘤 NFATc2 发挥抑癌作用。基于 miRNA 的脑瘤靶向治疗仍然在进一步研究，发现在脑瘤患者中 miR-196a、miR-10b、miR-196b、miR-18b、miR-542-3p、miR-129-3p、miR-1224-5p、miR-876-3p 和 miR-770-5p 的表达强度明显不同，而这些差异表达的 miRNA 有望成为治疗的靶点。miR-320c 的过度表达通过抑制 G_1/S 过度关键调控因子（如细胞周期蛋白 D1 和 CDK6）的表达，导致 G_0/G_1 期停滞显著，并相应降低 S 期细胞的百分比。此外，miR-320c 的表达上调可通过降低 MMP2、MMP9 和 N-钙黏着蛋白和整联蛋白 β1 的表达而显著损害神经胶质瘤细胞的迁移和侵袭，并可成为神经胶质瘤新的预后生物标志物和治疗靶标。还有研究显示，miR-107_st、miR-548x_st、miR-3125_st 和 miR-331-3p_st 可以确定短期生存率和长期生存率，预测准确性为 78%。已确定的 miRNA 表达模式可能在胶质母细胞瘤中成为有希望的生物标志物，并能将患者分为短期幸存者和长期幸存者。

蛋白质组学研究已经显示了脑动静脉畸形（AVMs）的蛋白表达特征，并鉴定了 miR-137 和 miR-195 调控的下游蛋白在血管母细胞瘤中起抑制血管生成的作用，miR-137 和 miR-195 缺失将会导致血管生成异常。miR-210 既可作为脑血管母细胞瘤及视网膜血管母细胞瘤等相关疾病活性的生物标志物，也可作为脑血管母细胞瘤手术后定期随访的有用指标。根据分析文献数据表明，miR-9 和 miR-200a 都可以明显区分出血管母细胞瘤。通过分析 miRNA 与血管母细胞瘤的相关性可能为了解血管母细胞瘤的生物学机制提供一些新思路。然而，血管母细胞瘤的 lncRNA 的潜在机制尚不清楚，仍待阐明。已有大量研究证实，lncRNA 可以作为 ceRNA 调控 miRNA 的表达，而且证实抑制 miR-485-3p 或过表达转录因子 SOX7 可以消除 X 染色体失活基因（XISTX）沉默对血管生成的影响。

二、脑瘤中的 circRNA

研究发现，circRNA hsa_circ_0037251 可通过海绵化 miR1229-3p 调节哺乳动物雷帕霉素靶蛋白（mTOR）的表达促进胶质瘤进展。circCPA4 作为一种预后因子，可调节胶质瘤的增殖和转移；circPTN 海绵化 miR-145-5p/miR-330-5p 促进胶质瘤增殖；circ-EZH2 通过 miR-1265 海绵活性，可逆转二甲基精氨酸二甲胺水解酶 1（DDAH1）和异染色质重要组分的染色体盒 3（CBX3）介导的胶质瘤细胞生长和侵袭；circSCAF11 通过 miR-421/SP1/VEGFA Axis 促进脑胶质瘤增殖。此外，circCPA4 在胶质瘤中也通过海绵 let-7 发挥作用，羧肽酶 A4（CPA4）是海绵 let-7 的下游靶标，受海绵 let-7 的调控，故 circRNA 通过海绵 let-7 来调节 CPA4 的表达。CPA4 的表达量增高与胶质瘤预后不良有关。circCPA4/let-7/CPA4 通过 ceRNA 机制调控胶质瘤的进展，为胶质瘤治疗提供了新的生物标志物和靶点。沉默 circ-U2AF1 可显著增加 G_1 期细胞数，减少 G_2 期细胞数，从而诱导细胞凋亡并显著抑制胶质瘤细胞的迁移和侵袭能力；沉默 circ-U2AF1 能够通过负性调控 hsa-miR-7-5p 下调 NOVA2 的表达，促进胶质瘤细胞的增殖和侵袭能力，抑制细胞凋亡。沉默 NOVA2 与过表达 hsa-miR-7-5p 作用一致，均能抑制胶质瘤细胞的增殖和侵袭能力，诱导细胞凋亡。总之，circ-U2AF1 在胶质瘤细胞中发挥致瘤作用，沉默 circ-U2AF1 可上调 hsa-miR-7-5p 及抑制 NOVA2 表达，从而抑制胶质瘤发生。circ-U2AF1 可能是一种预后生物标志物，circ-U2AFl/hsa-miR-7-5p/NOVA2 调控通路可能是胶质瘤的新靶点。研究还表明，circ-0014359 通过靶向 miR-153/PI3K 促进胶质瘤的进展信号通路，为神经胶质瘤的进展提供了新的见解，并揭示了治疗神经胶质瘤的潜在新靶点。可见，越来越多的 circRNAs 作为 miRNA 海绵和蛋白质海绵，对胶质瘤的增殖、发展、侵袭和转移等产生明显影响。

目前 circRNA 仍处于研究初期，需要通过进一步地研究找出神经胶质瘤发生发展关键阶段的相关特异 circRNA，确定其作用机制，通过基因芯片技术，将这些 circRNA 真正用于神经胶质瘤的诊疗和预防，实现精准化及个体化诊疗，避免神经胶质瘤过度诊疗。

三、脑瘤中的其他非编码 RNA

脑胶质瘤是大脑和脊髓胶质细胞癌变所产生的最常见的原发性颅脑肿瘤。抗原分化簇 133（CD133）是脑胶质瘤的关键标志物。低密度脂蛋白受体相关蛋白和 RNA 适配子绑定 CD133，被用作双定位配体准备双修饰阳离子脂质体（DP-CLPs）加载和存活素 siRNA（DP-CLPs-PTX-siRNA）紫杉醇（PTX）的积极目标。选择性地诱导 CD133 神经胶质瘤干细胞凋亡在体外和体内均表现出巨大潜力目标成像和治疗脑胶质瘤干细胞。结合 PTX 化疗和 survivin siRNA 的小干扰 RNA 作用，对胶质瘤干细胞具有显著的靶向治疗作用。IQ 结构域 GTP 酶激活蛋白（IQGAP1）是指含 GTPase 激活蛋白 1 的 siRNA，其在各种癌细胞中的表达均升高，并参与细胞增殖的调控。与正常脑组织相比，胶质瘤组织中 IQGAP1 的表达水平较高。IQGAP1 siRNA 显著抑制细胞增殖，抑制细胞黏附、迁移和侵袭。在胶质瘤的肿瘤细胞系 U251 和 U373 的研究中，显示 siRNA 敲除 IQGAP1 可以抑制胶质瘤细胞系的增殖。siRNA 技术沉默共济失调 - 毛细血管扩张突变基因（ATM）表达有助于在体外和体内提高对神经胶质瘤干细胞的放射敏感性。ATM 基因的沉默引起下游 p53、survivin 和 PCNA 信号改变，进而影响胶质母细胞瘤干细胞（GSC）的肿瘤行为，而这些下游分子与放射敏感性相关，由于 ATM 的沉默，修复效果减弱在胶质瘤细胞的辐射敏感性中起重要作用。

参考文献

[1] 周梦茹，车振勇，高重阳，等. MiRNA-128、miRNA-101 在脑胶质瘤中的表达及意义 [J]. 癌症进展，2020，18（19）：2022-2025.

[2] COSTA F F, BISCHOF J M, VANIN E F, et al. Identification of microRNAs as potential prognostic markers in ependymoma [J]. PLoS One, 2011, 6（10）: e25114.

[3] HAO J, ZHANG C, ZHANG A, et al. MiR-221/222 is the regulator of Cx43 expression in human glioblastoma cells [J]. Oncol Rep, 2012, 27（5）: 1504-1510.

[4] JIANG L, MAO P, SONG L, et al. MiR-182 as a prognostic marker for glioma progression and patient survival [J]. Am J Pathol, 2010, 177（1）: 29-38.

[5] GONG A, GE N, YAO W, et al. Aplysin enhances temozolomide sensitivity in glioma cells by increasing miR-181 level [J]. Cancer Chemother Pharmacol, 2014, 74（3）: 531-538.

[6] 陈波，郭玉涛，王英莉. miR-1231 通过靶向 EGFR/PI3K/AKT 通路抑制脑膜瘤细胞增殖 [J].

中国微侵袭神经外科杂志，2020，25（9）：413-417.

[7] PERMUTH W J, THOMPSON R C, BURTON NABORS L, et al. A functional polymorphism in the pre-miR-146a gene is associated with risk and prognosis in adult glioma [J].J Neurooncol, 2011, 105（3）：639-646.

[8] WU W, YU T, WU Y, et al. The miR155HG/miR-185/ANXA2 loop contributes to glioblastoma growth and progression [J].J Exp Clin Cancer Res, 2019, 38（1）：133.

[9] LUO W, YAN D, SONG Z, et al. MiR-126-3p sensitizes glioblastoma cells to temozolomide by inactivating Wnt/beta-catenin signaling via targeting SOX2 [J].Life Sci, 2019（226）：98-106.

[10] ZUO J, YU H, XIE P, et al. MiR-454-3p exerts tumor-suppressive functions by down-regulation of NFATc2 in glioblastoma [J].Gene, 2019（710）：233-239.

[11] XIONG D, XU W Q, HE R Q, et al. In silico analysis identified miRbase therapeutic agents against glioblastoma multiforme [J].Oncol Rep, 2019, 41（4）：2194-2208.

[12] LV Q L, ZHU H T, LI H M, et al. Down-regulation of miRNA-320c promotes tumor growth and metastasis and predicts poor prognosis in human glioma [J].Brain Res Bull, 2018, 139：125-132.

[13] HERMANSEN S K, SORENSEN M D, HANSEN A, et al. A 4-miRNA signature to predict survival in glioblastomas [J].PLoS One, 2017, 12（11）：e188090.

[14] HUANG J, SONG J, QU M, et al. MicroRNA-137 and microRNA-195* inhibit vasculogenesis in brain arteriovenous malformations [J].Ann Neurol, 2017, 82（3）：371-384.

[15] ALBINANA V, ESCRIBANO R, SOLER I, et al. Repurposing propranolol as a drug for the treatment of retinal haemangioblastomas in von Hippel-Lindau disease [J].Orphanet J Rare Dis, 2017, 12（1）：122.

[16] HU C, BAI X, LIU C, et al. Long noncoding RNA XIST participates hypoxia-induced angiogenesis in human brain microvascular endothelial cells through regulating miR-485/SOX7 axis [J].Am J Transl Res, 2019, 11（10）：6487-6497.

[17] CAO Q, SHI Y, WANG X, et al. Circular METRN RNA hsa_circ_0037251 promotes glioma progression by sponging miR-1229-3p and regulating mTOR expression [J].Sci Rep, 2019, 9（1）：19791.

[18] PENG H, QIN C, ZHANG C, et al. CircCPA4 acts as a prognostic factor and regulates the proliferation and metastasis of glioma [J].J Cell Mol Med, 2019, 23（10）：6658-6665.

[19] CHEN J, CHEN T, ZHU Y, et al. CircPTN sponges miR-145-5p/miR-330-5p to promote proliferation and stemness in glioma [J].J Exp Clin Cancer Res, 2019, 38（1）：398.

[20] MENG Q, LI S, LIU Y, et al. Circular RNA circSCAF11 accelerates the glioma tumorigenesis through the miR-421/SP1/VEGFA Axis [J].Mol Ther Nucleic Acids, 2019

（17）：669-677.

[21] 黎国雄.Cire-U2AF1 调控 hsa-miR-7-5p/NOVA2 信号通路影响人脑胶质瘤增殖和侵袭的分子机制研究［D］.广州：南方医科大学，2019.

[22] LIU M L, ZHANG Q, YUAN X, et al. Long noncoding RNA RP4 functions as a competing endogenous RNA through miR-7-5p sponge activity in colorectal cancer［J］.World J Gastroenterol, 2018, 24（9）：1004-1012.

[23] SHI F, SHI Z, ZHAO Y, et al. CircRNA hsa-circ-0014359 promotes glioma progression by regulating miR-153/PI3K signaling［J］.Biochem Biophys Res Commun, 2019, 510（4）：614-620.

[24] KIEVIT F M, WANG K, OZAWA T, et al. Nanoparticle-mediated knockdown of DNA repair sensitizes cells to radiotherapy and extends survival in a genetic mouse model of glioblastoma［J］.Nanomedicine, 2017, 13（7）：2131-2139.

[25] DIAO B, LIU Y, ZHANG Y, et al. IQGAP1 siRNA inhibits proliferation and metastasis of U251 and U373 glioma cell lines［J］.Mol Med Rep, 2017, 15（4）：2074-2082.

[26] LI Y, LI L, WU Z, et al. Silencing of ATM expression by siRNA technique contributes to glioma stem cell radiosensitivity in vitro and in vivo［J］.Oncol Rep, 2017, 38（1）：325-335.

[27] SMITH C, ZAIN R. Therapeutic oligonucleotides：state of the art［J］.Annu Rev Pharmacol Toxicol, 2019（59）：605-630.

[28] ZHANG X D, QIN Z H, Wang J. The role of p53 in cell metabolism［J］.Acta Pharmacol Sin, 2010, 31（9）：1208-1212.

[29] YANG M, ZHAI X, XIA B, et al. Long noncoding RNA CCHE1 promotes cervical cancer cell proliferation via upregulating PCNA［J］.Tumour Biol, 2015, 36（10）：7615-7622.

第二节　听神经瘤

前庭神经鞘瘤来自雪旺氏细胞，覆盖了第八颅神经（Ⅷ）的前庭分支。这些肿瘤在组织学上是良性的，且生长缓慢，但其可能会导致听力下降、耳鸣和面神经麻痹，如果迅速增长到很大的尺寸，可能导致患者脑干受压甚至死亡。听神经瘤多为散发单侧病变，少数为神经纤维瘤病 2 型（NF2），通常在 22q 染色体上出现 NF2 基因突变或杂合性丧失。

一、听神经瘤中的miRNA

研究发现，上调miR-133a在人前庭神经鞘瘤细胞中诱导凋亡和G_1/S期细胞周期阻滞，使丝裂原活化蛋白激酶（MAPK）和c-Jun-末端激酶（JNK）信号通路失活。RAS相关的C3肉毒素底物（Rac）/JNK及其下游通路是各种神经鞘瘤的研究热点。有研究者推测，Merlin蛋白的缺失可能导致Rac的激活，导致下游Rac依赖的MAPK信号通路的激活，增加JNK的磷酸化水平。有研究通过比较正常血细胞和神经鞘瘤细胞发现，Rac激活明显上调，JNK磷酸化水平增强。这些结果提示，激活Rac/JNK和MAPK信号通路可能参与神经鞘瘤的发病机制。在研究miR-let-7和Lin28在散发性听神经瘤中的表达及意义时，发现相对于正常神经组织，在缓慢生长的散发性听神经瘤组织中，let-7d mRNA的表达水平显著上调，而lin28A/B mRNA表达水平显著下调。在听神经瘤的生长及恶性转化抑制机制中，以mRNA为主导的let-7d/Lin28双向负反馈调节可能起重要作用。

miRNA参与内耳的发育和成熟及听觉机制已被证明无数次。与内耳疾病最相关的是miR-96种子区突变，可导致人类和小鼠耳聋。这一惊人的发现为寻找耳聋基因开创了新的模式，这是首次发现一种miRNA中的单一突变导致耳聋，意味着一个miRNA的单个突变导致耳聋不是突变的直接结果，而是许多小的累积事件的结果，导致对miR-96靶点的抑制丧失，并获得了新的突变种子区识别靶点的功能。这种复杂的致病机制使我们相信，miRNA在疾病中的作用远比以前所知道的要多。随着新的深度测序技术的发展，miRNA研究领域将迅速发展，识别新的调控重要内耳功能的miRNA也将变得容易。许多疾病可能被证明受miRNA突变的影响，miRNA未来作为治疗药物具有巨大的潜力。

二、听神经瘤中的ceRNA

ceRNAs已成为基因表达调控的关键角色，并在各种癌症的生理和发展中发挥重要作用。因此，探讨ceRNA的调控机制在听神经瘤中的表达模式和功能是十分有必要的。有研究表明,在同类脑部肿瘤中,胶质母细胞瘤是最为常见的原发脑肿瘤，多发生于中枢神经系统。在胶质母细胞瘤的治疗中，circNT5E作为miR-422a的海绵吸附体，抑制其活性，影响胶质母细胞瘤的发生，从而影响其下游靶基因的表达。研究表明，circNT5E可与miR-422a结合，解除miR-422对其下游靶基因的抑制作用，进而影响胶质母细胞瘤细胞的增殖、凋亡、迁移及侵袭。而在听神经瘤的生长及恶性转化抑制机制中，miRNA的调控机制对以miRNA为主导的let-7d/Lin28双向负反馈调节起重要作用，因此这两类非编码RNA（lncRNA和circRNA）作为ceRNA可能拥有相同的机制。

参考文献

[1] MOU Z, WANG Y, LI Y. Brazilein induces apoptosis and G_1/G_0 phase cell cycle arrest by up-regulation of miR-133a in human vestibular schwannoma cells［J］.Exp Mol Pathol，2019，107：95-101.

[2] YUE W Y, CLARK J J, FERNANDO A, et al. Contribution of persistent C-Jun N-terminal kinase activity to the survival of human vestibular schwannoma cells by suppression of accumulation of mitochondrial superoxides［J］.Neuro Oncol，2011，13（9）：961-973.

[3] LEWIS M A, BUNIELLO A, HILTON J M, et al. Exploring regulatory networks of miR-96 in the developing inner ear［J］.Sci Rep，2016（6）：23363.

[4] WANG R, ZHANG S, CHEN X, et al. CircNT5E acts as a sponge of miR-422a to promote glioblastoma tumorigenesis［J］.Cancer Res，2018，78（17）：4812-4825.

[5] 黄孝文，许胜，褚汉启，等.miRNA Let-7和Lin28在散发性听神经瘤中的表达及意义［J］.华中科技大学学报（医学版），2013，42（5）：520-524.

第三节　胶质瘤

胶质瘤是颅内常见的原发性肿瘤，可发生于中枢神经系统的任何部位和任何年龄段，胶质母细胞瘤恶性程度最高，预后最差，96%未经治疗的患者平均生存期不超过3个月。胶质瘤的发生发展涉及细胞周期与信号传导通路、基因表达等多方面的改变。因此，研究胶质瘤，尤其是胶质母细胞瘤的相关分子机制，探索新的、安全有效的诊疗方法具有重要意义。

一、胶质瘤中的miRNA

胶质瘤的发病机制主要为抑癌基因失活和原癌基因激活。miRNA在抗肿瘤诊断治疗中发挥着重要的作用，它调控抑癌性靶基因的表达。除此之外，miRNA 还影响胶质瘤的增殖能力、迁移能力，并可阻止其胶质瘤细胞周期。尤其是外泌体 miRNA 还可以调控胶质瘤细胞中基因和蛋白的表达，以及周围组织细胞信号的传递，具有极大的价值与意义。Wang 等通过信号通路模拟实验，发现 miR-489 可以阻断 p21- 活化激酶 5 所介导的胶质瘤通路，这表明 miR-489 可以抑制胶质瘤的发生发展，并且作为药物治疗的靶点。miR-106b-5p 和 miR-574-3p 可以作为有效靶点，除了为胶质瘤的等级分类提供参考，还大大提高了预后诊断的效率和准确率。田建国等发现 miR-17-5p 不仅能够抑制自噬相关基因 7 的表达，还能改变胶质瘤细胞的辐射敏感性。目前，胶质母细胞瘤仍然是不治之症，木樨叶提取物可通过调节 miRNA 使胶质母细胞瘤死亡。

在糖酵解过程中，miR-106a 靶向葡萄糖转运蛋白 3（GLUT3）并降低糖流。miR-143 靶向己糖激酶Ⅱ基因（HKⅡ），促进胶质母细胞瘤干细胞样细胞的分化。miR-326 和 let-7a 通过抑制丙酮酸激酶 M2 型（PKM2）表达介导其对胶质母细胞瘤代谢的影响。原癌基因 c-Myc 是主要的调控因子，通过促进目的基因的表达来调控癌细胞代谢，包括糖酵解烯醇化酶（ENO1）、糖酵解途径中乳酸脱氢酶 -A（LDH-A）、葡萄糖转运蛋白 1（GLUT1）、丝氨酸羟甲基转移酶（SHMT）参与细胞的 C1 代谢。而在胶质母细胞瘤中，miR-34c 和 let-7a 直接靶向调控 c-Myc。PI3K/Akt 信号通路是调节癌症中瓦尔堡效应（一种异常的糖代谢行为）的主要调控因子，在胶质母细胞瘤代谢中也发挥重要作用。在胶质母细胞瘤中，PI3K 被 miR-7 靶向调控，而 Akt 被 miR-542-3p 靶向调控。此外，miR-503 也能抑制 PI3K/Akt 的信号通路。同时，PTEN 是胶质母细胞瘤中主要的肿瘤抑制因子，受 miR-21、miR-26a、miR-1908、miR-494-3p、miR-221/222 和 miR-10a/10b 的调控。LKB1-AMPK 通路也是控制瓦尔堡效应的重要信号通路。miR-451 以 CAB39 为靶点，CAB39 是 LKB1 的结合伙伴，可磷酸化并激活 AMPK。研究发现，在胶质母细胞瘤患者样本中 miR-451 表达水平上调，与不良预后相关。mTORC2 通过 FOXO 乙酰化和 c-Myc 上调控制胶质母细胞瘤中的糖酵解代谢。

二、胶质瘤中的 circRNA

随着越来越多的 RNA 家族被逐渐发现，它们在肿瘤发生中的功能和机制也越来越清晰。有研究明确 hsa-circ-0074362 是胶质瘤中的癌基因，并且其在胶质瘤组织中的表达水平显著高于正常组织，hsa-circ-0074362 敲除显著抑制胶质瘤细胞的发生发展，hsa-circ-0074362 通过调节 miR-1236-3p/HOXB7 通路在胶质瘤进展中起着至关重要的作用。研究表明，circRNA 在肿瘤发生发展中起着重要作用。circ-FBXW7 在正常人脑中大量表达，并与 FBXW7-185a 共表达上调于癌细胞中，抑制肿瘤发展，而 FBXW7-185aa 的敲除促进体内和体外的恶性表型。该研究表明，内源性 circRNA 编码人类细胞中的功能蛋白，circ-FBXW7 和 FBXW7-185aa 在脑癌中具有潜在的预后意义，circRNAs 及其翻译的蛋白质可能在胶质瘤的发生及患者的临床预后中起作用。

研究发现，circhipk3 在胶质瘤组织中上调，其水平升高与预后不良有关。circhipk3 可促进胶质瘤细胞增殖和侵袭，加速肿瘤细胞在体内的增殖。此外，miR-654 被确定为 circhipk3 的靶标，而 Igf2bp3 被确定为 miR-654 的靶标，circhipk3 可通过与胶质瘤细胞中 miR-654 相互作用促进 Igf2bp3 的表达，Igf2bp3 过表达可以逆转 Igf2bp3 缺失的影响。circhipk3 可通过靶向 Igf2bp3 的 miR-654 促进胶质瘤的进展，并暗示 circhipk3 可能是胶质瘤治疗的潜在靶点。Meng 等研究表明，在胶质瘤组织标本和细胞系中 circSCAF11 表达水平显著上调。circSCAF11 的异位过表达与胶质瘤患者的不良临床预后密切相关。在功能上，敲除 circSCAF11 抑制增殖、侵袭和肿瘤生长，并诱导 G_0/G_1 期阻滞。研究发现，cznf292 沉默通过抑制神经胶质瘤细胞增殖和细胞周期进程来抑制血管的形成，通过 Wnt/β-连环蛋白信号通路和相关基因，如 prr11、细胞周期蛋白 a、p-cdk2、vegfr-1/2、p-vegfr-1/2 和 egfr，使胶质瘤 u87mg 和 u251 细胞的细胞周期进程在 S 期、G_2 期、M 期停止。可见，cznf292 沉默在神经胶质瘤的成长过程中起着重要作用，有可能作为治疗靶点和生物标志物。另外，研究表明，与正常组织相比，hsa-circ-0074362 在胶质瘤组织中显著上调，hsa-circ-0074362 的过表达与胶质瘤患者的临床严重程度和预后不良相关。

三、胶质瘤中的 ceRNA

因胶质母细胞瘤的发病率越来越高，故关于它的研究也在不断递增。与 ceRNA 相关的研究，如 Wu 等报道的 miR155HG/miR-185/ANXA2 环有助于胶质母细胞瘤发生发展的研究，以及 Zhao 等报道的上游移码突变体（UPF1）通过增强 Linc-00313 的稳定性来调节胶质母细胞瘤细胞恶性生物学行为的研究，他们通过研究并探索不同的 RNA 分子与疾病病因及治疗的关系，为临床治疗提供宝贵的建议。研究者发现，ceRNA-miRNA 的调控机制在胶质母细胞瘤的发生发展中占有重要的地位。circFOXO3 敲低可减少胶质母细胞瘤细胞的增殖和侵袭，而 circFOXO3 过表达可增强胶质母细胞瘤细胞的增殖和侵袭。circFOXO3 通过竞争 miR-138-5p 和 miR-432-5p 充当 ceRNA 来增加活化 T 细胞 5（NFAT5）核因子的表达，从而发挥其促肿瘤作用。另外，一些研究者通过生物信息学方法发现大量的 lncRNA、circRNA 及其在 ceRNA 网络中的下游靶基因与谷氨酸能突触有关，表明谷氨酸的代谢与胶质母细胞瘤的生物学功能有关。Zhang 等研究发现，circPRKCI 在人神经胶质瘤组织和已建立的原发性人神经胶质瘤细胞中表达水平上调，沉默 circPRKCI 可有效抑制细胞生长、存活、增殖和迁移，并诱导凋亡激活，circPRKCI 可能是神经胶质瘤重要且新颖的治疗靶标。而 circPRKKCI 的主要靶标是 miR-545，通过下调其表达水平来促进人类神经胶质瘤的发展，靶向 circPRKCI-miR-545 级联可能是抑制人类神经胶质瘤的新策略。circPTN 来源于多效性蛋白（PTN）基因，可以促进增殖并增加 S 期细胞的比例。大多数 circRNA 不仅可以作为 miRNA 的海绵体，还可以与 RNA 结合蛋白互动、调节转录并翻译成蛋白质。陈建生研究发现，circPTN 在神经胶质瘤组织和神经胶质瘤细胞系中的表达明显更高，在功能获得和丧失的实验中，circPTN 在体外和体内均能显著促进神经胶质瘤的生长。circPTN 作用于神经胶质瘤的发生发展，进一步研究发现 circPTN 通过海绵 miR-145-5p 促进自我更新并增加了干性标志物（Nestin、CD133、SOX9 和 SOX2）的表达。circPTN 海绵化吸附 miR-145-5p/miR-330-5p 促进神经胶质瘤的增殖和干化。circ-0014359 在胶质瘤细胞中充当 miR-153 海绵，且 circ-0014359 水平在胶质瘤细胞中的表达增加与 miR-153 表达下调相关，这表明 circ-0014359 可通过靶向 miR-153/Pi3k 信号通路促进胶质瘤的进展。

研究为神经胶质瘤的进展提供了见解,并揭示了治疗神经胶质瘤的潜在新靶点。此外,hsa-circ-0074362敲除显著抑制了胶质瘤细胞的增殖、迁移和侵袭。研究发现,hsa-circ-0074362通过调节miR-1236-3p/hoxb7通路在胶质瘤的进展中起着至关重要的作用。

四、胶质瘤中的其他非编码RNA

分子生物学方面的研究成果已经成为深入探索肿瘤细胞组成、发生发展机制、信号传导途径、早期诊断和药物靶标、预后评估等的重要工具。肿瘤相关机制涉及多种基因及多种分子之间的交互作用,是极其复杂的过程。已发现多种piRNA在神经胶质母细胞瘤中异常表达,其不仅可以影响神经胶质母细胞瘤的发生发展,还可能作为神经胶质母细胞瘤的标志物。研究报道,piR-30188和PIWIL3表达降低,与神经胶质瘤的病理分级呈负相关。piR-30188通过与Opa相互作用蛋白5-反义RNA1(OIP5-AS1)结合来抑制肿瘤细胞的增殖、侵袭和迁移,并促进凋亡。OIP5-AS1的低表达增加miR-367-3p的表达,降低CCAAT/增强子结合蛋白α(CEBPA),从而通过与TRAF4的启动子结合促进神经胶质瘤的发展,促进肿瘤细胞的增殖、迁移和侵袭,并抑制细胞凋亡,最终削弱TRAF4的表达。PIWIL3/piR-30188通过OIP5-AS1/miR-367/CEBPA/TRAF4途径调节神经胶质瘤细胞的恶性表型。相对于正常组织,piR-8041在多形胶质母细胞瘤中的表达也下调了10.3倍,并通过与ERK1/2丝裂原激活的蛋白激酶mRNA相互作用而减少细胞增殖。与ERK1/2丝裂原激活的蛋白激酶上调抑制了G1/S检查点的细胞周期停滞。此外,piR-8041可以下调热激蛋白70(HSP70)和DNAJ蛋白家族的几个成员,从而抑制细胞增殖并促进死亡。piR-8041治疗可降低神经胶质瘤干细胞标志物活化白细胞黏附分子(ALCAM)/CD166的表达,并抑制A172神经胶质瘤细胞系,但不能抑制正常人星形胶质细胞的增殖,提示其靶向治疗神经胶质瘤的临床价值。人为构建的高尔基磷酸蛋白3与siRNA纳米载体,可以作为一种抗肿瘤的治疗方式,可以有效抑制胶质瘤的生长。三方基序蛋白(TRIM)超家族成员之一的26号基因表达可有效地抑制胶质瘤细胞的增殖,这为胶质瘤的治疗方案提供了新的思路。

参考文献

[1] WANG W, ZHANG L, GAO W, et al. MiR489 promotes apoptosis and inhibits invasiveness of glioma cells by targeting PAK5/RAF1 signaling pathways [J].Oncol Rep, 2019, 42(6): 2390-2401.

[2] 田建国,王春宇,姜民,等.miR-17-5p通过介导自噬调节胶质瘤U251细胞放射敏感性[J]. 中国实验诊断学, 2019, 23(11): 1972-1976.

[3] TEZCAN G, AKSOY S A, TUNCA B, et al. Oleuropein modulates glioblastoma miRNA pattern different from Olea europaea leaf extract [J].Hum Exp Toxicol, 2019, 38(9): 1102-1110.

[4] DAI D W, LU Q, WANG L X, et al. Decreased miR-106a inhibits glioma cell glucose uptake and proliferation by targeting SLC2A3 in GBM [J].BMC Cancer, 2013, 13: 478.

[5] ZHAO S, LIU H, LIU Y, et al. MiR-143 inhibits glycolysis and depletes stemness of glioblastoma stem-like cells [J].Cancer Lett, 2013, 333(2): 253-260.

[6] OSTHUS R C, SHIM H, KIM S, et al. Deregulation of glucose transporter 1 and glycolytic gene expression by c-Myc [J].J Biol Chem, 2000, 275(29): 21797-21800.

[7] WANG G, FU X L, WANG J J, et al. Inhibition of glycolytic metabolism in glioblastoma cells by Pt3glc combined with PI3K inhibitor via SIRT3-mediated mitochondrial and PI3K/Akt-MAPK pathway [J].J Cell Physiol, 2019, 234(5): 5888-5903.

[8] LIU Z, JIANG Z, HUANG J, et al. MiR-7 inhibits glioblastoma growth by simultaneously interfering with the PI3K/ATK and Raf/MEK/ERK pathways [J].Int J Oncol, 2014, 44(5): 1571-1580.

[9] LIU S, SUN J, LAN Q. TGF-beta-induced miR10a/b expression promotes human glioma cell migration by targeting PTEN [J].Mol Med Rep, 2013, 8(6): 1741-1746.

[10] GUSYATINER O, HEGI M E. Glioma epigenetics: from subclassification to novel treatment options [J].Semin Cancer Biol, 2018(51): 50-58.

[11] SALMENA L, POLISENO L, TAY Y, et al. A ceRNA hypothesis: the rosetta stone of a hidden RNA language? [J].Cell, 2011, 146(3): 353-358.

[12] BELOUSOVA E A, FILIPENKO M L, KUSHLINSKII N E. Circular RNA: new regulatory molecules [J].Bull Exp Biol Med, 2018, 164(6): 803-815.

[13] VERDUCI L, STRANO S, YARDEN Y, et al. The circRNA-microRNA code: emerging implications for cancer diagnosis and treatment [J].Mol Oncol, 2019, 13(4): 669-680.

[14] PASCULLI B, BARBANO R, PARRELLA P. Epigenetics of breast cancer: biology and clinical implication in the era of precision medicine [J].Semin Cancer Biol, 2018(51): 22-35.

[15] DUAN X, LIU D, WANG Y, et al. Circular RNA hsa-circ-0074362 promotes glioma cell

［16］JI P, WU W, CHEN S, et al. Expanded expression landscape and prioritization of circular RNAs in mammals［J］.Cell Rep, 2019, 26（12）: 3444-3460.

［17］YANG Y, GAO X, ZHANG M, et al. Novel role of FBXW7 circular RNA in repressing glioma tumorigenesis［J］.J Natl Cancer Inst, 2018, 110（3）: 304-315.

［18］JIN P, HUANG Y, ZHU P, et al. CircRNA circHIPK3 serves as a prognostic marker to promote glioma progression by regulating miR-654/IGF2BP3 signaling［J］.Biochem Biophys Res Commun, 2018, 503（3）: 1570-1574.

［19］MENG Q, LI S, LIU Y, et al. Circular RNA circSCAF11 accelerates the glioma tumorigenesis through the miR-421/SP1/VEGFA Axis［J］.Mol Ther Nucleic Acids, 2019（17）: 669-677.

［20］YANG P, QIU Z, JIANG Y, et al. Silencing of cZNF292 circular RNA suppresses human glioma tube formation via the Wnt/beta-catenin signaling pathway［J］.Oncotarget, 2016, 7（39）: 63449-63455.

［21］DUAN X, LIU D, WANG Y, et al. Circular RNA hsa-circ-0074362 promotes glioma cell proliferation, migration, and invasion by attenuating the inhibition of miR-1236-3p on HOXB7 expression［J］.DNA Cell Biol, 2018, 37（11）: 917-924.

［22］WU W, YU T, WU Y, et al. The miR155HG/miR-185/ANXA2 loop contributes to glioblastoma growth and progression［J］.J Exp Clin Cancer Res, 2019, 38（1）: 133.

［23］SHAO L, HE Q, LIU Y, et al. UPF1 regulates the malignant biological behaviors of glioblastoma cells via enhancing the stability of Linc-00313［J］.Cell Death Dis, 2019, 10（9）: 629.

［24］ZHANG S, LIAO K, MIAO Z, et al. CircFOXO3 promotes glioblastoma progression by acting as a competing endogenous RNA for NFAT5［J］.Neuro Oncol, 2019, 21（10）: 1284-1296.

［25］YUAN Y, JIAOMING L, XIANG W, et al. Analyzing the interactions of mRNAs, miRNAs, lncRNAs and circRNAs to predict competing endogenous RNA networks in glioblastoma［J］.J Neurooncol, 2018, 137（3）: 493-502.

［26］ZHANG X, YANG H, ZHAO L, et al. Circular RNA PRKCI promotes glioma cell progression by inhibiting microRNA-545［J］.Cell death & disease, 2019, 10（8）: 616.

［27］陈建生. 环状 RNA-circPTN 结合 miR-145-5p/miR-330-5p 介导促进胶质瘤增殖和干性维持［D］.广州: 南方医科大学, 2019.

［28］DUAN X, LIU D, WANG Y, et al. Circular RNA hsa-circ-0074362 promotes glioma cell proliferation, migration, and invasion by attenuating the inhibition of miR-1236-3p on HOXB7 expression [J].DNA Cell Biol, 2018, 37 (11): 917-924.

[29] LIU X, ZHENG J, XUE Y, et al. PIWIL3/OIP5-AS1/miR-367-3p/CEBPA feedback loop regulates the biological behavior of glioma cells [J].Theranostics, 2018, 8 (4): 1084-1105.

[30] JACOBS D I, QIN Q, FU A, et al. PiRNA-8041 is downregulated in human glioblastoma and suppresses tumor growth in vitro and in vivo [J].Oncotarget, 2018, 9 (102): 37616-37626.

[31] YE C, PAN B, XU H, et al. Co-delivery of GOLPH3 siRNA and gefitinib by cationic lipid-PLGA nanoparticles improves EGFR-targeted therapy for glioma [J].J Mol Med (Berl), 2019, 97 (11): 1575-1588.

[32] 李振强, 刘健, 出良钊. 干扰TRIM26表达对胶质瘤细胞增殖的影响[J].郑州大学学报(医学版), 2019, 54 (6): 802-806.

第四节 嗜铬细胞瘤

嗜铬细胞瘤属于儿茶酚胺症中的一种疾病，起源于肾上腺髓质或以外的交感神经节和副交感神经节上的嗜铬细胞。大多数嗜铬细胞瘤是良性肿瘤，最常见于肾上腺嗜铬细胞瘤，其临床症状多种多样，主要表现为肿瘤细胞大量释放儿茶酚胺引起的交感神经系统过度活跃的症状。

一、嗜铬细胞瘤中的 miRNA

Meyer Rochow 等发现恶性嗜铬细胞瘤中 miR-483-5p 的表达高于良性肿瘤，可作为鉴别良恶性嗜铬细胞瘤的辅助诊断指标，并且发现 miR-15a 和 miR-16 的表达低于良性肿瘤。Patterson 等也证实 miR-483-5p 在恶性嗜铬细胞瘤中高表达，还发现了另外 2 种 miRNAs，即 miR-101 和 miR-183，它们在恶性嗜铬细胞瘤中低表达。Zong 等研究 miR-101 在嗜铬细胞瘤患者琥珀酸脱氢酶复合体亚基 D（SDHD）突变中的作用，发现 SDHD 突变可能促进 miR-101 在恶性肿瘤中的过表达，miR-101 可能是一种用于区分恶性嗜铬细胞瘤和良性嗜铬细胞瘤的诊断标志物。Luo 等研究 miR-15b-5p 在 PC12 细胞增殖和凋亡中的作用，结果提示 miR-15b-5p 可能通过靶向细胞外信号调节激酶 1（ERK1）抑制 PC12 细胞的增殖和诱导凋亡。Tsang 等研究 miR-210 的过度表达与 SDHD 相关的嗜铬细胞瘤的关系，发现 SDHD 缺乏诱导

miR-210 在恶性嗜铬细胞瘤中的表达。Jia 等研究表明，双酚 S 通过雌激素相关受体 α 触发嗜铬细胞瘤 PC12 细胞的迁移和侵袭。Gong 等研究发现，miR-347a 通过 GADD45α/JNK 信号通路对化学性缺氧诱导 PC12 细胞损伤具有保护作用。

此外，有研究通过对 3 个嗜铬细胞瘤和副神经节瘤的 miRNA 数据集分析发现，6 个 miRNA（miR-21-3p、miR-183-5p、miR-182-5p、miR-96-5p、miR-551b-3p 和 miR-202-5p）可能参与嗜铬细胞瘤的转移，并且通过对转移性组织及患者体液进行 RNA 分析，验证了 miR-21-3p 可能通过下调结节性硬化复合物 -2（TSC2）来激活 mTOR 机制，并增强肿瘤细胞对雷帕霉素的敏感性，但是并未提及与转移相关的 miRNA 如何进入循环。张姐则通过研究 PHEO 患者组织和血清中 miRNA，发现在恶性嗜铬细胞瘤患者中 miR-21、miR-210、miR-483-5p 和 miR-183 呈高表达，96% 恶性患者的 miR-21、miR-210、miR-483-5p 和 miR-183 中至少有一个 miRNA 高表达，说明嗜铬细胞瘤的良恶性可能与 miRNA 有关。有研究建立了人类嗜铬细胞瘤前体细胞系，用于肿瘤的发生机制、诊断、治疗及预后研究等，发现具有不同分子亚型的嗜铬细胞瘤表现出独特的致癌途径和治疗耐药性，这表明可以根据嗜铬细胞瘤的分子特征和代谢途径来调整治疗方法，避免使用耐药的治疗方案。有研究总结了嗜铬细胞瘤分子亚型的最新知识，建议所有嗜铬细胞瘤患者进行详细地遗传分析，以便提供更好的治疗方案，提高患者生存率。总体而言，人们对嗜铬细胞瘤中 miRNA 的认识进入起步阶段，未来在加深对 miRNA 潜在机制的研究外，还可结合其他基因深入研究嗜铬细胞瘤，相信会有越来越多的嗜铬细胞瘤的生物标志物被确定。

二、嗜铬细胞瘤中的 circRNA

由于 circRNA 的丰度高、稳定性高、组织和发育阶段特异性表达模式，以及广泛分布于各种体液和外泌体中，circRNA 显示出作为嗜铬细胞瘤生物标志物的巨大潜力。差异表达的 circRNAs 在组蛋白甲基转移酶活性和 tRNA 甲基转移酶活性等甲基化相关分子功能中富集，提示这些 circRNAs 可能通过参与靶基因甲基化修饰来影响嗜铬细胞瘤的发生发展。一项研究结果表明，甲基 hsa-circ-0000567 可能与甲基 hsa-miR-96-3p 结合并引起调节组蛋白和甲基的变化，说明了 hsa-circ-0000567

可作为嗜铬细胞瘤和副神经节瘤所致的糖尿病患者的临床诊断和治疗预后重要标志物。同时，根据测序的结果确定了以SDHx（SDH）和多发性内分泌腺瘤病1型（MEN1）易感患者基因为源头的基因，绘制一个嗜铬细胞瘤和副神经节瘤易感患者中的circRNA-miRNA-mRNAcnc基因网络，为今后嗜铬细胞瘤和副神经节瘤的科学研究、临床诊断性能及生物医学标志物的重新发现提供了很好的理论基础和新技术思路。此外，circRNA等作为预测嗜铬细胞瘤早期诊断和治疗预后的重要生物化学标志物，以及新的嗜铬细胞瘤治疗方法靶点或诊断工具等也具有很大的发展潜力。虽然，目前对嗜铬细胞瘤中循环、降解、细胞定位和功能的精确机制尚不清楚，但是circRNAs的神秘面纱终将被揭开，基于circRNAs的新型诊疗策略将在未来有效地服务于临床实践。

三、嗜铬细胞瘤中的ceRNA

研究发现，lnc-MD1（一种肌肉特定的lncRNA）可通过在小鼠和人类成肌细胞中充当ceRNA来控制肌肉分化的时间。lnc-MD1使miR-133发挥作用，以调节策划者样转录共激活因子1（MAML1）和肌细胞增强因子2C（MEF2C）的表达，它们是激活肌肉特异性基因表达的转录因子。此外，lnc-HULC可以作为内源性海绵，下调一系列miRNA活性，包括miR-372。miR-372会降低其靶基因蛋白激酶A催化亚单位β（PRKACB）的翻译，进而诱导环磷腺苷效应元件结合蛋白（CREB）磷酸化。另外，RNA结合蛋白HuR与lnc-p21的结合有利于将let-7/Ago2募集至lnc-p21，因此lnc-p21的稳定性较低。各种生物过程和疾病中的表观遗传学控制表明，DNA甲基化在基因表达的调节中起着重要的作用。在许多类型的恶性肿瘤中都检测到了特定CpG岛的DNA甲基化，DNA甲基化畸变被认为是人类癌症的标志。因此，应该对ceRNA和与基因表达相关的DNA甲基化进行综合分析，为恶性嗜铬细胞瘤的发病机理提供新的线索。在ceRNA网络中鉴定出的12个lncRNA中，lnc-C9orf147的高表达与总体生存能力差有关。根据我们的ceRNA网络，lnc-C9orf147与miR-507有相互作用，miR-507是许多癌细胞中的肿瘤抑制因子。但是，有关lnc-C9orf147参与其他疾病或恶性肿瘤及其功能报道较少。因此，可以认为lnc-C9orf147也是有前途的生物标志物，不过这还需要进一步深入研究。

四、嗜铬细胞瘤中的其他非编码RNA

为研究siRNA干扰PDK1基因表达对恶性嗜铬细胞瘤的作用，Zhang等的研究，采用siRNA沉默PDK1基因后，产生了显著抑制恶性嗜铬细胞瘤细胞的迁移、侵袭的效果。Yin等研究表明，采用siRNA沉默lncRNA Sox2ot基因后，产生显著促进恶性嗜铬细胞瘤增殖的效果。Yang等研究表明，采用siRNA沉默lncRNA MALAT-1基因后，通过调节p38MAPK信号通路产生显著抑制恶性嗜铬细胞瘤细胞的增殖和迁移的效果。Lin等在观察siRNA沉默dsP53-285基因后对恶性嗜铬细胞瘤细胞等的影响中发现，采用siRNA沉默dsP53-285基因后，可显著促进恶性嗜铬细胞瘤增殖。Zhang等在观察siRNA沉默神经调节素受体降解蛋白1（Nrdpl）基因后对恶性嗜铬细胞瘤细胞增殖、侵袭的影响时，发现采用siRNA沉默Nrdp1基因后，可显著促进恶性嗜铬细胞瘤细胞增殖和侵袭。此外，Wang等观察细胞中siRNA沉默热休克转录因子1（HSF-1）基因后对恶性嗜铬细胞瘤细胞增殖、侵袭等的影响，发现采用siRNA沉默HSF-1基因后，也可显著促进恶性嗜铬细胞瘤细胞增殖和侵袭。此外，Tan等研究表明，siRNA干扰G蛋白β2（GNB2）后可促进食管癌细胞的增殖及转移，GNB2是利多卡因诱导大鼠嗜铬细胞瘤PC12细胞凋亡的介质。siRNA可利用其干扰技术沉默特定基因，从而影响恶性嗜铬细胞瘤细胞的增殖等，验证特定基因对恶性嗜铬细胞瘤的影响。目前，siRNA干扰技术已在恶性嗜铬细胞瘤及其他肿瘤研究中广泛使用。

参考文献

[1] ROCHOW G Y M, JACKSON N E, CONAGLEN J V, et al. MicroRNA profiling of benign and malignant pheochromocytomas identifies novel diagnostic and therapeutic targets [J]. Endocr Relat Cancer, 2010, 17（3）: 835-846.

[2] PATTERSON E, WEBB R, WEISBROD A, et al. The microRNA expression changes associated with malignancy and SDHB mutation in pheochromocytoma [J]. Endocr Relat Cancer, 2012, 19（2）: 157-166.

[3] ZONG L, MENG L, SHI R. Role of miR-101 in pheochromocytoma patients with SDHD mutation [J]. Int J Clin Exp Pathol, 2015, 8（2）: 1545-1554.

[4] LUO H, LI Y, LIU B, et al. MicroRNA-15b-5p targets ERK1 to regulate proliferation and

apoptosis in rat PC12 cells [J].Biomed Pharmacother, 2017 (92): 1023-1029.

[5] TSANG V H, DWIGHT T, BENN D E, et al. Overexpression of miR-210 is associated with SDH-related pheochromocytomas, paragangliomas, and gastrointestinal stromal tumours [J]. Endocr Relat Cancer, 2014, 21 (3): 415-426.

[6] JIA Y, SUN R, DING X, et al. Bisphenol S triggers the migration and invasion of pheochromocytoma PC12 cells via estrogen-related receptor alpha [J].J Mol Neurosci, 2018, 66 (2): 188-196.

[7] GONG W, QIE S, HUANG P, et al. Protective effect of miR-374a on chemical hypoxia-induced damage of PC12 cells in vitro via the GADD45alpha/JNK signaling pathway [J]. Neurochem Res, 2018, 43 (3): 581-590.

[8] 孔维纳.microRNA 与肿瘤中国专利分析 [J]. 中国科技信息, 2019 (20): 15-17.

[9] 张妲. 嗜铬细胞瘤和副神经节瘤 microRNAs 研究 [D]. 北京: 清华大学医学部, 2011.

[10] FISHBEIN L, LESHCHINER I, WALTER V, et al. Comprehensive molecular characterization of pheochromocytoma and paraganglioma [J].Cancer Cell, 2017, 31 (2): 181-193.

[11] HADRAVA V K, PANG Y, KROBOVA L, et al. Germline SUCLG2 variants in patients with pheochromocytoma and paraganglioma [J].J Natl Cancer Inst, 2022, 114 (1): 130-138.

[12] WANG M, SUO L, YANG S, et al. CircRNA 001372 reduces inflammation in propofol-induced neuroinflammation and neural apoptosis through PIK3CA/Akt/NF-kappaB by miRNA-148b-3p [J].J Invest Surg, 2021, 34 (11): 1167-1177.

[13] YU A, LI M, XING C, et al. A Comprehensive analysis identified the key differentially expressed circular ribonucleic acids and methylation-related function in pheochromocytomas and paragangliomas [J].Front Genet, 2020 (11): 15.

[14] BRAY F, FERLAY J, SOERJOMATARAM I, et al. Global cancer statistics 2018: GLOBOCAN estimates of incidence and mortality worldwide for 36 cancers in 185 countries [J]. CA Cancer J Clin, 2018, 68 (6): 394-424.

[15] CESANA M, CACCHIARELLI D, LEGNINI I, et al. A long noncoding RNA controls muscle differentiation by functioning as a competing endogenous RNA [J].Cell, 2011, 147 (2): 358-369.

[16] WANG Z, MAO J W, LIU G Y, et al. MicroRNA-372 enhances radiosensitivity while inhibiting cell invasion and metastasis in nasopharyngeal carcinoma through activating the PBK-dependent p53 signaling pathway [J].Cancer Med, 2019, 8 (2): 712-728.

[17] TANG S S, ZHENG B Y, XIONG X D. LincRNA-p21: implications in human diseases [J]. Int J Mol Sci, 2015, 16 (8): 18732-18740.

[18] EDWARDS J R, YARYCHKIVSKA O, BOULARD M, et al. DNA methylation and DNA

methyltransferases[J].Epigenetics Chromatin, 2017, 10: 23.

[19] LI H Q, FAN J J, LI X H, et al. MiR-507 inhibits the growth and invasion of trophoblasts by targeting CAMK4[J].Eur Rev Med Pharmacol Sci, 2020, 24 (11): 5856-5862.

[20] ZHANG X, YU Z. Expression of PDK1 in malignant pheochromocytoma as a new promising potential therapeutic target[J].Clin Transl Oncol, 2019, 21 (10): 1312-1318.

[21] YIN D, ZHENG X, ZHUANG J, et al. Downregulation of long noncoding RNA Sox2ot protects PC-12 cells from hydrogen peroxide-induced injury in spinal cord injury via regulating the miR-211-myeloid cell leukemia-1 isoform2 axis[J].J Cell Biochem, 2018, 119 (12): 9675-9684.

[22] YANG L, XU F, ZHANG M, et al. Role of lncRNA MALAT-1 in hypoxia-induced PC12 cell injury via regulating p38MAPK signaling pathway[J].Neurosci Lett, 2018, 670: 41-47.

[23] LIN D, MENG L, XU F, et al. Enhanced wild-type p53 expression by small activating RNA dsP53-285 induces cell cycle arrest and apoptosis in pheochromocytoma cell line PC12[J].Oncol Rep, 2017, 38 (5): 3160-3166.

[24] ZHANG Y, YANG K, WANG T, et al. Nrdp1 increases ischemia induced primary rat cerebral cortical neurons and pheochromocytoma cells apoptosis via downregulation of HIF-1alpha protein[J].Front Cell Neurosci, 2017 (11): 293.

[25] WANG H, TANG C, JIANG Z, et al. Glutamine promotes HSP70 and inhibits alpha-synuclein accumulation in pheochromocytoma PC12 cells[J].Exp Ther Med, 2017, 14 (2): 1253-1259.

[26] TAN Y, WANG Q, ZHAO B, et al. GNB2 is a mediator of lidocaine-induced apoptosis in rat pheochromocytoma PC12 cells[J].Neurotoxicology, 2016 (54): 53-64.

第五节 颅内肿瘤

一、颅内肿瘤中的miRNA

有学者认为miR-125b通过调节一氧化氮合酶1（NOS1）调控细胞增殖和血管平滑肌细胞的凋亡来促进颅内动脉瘤的发展，miR-125b可能提供潜在的治疗目标，并可作为诊断颅内动脉瘤的生物标志物。当然，这还需要进一步的研究来验证这些发现。

基于微阵列的基因表达分析揭示了颅内动脉瘤发展的几种机制。细胞外基质周转因子和炎症因子，如IL-1β、IL-6、IL-8、IL-18和干扰素γ等，在动脉瘤的发生发展和破裂中起着至关重要的作用。而 miRNA 可以通过调控这些基因的表达来调控颅内动脉瘤的通路和机制。Wang 等通过已确认的 15 个差异表达的 miRNA 和 1447 个在颅内动脉瘤及正常组织之间差异表达的 mRNA，构建了一个管理网络，包括 770 个 miRNA 靶基因对，它们的表达水平呈负相关。在这个网络中，发现了一些可能在胰岛素自身免疫综合征（IAS）中起关键作用的 miRNA 和基因，如 hsa-let-7f、hsa-let-7d 和 hsa-miR-7，还包括毛细血管渗漏综合征（CLS）的致病基因核糖体蛋白 S6 激酶多肽 3 基因（RPS6KA3）、结节性硬化症因子 1（TSC1）和胰岛素样生长因子 1（IGF1）等基因。局部粘连的生物学途径可能与颅内动脉瘤的发病机制有关，该研究结果有助于为阐明颅内动脉瘤的机制，进而为早期诊断提供了依据。杨磊等发现 miR-155 在发生神经源性肺水肿（NPE）患者中明显增高，故可用于预测蛛网膜下腔出血后 NPE 的发生。Korostynski 等发现微血管分子在动脉瘤性蛛网膜下腔出血中有差异表达，其表达可能受到已鉴定的 miRNAs 的调控。

二、颅内肿瘤中的 circRNA

颅内动脉瘤是颅内动脉局部血管病理性扩张，其破裂导致的蛛网膜下腔出血具有很高的致死性和致残风险。大量研究报道，circRNA 与多种心脑血管疾病关系密切。Holdt 等研究发现，来源于 INK4 基因座中反义非编码 RNA（ANRIL）的 circANRIL 可通过与 PES1 蛋白相互作用，抑制核酸外切酶介导的 pre-rRNA 及核糖体的合成与加工，从而诱导血管平滑肌细胞和巨噬细胞的凋亡并抑制细胞增殖，最终达到抑制动脉粥样硬化进展的作用。血管平滑肌细胞是血管壁的主要成分，在血管损伤等多种因素刺激下可发生表型转化，即从正常的收缩型转化为增殖和迁移活跃的合成分泌型，导致细胞功能的异常。大量研究表明，血管平滑肌细胞表型转化是导致颅内动脉瘤发生发展的关键因素。还有多项研究发现了包括 circWDR77、circDiaph3、circACTA2 在内的多个 circRNA 对血管平滑肌细胞表型转化具有调节作用。王川川等首次应用高通量测序技术构建了颅内动脉瘤 circRNA 的表达谱，结果表明差异表达的 circRNA 可能参与了血管平滑肌细胞收缩、细胞骨架蛋白代谢、TGF-β 信号通路和 MAPK 信号通路等多个生物学过程，反映了差异表达的 circRNA 功能与颅内动脉瘤可能存在密切关联。动脉瘤作为一种致死率极高的疾病，目前尚缺乏更为理想的治疗手段，因此从研究颅内动脉瘤发病的病理生理学机制入手，寻找颅内动脉瘤的无创治疗（如药物治疗）靶点，预防或逆转动脉瘤的进展，或许可以成为今后研究的主要方向。

参考文献

［1］WEI L，WANG Q，ZHANG Y，et al. Identification of key genes，transcription factors and microRNAs involved in intracranial aneurysm［J］.Mol Med Rep，2018，17（1）：891-897.

［2］WANG K，WANG X，LV H，et al. Identification of the miRNA-target gene regulatory network in intracranial aneurysm based on microarray expression data［J］.Exp Ther Med，2017，13（6）：3239-3248.

［3］杨磊，张栋梁，韩永丰，等.高分级动脉瘤性蛛网膜下腔出血患者血miRNA155水平预测神经源性肺水肿发生的研究［J］.河北医科大学学报，2018，39（5）：543-546.

［4］KOROSTYNSKI M，MORGA R，PIECHOTA M，et al. Inflammatory responses induced by the rupture of intracranial aneurysms are modulated by miRNAs［J］.Mol Neurobiol，2020，57（2）：988-996.

［5］HOLDT L M，STAHRINGER A，SASS K，et al. Circular non-coding RNA ANRIL modulates ribosomal RNA maturation and atherosclerosis in humans［J］.Nat Commun，2016，7：12429.

［6］XU J Y，CHANG N B，RONG Z H，et al. CircDiaph3 regulates rat vascular smooth muscle cell differentiation，proliferation，and migration［J］.FASEB J，2019，33（2）：2659-2668.

［7］王川川.颅内动脉瘤环状RNA表达谱及circSNX6功能和作用机制初步研究［D］.上海：中国人民解放军海军军医大学，2019.

第五章 感觉系统肿瘤中的非编码RNA

第一节 皮肤癌

一、皮肤癌中的miRNA

皮肤癌是目前欧洲人群中最常见的恶性肿瘤，主要分为皮肤基底细胞癌、皮肤鳞状细胞癌和黑色素瘤3种类型，前两种及一些较不常见的皮肤癌被统称为非黑色素瘤皮肤癌（NMSC）。miRNAs的差异表达谱已于皮肤癌等各种癌症中发现。转录后RNA可以调节基因表达、肿瘤起始、发育进展和侵袭性，这些短调控RNA是识别新的诊断和预后分子的表观遗传标记之一。因此，研究miRNAs与皮肤癌的关系非常必要。

在皮肤癌研究中，miRNAs已被发现具有敲除miRNA处理酶Dicer/Dicer8，从而改变毛囊囊肿的细胞组织结构和功能，这暗示了皮肤肿瘤和miRNAs的内在联系。有研究报道，血浆miR-21与黑色素瘤患者的肿瘤发生相关。miR-21靶向软脂酰化磷蛋白Sprouty1（SPRY1）、程序性细胞死亡因子4（PDCD4）和PTEN，调节ERK/NF-κB信号通路，影响肿瘤细胞增殖、迁移和凋亡。并且，miR-21还可通过靶向基质金属蛋白酶3（MMP3）增加黑色素瘤的侵袭性。此外，研究发现在皮肤鳞状细胞癌中有490个miRNAs差异表达，其中，23个miRNAs表达显著上调。miR-1290和miR-1246此前被认为是肿瘤发生和癌症进展的关键驱动因素，在局限性皮肤鳞状细胞癌肿瘤组织和血清中都明显上调，这也为定向治疗提供了一定理论依据。miRNAs和皮肤癌的关联，有待我们更多地去发掘和发现。

在众多皮肤癌症中，皮肤鳞状细胞癌最常见。在对NIH3T3细胞株miRNA表达谱的研究中，发现 miR-365 是一种对紫外线极为敏感的 miRNA，是引起皮肤癌的最重要原因。在正常皮肤 HaCaT 细胞系中，pre-miR-365-2 的过度表达导致 BALB/c 在裸鼠体外增殖、迁移和侵袭增加，以及癌细胞的形成和皮下肿瘤的诱导。此外，在 A-431 细胞中转染抗 miR-365 寡核苷酸后，出现 G_1 期阻滞和凋亡增加。miR-365 可下调具有抗癌作用的同源框蛋白 A9（HOXA9），抑制细胞增殖及促进皮肤鳞状细胞癌细胞凋亡。另外，在研究 miR-20a 在皮肤鳞状细胞癌中起抑癌作用时发现 miR-20a 水平明显降低，miR-20a 靶基因 LIM 激酶 1（LIMK1）的表达明显高于正常皮肤。miR-20a 通过质粒在 A-431 和 SCL-1 细胞中的过表达，抑制了细胞增殖、集落形成、迁移和侵袭，并提高了 LIMK1 的水平。因此，miR-20a 的低表达可以预测皮肤鳞状细胞癌的不良预后，miR-20a 的高表达可能具有治疗价值。

对 miRNAs 进行深入了解可能有助于阐明皮肤鳞状细胞癌的生物学特性，并为皮肤鳞状细胞癌的治疗提供新的分子靶点。利用 microRNA 谱分析，使用不同的传统技术，如 Northern blot、逆转录 qPCR、微阵列方法，可以检测到特定 miRNA 的变化。而基于纳米技术和酶放大的新方法，提高了 miRNA 检测的灵敏度和特异性。在未来，新技术将使我们改进 miRNA 生物标志物的定义，并更好地识别皮肤鳞状细胞癌中的亚群，以预测预后。

二、皮肤癌中的 circRNA

众多研究表明，非编码 RNA 参与皮肤鳞状细胞癌的形成和转移。研究显示，hsa-miR-125b 具有抑癌作用，可抑制基质金属蛋白酶 13（MMP13），这种机制已在皮肤鳞状细胞癌中得到证实。近年来，circRNA 已成为新的研究热点，但与其他 RNA 不一样的是，circRNA 在真核细胞中高度保守、结构稳定，有一定程度组织和疾病特异性，不能通过 RNase-R 酶降解。虽然 circRNA 会影响多种恶性肿瘤的发生发展，但是大多数 circRNA 的确切功能仍不确定。皮肤鳞状细胞癌恶性程度高、易转移，危害较大。研究表明，circRNAs 在皮肤鳞状细胞癌中有差异表达，对皮肤鳞状细胞癌相关 miRNAs 进行干扰，可见其在肿瘤形成中发挥重要作用。目前关于皮肤鳞状细胞癌中的 circRNA 的研究甚少，circRNA 在鳞状细胞癌中的作用机制还待进一步研究。

皮肤黑色素瘤是皮肤癌的主要原因。皮肤黑色素瘤中 circRNA 的显著上调或下调，及在其他肿瘤的异常表达，提示肿瘤的发生与致癌基因异常剪接与 circRNA 密切相关。有研究发现，circ-0084043 可作为 miR-153-3p 海绵，促进黑色素瘤的增殖、侵袭和迁移。circRNA 对 miRNA 发挥作用，从而对皮肤黑色素瘤进行调控。由此可见，通过 circRNA 调节下游基因表达是一种较为常见的现象。研究表明，在皮肤恶性黑色素瘤组织中有差异表达的 microRNAs 分别为 hsa-miR-183、hsa-miR-200a、hsa-miR-455-5p、hsa-miR-204 和 hsa-miR-429，通过关联这些基因与 circRNA，可能会找到更多的黑色素瘤治疗靶点。

皮肤基底细胞癌相对恶性程度不高，不易转移。有研究表明，不同表达的 circRNA 与皮肤基底细胞癌密切相关。在皮肤基底细胞癌中鉴定了 23 个表达上调的 circRNA 和 48 个表达下调的 circRNA，其中 354 个 miRNA 反应元件能够隔离 miRNA 靶序列。此研究描述了多种可能参与皮肤基底细胞癌分子发病机制的 circRNA。目前对于基底细胞癌中的 circRNA 的研究较少，circRNA 在皮肤癌中的作用机制和诊断价值仍不清楚，还有待进一步研究。

参考文献

［1］KASHYAP M P, SINHA R, MUKHTAR M S, et al. Epigenetic regulation in the pathogenesis of non-melanoma skin cancer［J］.Semin Cancer Biol, 2022（83）: 36-56.

［2］MAO X H, CHEN M, WANG Y, et al. MicroRNA-21 regulates the ERK/NF-kappaB signaling pathway to affect the proliferation, migration, and apoptosis of human melanoma A375 cells by targeting SPRY1, PDCD4, and PTEN［J］.Mol Carcinog, 2017, 56（3）: 886-894.

［3］GEUSAU A, HEIL L B, SKALICKY S, et al. Dysregulation of tissue and serum microRNAs in organ transplant recipients with cutaneous squamous cell carcinomas［J］.Health Sci Rep, 2020, 3（4）: e205.

［4］ZHOU L, WANG Y, ZHOU M, et al. HOXA9 inhibits HIF-1alpha-mediated glycolysis through interacting with CRIP2 to repress cutaneous squamous cell carcinoma development［J］.Nat Commun, 2018, 9（1）: 1480.

［5］ZHOU J, LIU R, LUO C, et al. MiR-20a inhibits cutaneous squamous cell carcinoma metastasis and proliferation by directly targeting LIMK1［J］.Cancer Biol Ther, 2014, 15（10）: 1340-1349.

［6］李慧，王柯.原发性皮肤恶性黑色素瘤相关 miRNA 筛选及其靶基因的生物信息学分析［J］.

山东医药，2019，59（20）：18-22.

［7］SAND M, BECHARA F G, SAND D, et al.Circular RNA expression in basal cell carcinoma［J］. Epigenomics，2016，8（5）：619-632.

第二节　唇癌

一、唇癌中的 miRNA

唇癌为发生于唇红缘黏膜的恶性肿瘤。按国际抗癌联盟（UICC）的分类，唇内侧黏膜恶性肿瘤应属颊黏膜癌，划入皮肤癌中。唇癌则是仅限于红唇黏膜原发的恶性肿瘤。唇癌主要为唇鳞状细胞癌，常发生于下唇中外侧 1/3 的唇红缘部黏膜。

虽然目前关于 miRNA 的研究众多，且随着研究的深入，其在肿瘤中的作用机制也越发清晰，但是其在唇癌的研究却相对较少。研究发现，miR-181b、miR-21、miR-31 和 miR-345 在伴有和不伴有上皮异型增生和下唇鳞状细胞癌的光化性唇炎中表达，这些 miRNA 的表达失调预示着光化性唇炎恶性转化。该研究通过与伴有上皮异型增生和下唇癌的光化性唇炎相比，发现无上皮异型增生的光化性唇炎中 miR-181b、miR-31 和 miR-345 的表达更高，且大多数下唇癌患者中，miR-181b、miR-21、miR-31 和 miR-345 都有下调趋势。这些 miRNA 的表达降低，可能是光化性唇炎恶性进展为唇癌的潜在生物标志物。可见，miRNA 在唇癌中的作用也越来越明显，miRNA 参与唇癌的分子机制值得深入研究。

参考文献

［1］曹楠婧，侯会会，李峰，等.微小 RNA191-5p 通过靶向 CDK6 抑制胃癌细胞的生长［J］.中华医学杂志，2020，100（46）：3689-3693.

［2］SONG Y, HE M, ZHANG J, et al. High expression of microRNA 221 is a poor predictor for glioma［J］.Medicine（Baltimore），2020，99（49）：e23163.

［3］NAM R K, BENATAR T, AMEMIYA Y, et al. MiR-139 regulates autophagy in prostate cancer cells through beclin-1 and mTOR signaling proteins［J］.Anticancer Res，2020，40（12）：6649-6663.

［4］ASSAO A, DOMINGUES M A C, MINICUCCI EM, et al. The relevance of miRNAs as promising biomarkers in lip cancer［J］.Clin Oral Investig，2021，25（7）：4591-4598.

第三节 黑色素瘤

一、黑色素瘤中的 miRNA

黑色素瘤是黑色素细胞来源的一种高度恶性且易转移的肿瘤，常发生于皮肤、黏膜及内脏，尽早发现及诊断对于该疾病的治疗获益极大。miRNA 在黑色素瘤发展中发挥着不同作用，尽管黑色素瘤仅占皮肤癌症病例的 4%，但是它却导致了 74% 的皮肤癌患者相关死亡。恶性黑色素瘤是一种高侵袭性的恶性肿瘤，miRNA 表达异常对黑色素瘤的发生发展起着重要作用。miR-363-3p 在黑色素瘤中表达升高，划痕实验表明，肿瘤迁移现象可以被 miR-363-3p 抑制剂抑制，说明其可能促进肿瘤的迁移和转移，增加肿瘤的恶性程度。miR-363-3p 可能通过靶向 PTEN 及激活 PI3K/Akt 信号通路来发挥促癌作用。另外 miR-149 也在黑色素瘤中表达升高，并发现作用于 RNA1（ADAR1）的腺苷脱氨酶是一种 RNA 编辑酶，它可以改变 miRNA 的结构和功能。ADAR1p150 可以促进 miR-149 在黑色素瘤细胞中的生物合成和功能，从而抑制肿瘤的增殖。miRNA 种类繁杂、功能多样，除了上述在黑色素瘤中发挥的作用，其还可以作为临床标志物用于疾病的诊断和治疗监测，以及作为药物的治疗靶点，提高患者的存活率。可见 miRNA 在黑色素瘤中具有极大的研究价值。

研究表明，miRNAs 参与黑色素瘤转移的所有阶段。miRNAs 有助于改变代谢，在黑色素瘤进展中提供优势性选择。同时，miRNA 还参与黑色素瘤的耐药性过程，在黑色素瘤发展的每一步都可以检测到不同 miRNAs 的表达谱。因此，研究 miRNA 在黑色素瘤中的作用，将其靶向药物应用于临床格外重要。例如，miR-495 是一种潜在的肿瘤抑制因子，在很多肿瘤中均表现出异常表达，如骨肉瘤、膀胱癌、食管癌等，其异常表达还与胃癌的进展有关，同时在子宫内膜癌中与转录因子叉头框 C1（FOXC1）结合抑制细胞的生长和迁移，但其在黑色素瘤中的作用不太明确。对黑色素瘤细胞及邻近正常组织进行 qPCR 检测，发现 miR-495 在黑色素瘤患者中的含量下降，表明 miR-495 在黑色素瘤患者中可能发挥抑癌作用。另外，细胞增殖实验、伤口愈合分析、细胞凋亡及凋亡小体 3 活性检测、荧光素酶和免疫印迹技术等一系列试验证明，miR-495 过表达可以促进黑色素瘤的细胞凋亡。这些发现提示 miR-

495在黑色素瘤发病中起到抑制肿瘤的作用,可见miR-495有望成为黑色素瘤的潜在治疗靶点。

黑色素瘤是最危险的皮肤癌,对传统的治疗方法有很大的耐药性,且缺乏早期诊断的生物学标志物,而且很多黑色素瘤患者发现时已处于癌症的晚期。而miRNA可以释放到血液中,稳定性较高,肿瘤患者中某些miRNA含量在疾病早期可以发生很大的变化,从而在血液中检测到其含量。将这类在血液中检测到的miRNA作为早期诊断肿瘤的标志物,也是目前肿瘤学研究的趋势。

二、黑色素瘤中的circRNA

恶性黑色素瘤在中国的发病率以每年3%～5%的速度快速增长,每年报告约2万例新病例。黑色素瘤多以手术治疗为主,其分子机制尚不清楚。circRNA可以作用于miRNA,从而调节基因表达与转录,这对黑色素瘤中的circRNA的机制研究有极大的借鉴意义。

研究表明,circRNA的异常表达与皮肤相关疾病的发生发展相关。Jin等研究表明,circMYC在黑色素瘤组织中明显上调,并作为分子海绵与miR-1236结合。恶性黑色素瘤Mel-CV细胞中乳酸脱氢酶A(LDHA)的3'-UTR作为miR-1236的直接靶标,当circMYC直接与miR-1236结合时,Mel-CV细胞中LDHA表达水平上调,细胞癌变。这些结果可能为黑色素瘤的精准治疗提供新的靶点。随着新一代高通量测序技术和基因芯片技术的广泛应用,circRNA作为调控蛋白在恶性黑色素瘤发展中起着重要的作用。此外,circRNA通过调节RNA结合蛋白、参与蛋白质翻译、激活相应的信号通路,使细胞癌变。因此,阻断与癌症相关的结合位点,针对特定的分子水平改变下游的基因表达以阻断癌细胞增殖,为恶性黑色素瘤患者的早期诊断及预防提供新思路,为临床精准治疗提供潜在的靶点。

研究发现,在结膜黑色素瘤组织中有9300个与邻近正常组织不同的circRNA,且结膜黑色素瘤细胞周期微管相关肿瘤抑制因子1(MTUS1)表达水平上调。circMTUS1可能通过与hsa-miR-622和hsa-miR-1208结合作为癌基因,调节多种肿瘤相关通路。这一结果证明了circMTUS1可能是一种促癌基因。

口腔转移性黏膜黑色素瘤极为罕见,学界对其circRNA的表达模式知之甚少。研究证明，与配对的相邻组织相比，在转移的组织中有90个circRNAs表达明显失调。其中，circ-0005320、circ-0067531和circ-0008042在原发肿瘤和转移淋巴结中的表达水平明显高于癌旁正常组织和非转移淋巴结组织，而circ-0000869和circ-0000853的表达水平相对下调。基因本体（GO）和差异表达circRNA的通路分析表明，这些基因在口腔转移性黏膜黑色素瘤的蛋白修饰、蛋白结合和细胞代谢中可能发挥重要作用。此外，circ-0005320、circ-0067531和circ-0000869可以以竞争方式与相关miRNA结合，进而调控口腔转移性黏膜黑色素瘤的发生发展与增殖恶化。该结果不仅提示了转录因子可能在转移中起着关键作用，而且还为转移性黏膜黑色素瘤的诊断进展提供了重要的信息，为发现更多的口腔转移性黏膜黑色素瘤的诊断治疗和预后预测等方向提供了新思路。

参考文献

[1] 纪新尊，程小珍，孙洋，等. 微小RNA-363-3p靶向调控PTEN及对黑色素瘤细胞侵袭迁移的影响[J]. 临床肿瘤学杂志，2020，25（9）：783-789.

[2] YUJIE D M, SHI X, JI J, et al. ADAR1p150 regulates the biosynthesis and function of miRNA-149* in human melanoma[J]. Biochem Biophys Res Commun, 2020, 523（4）: 900-907.

[3] XU Y Y, TIAN J, HAO Q, et al. MicroRNA-495 downregulates FOXC1 expression to suppress cell growth and migration in endometrial cancer[J]. Tumour Biol, 2016, 37（1）: 239-251.

[4] JIN C, DONG D, YANG Z, et al. CircMYC regulates glycolysis and cell proliferation in melanoma[J]. Cell Biochem Biophys, 2020, 78（1）: 77-88.

[5] SHANG Q, LI Y, WANG H, et al. Altered expression profile of circular RNAs in conjunctival melanoma[J]. Epigenomics, 2019, 11（7）: 787-804.

[6] JU H, ZHANG L, MAO L, et al. Altered expression pattern of circular RNAs in metastatic oral mucosal melanoma[J]. American journal of cancer research, 2018, 8（9）: 1788-1800.

第四节 眼癌

一、眼癌中的miRNA

眼癌中最常见的类型为脉络膜恶性黑色素瘤。随着表观遗传学的发展，人们发现miRNA的改变与眼癌的发生发展密切相关。可见，miRNA具有成为眼癌诊断生物标志物的潜在可能性。Jo等通过基因芯片技术描述了组织学类型特定的miRNA，发现这些特异的miRNA可以正确鉴别75%的脉络膜恶性黑色素瘤，还发现恶性黑色素瘤患者中miR-23a、miR-23b和miR-24-2与造血干细胞的生长和定位及神经元的发育相关，推测其促进黑色素瘤细胞生长作用的靶基因可能是基质细胞衍生因子1（SDF-1）。

眼癌分为内眼肿瘤与外眼肿瘤。视网膜母细胞瘤是一种发生于眼球内部的恶性肿瘤。研究表明，miRNA与视网膜母细胞瘤发生发展有密切关系，miR-125a存在于大多数器官和组织中，其靶向与有丝分裂反应相关的蛋白质，具有抑制细胞增殖的作用，并在视网膜母细胞瘤中被下调。He等研究发现，在视网膜母细胞瘤中miR-184能够靶向L型氨基酸转运载体1（LAT1，又称为SLC7A5），从而抑制LAT1引起的视网膜母细胞瘤细胞增殖、迁移、侵袭和转移等。miRNA在Rb致病机制中发挥着重要作用。眼癌中的视网膜母细胞瘤主要是基因突变引起的恶性肿瘤，其致病机制很大可能与miRNAs有关，但还有待研究。通过探索miRNAs是否参与视网膜母细胞瘤及哪些miRNAs参与视网膜母细胞瘤，可以为视网膜母细胞瘤的预防和疗效提供新的治疗方案。

二、眼癌中的circRNA

研究表明，circRNA参与调节细胞增殖、分化、凋亡等生命活动，并参与到眼部肿瘤的致病机制中。研究显示，circRNA与视网膜母细胞瘤有密切的关系。此外，circRNA还与青光眼、年龄相关性白内障、视网膜血管功能障碍等眼部疾病有关。研究发现，在视网膜母细胞瘤中circRNA hsa-circ-0001649呈现低表达水平，并且其表达水平与肿瘤大小、临床分期、病理类型和总生存率密切相关。hsa-circ-0001649下调与视网膜母细胞瘤患者的较大肿瘤大小和晚期眼内国际视网膜母细胞瘤分级（IIRC）阶段有关，其在视网膜母细胞瘤细胞中可抑制细胞生长并促进细胞凋亡。该研究还证明AKT/mTOR信号通路参与受hsa-circ-0001649影响的细胞生长改变。可见，hsa-circ-0001649可能是视网膜母细胞瘤的一个潜在有用的预后生物标志物和治疗靶点。不过，circRNA是否通过其他机制实现对视网膜母细胞瘤调控还有待进一步研究。

参考文献

［1］JO D H，KIM J H，KIM J H. Targeting tyrosine kinases for treatment of ocular tumors［J］. Arch Pharm Res，2019，42（4）：305-318.

［2］RUSSO A，POTENZA N. Antiproliferative activity of microRNA-125a and its molecular targets［J］. Microrna，2019，8（3）：173-179.

［3］HE T G，XIAO Z Y，XING Y Q，et al. Tumor suppressor miR-184 enhances chemosensitivity by directly inhibiting SLC7A5 in retinoblastoma［J］. Front Oncol，2019，9：1163.

［4］GUO N，LIU X F，PANT O P，et al. Circular RNAs：novel promising biomarkers in ocular diseases［J］. Int J Med Sci，2019，16（4）：513-518.

［5］XING L，ZHANG L，FENG Y，et al. Downregulation of circular RNA hsa-circ-0001649 indicates poor prognosis for retinoblastoma and regulates cell proliferation and apoptosis via AKT/mTOR signaling pathway［J］. Biomed Pharmacother，2018，105：326-333.

第五节 口腔癌

一、口腔癌中的miRNA

口腔鳞状细胞癌的发生率约占所有口腔恶性肿瘤的90%，是世界上6种最常见的癌症之一，是亚洲国家癌症死亡的最常见原因，具有高复发率和高转移率的特点。近年来，口腔鳞状细胞癌的常规治疗并没有提高总的五年生存率，因此许多研究正在寻求替代治疗。miR-137和miR-193a被报道成为口腔鳞状细胞癌的肿瘤抑制miRNA。Ras是口腔癌中最常被解除调控的癌基因之一。在口腔癌变中Ras癌基因具有重要的作用，但是直接针对Ras的治疗基本上无效。有报道称，microRNA（miRNAs）在人类癌症中可调控Ras癌基因，为间接开发Ras激活信号的治疗方法开辟了新的领域。因此了解 miRNA 在癌症中的调控机制，可为靶向治疗口腔鳞状细胞癌提供很好的研究方向。

二、口腔癌中的 circRNA

研究发现，circRNA 可作为预测或诊断口腔鳞状细胞癌的生物标志物。circRNA-100290 在口腔鳞状细胞癌组织中表达水平上调，使 miR-29b 家族的表达水平上调，从而促进口腔鳞状细胞癌的发展。在细胞功能研究中发现，口腔鳞状细胞癌的细胞中有一种新的 circRNA，称为 circUHRF1，可促进口腔鳞状细胞癌细胞的恶性转化，还可促进人的上皮间质转化。唾液中差异表达的 circRNA 也可以作为口腔鳞状细胞癌的生物标志物。Zhao 等研究发现，与健康对照组相比，口腔鳞状细胞癌患者唾液中有 12 个上调的 circRNA 和 20 个下调的 circRNA。在差异表达的 circRNA 中，口腔鳞状细胞癌组与健康对照组相比，hsa-circ-0001874、hsa-circ-0001971 和 hsa-circ-0008068 表达水平上调，hsa-circ-0000140、hsa-circ-0002632 和 hsa-circ-0008792 表达水平下调。相关临床数据表明，唾液中 hsa-circ-0001874 还与 TNM 分期和肿瘤分级相关，hsa-circ-0001971 与 TNM 分期相关。基于 hsa-circ-0001874 和 hsa-circ-0001971 组合的风险评分，可将口腔鳞状细胞癌患者与口腔白斑患者区分开来。该研究首次证明唾液 hsa-circ-0001874 和 hsa-circ-0001971 可作为口腔鳞状细胞癌诊断生物标志物的潜力研究对象。此外，circATRNL1 的表达在口腔鳞状细胞癌中明显下调，并与肿瘤的进展密切相关。放射治疗后，circATRNL1 的表达水平下降，而 circATRNL1 的上调通过抑制细胞增殖和集落存活率，诱导细胞凋亡和细胞周期停滞，提高口腔鳞状细胞癌的放射敏感性，并且该研究发现，circANTRL1 可能是借助 miR-23a-3p 通道增加 PTEN 的表达，最终促进细胞放射敏感性的增强，可见 circRNA 在口腔鳞状细胞癌中作用机制越发明显。

参考文献

[1] KOZAKI K，IMOTO I，MOGI S，et al. Exploration of tumor-suppressive microRNAs silenced by DNA hypermethylation in oral cancer［J］.Cancer Res，2008，68（7）：2094-2105.

[2] MURUGAN A K，MUNIRAJAN A K，ALZAHRANI A S. MicroRNAs：modulators of the ras

oncogenes in oral cancer[J].J Cell Physiol,2016,231(7):1424-1431.

[3] CHEN X, YU J, TIAN H, et al. Circle RNA hsa-circRNA-100290 serves as a ceRNA for miR-378a to regulate oral squamous cell carcinoma cells growth via Glucose transporter-1 (GLUT1) and glycolysis[J].J Cell Physiol,2019,234(11):19130-19140.

[4] ZHAO W, CUI Y, LIU L, et al. Splicing factor derived circular RNA circUHRF1 accelerates oral squamous cell carcinoma tumorigenesis via feedback loop[J].Cell Death Differ,2020,27(3):919-933.

[5] ZHAO S Y, WANG J, OUYANG S B, et al. Salivary circular RNAs hsa-circ-0001874 and hsa-circ-0001971 as novel biomarkers for the diagnosis of oral squamous cell carcinoma[J].Cell Physiol Biochem,2018,47(6):2511-2521.

[6] CHEN G, LI Y, HE Y, et al. Upregulation of circular RNA circATRNL1 to sensitize oral squamous cell carcinoma to irradiation[J].Mol Ther Nucleic Acids,2020(19):961-973.

第六节　胆脂瘤

胆脂瘤中的 ceRNA

胆脂瘤是一种良性但具有破坏性的中耳性疾病。外耳道胆脂瘤虽然是良性肿瘤，但能侵蚀周围组织，由鳞状上皮角质形成细胞过度迁移和不受控制的细胞过度增殖引起，可导致各种临床症状和严重并发症，如听力损失、头晕、面瘫、脑膜炎和脑积水。研究表明，通过微点阵方法，在胆脂瘤中共鉴定出 787 种 lncRNA，包括 181 个表达上调的 lncRNA 和 606 个表达下调的 lncRNA，创建了 lncRNA-miRNA-mRNA ceRNA 网络，证实 lncRNA 在该疾病的形成过程中起重要作用。此外，有研究报道 miR-21 和 let-7a 是参与胆脂瘤生长、迁移、增殖、骨破坏和凋亡的主要 miRNA。在 miR-203a 中也观察到相同生物过程的调节潜力。NF-κB/miR-802/PTEN 调控网络也与胆脂瘤中观察到的 miR-21 活性有关。高通量方法揭示了胆脂瘤病理学相关的其他非编码 RNA。ceRNA 分析强调了 lncRNA/circRNA 可能是 miR-21 和 let-7a 的内源性海绵，基于 RNA 转录本，做出了可以通过使用共享的 miRNA 应答元件相互通信和调节的假设。可见 miRNA 与 circRNA 在胆脂瘤治疗中的巨大潜力。另外，研究者进一步证实了胆脂瘤中 circRNA 的表达谱，共获得 355 个在胆脂瘤中有明显差异表达的 circRNAs，在构建的 ceRNA 网络加上 circRNA 形成新的 ceRNA 网络，从而发现 circRNA 可能具有 ceRNA 的作用并有助于胆脂瘤的形成，提示 circRNAs 作为胆脂瘤的潜在治疗靶标，具有极其重要的意义。

参考文献

[1] GAO J, TANG Q, ZHU X, et al. Long noncoding RNAs show differential expression profiles and display ceRNA potential in cholesteatoma pathogenesis [J].Oncol Rep，2018，39（5）：2091-2100.

[2] JOVANOVIC I, MAJA Z, SNEZANA J, et al. Non-coding RNA and cholesteatoma [J]. Laryngoscope Investigative Otolaryngology，2022，7（1）：60-66.

第七节 皮脂腺癌

一、皮脂腺癌中的 miRNA

皮脂腺癌是一种侵袭性皮肤恶性肿瘤。皮脂腺癌可分为眼眶型和眶外型，一般认为眶外型皮脂腺癌预后较差。基本治疗是手术切除，早期局限时，手术切除的预后较好，晚期手术后易复发。眼睑皮脂腺癌是最常见的恶性眼睑肿瘤之一，具有高度侵袭性，死亡率高达 30%。眼睑皮脂腺癌可大致分为结节型和 pagetoid 型，后者更具侵袭性。hsa-miR-34a 在 2 种亚型中通过调控 TP53，形成 TP53 抑制网络的一部分，通过 SIRT113 形成正反馈回路。尽管 hsa-miR-34a 在 2 种亚型中都过表达，但是 miRNA 对其靶基因的作用是不同的。已知 Myc 下调 microRNA-34a 对肿瘤发生和提高肿瘤细胞存活率至关重要。例如，癌基因 Myc 在 pagetoid 型皮脂腺癌中明显过表达，但在结节型皮脂腺癌中保持不变。hsa-miR-34a 以 Myc 介导和依赖的方式降低 TP53 水平，提高细胞存活率，有助于癌细胞存活。但在结节型皮脂腺癌中，Myc 的表达与正常对照组相比没有变化。在 Myc 存在的情况下，miR-34a 与抗 p53 小干扰 RNA 一样有效地抑制 p53 依赖性硼替佐米诱导的细胞凋亡。相反，使用反义 RNA 抑制 miR-34a 可使淋巴瘤细胞对治疗性凋亡敏感。因此，在 Myc 表达不受调控的肿瘤中，miR-34a 会产生耐药性，可以视为治疗靶点。皮脂腺癌是一种较为多见的皮肤癌，病死率逐年递增，如何减少皮脂腺癌治疗后的恶化与复发成为其研究的重点方向。

二、皮脂腺癌中的其他非编码 RNA

研究表明，piRNAs 在皮脂腺癌发展中起促癌或抑癌基因的作用，还可能促进皮脂腺癌的增殖和转移。piRNAs 的异常表达与皮脂腺癌患者各种特征的相关性研究表明，piRNAs 可作为诊断皮脂腺癌的生物标志物或药物靶点。piR-823 在皮脂腺癌患者中表达水平上调，其过表达与临床分期呈正相关。抑制 piR-823 将导致 DNMT3A 和 DNMT3B 的表达显著减少，导致 DNA 整体甲基化降低，可见 piRNAs 可能是皮脂腺癌肿瘤 DNA 甲基化的重要调控因子之一。皮脂腺癌患者的循环 piR-651 和 piR-823 表达水平明显低于健康对照组，提示其可能是皮脂腺癌检测中有价值的生物标志物。用深度测序法测定皮脂腺癌中肿瘤组织和匹配的正常组织中 piRNAs 的表达谱，发现 piR-34736、piR-36249、piR-35407、piR-36318、piR-34377、piR-36743、piR-36026 和 piR-31106 在一个独立的 TCGA 队列中，进一步证实了新的独立预后特征及其与总生存率的相关性，表明 piRNAs 诱导靶基因的表观遗传沉默，可能是未来潜在的治疗手段。

参考文献

[1] SOTILLO E, LAVER T, MELLERT H, et al. Myc overexpression brings out unexpected antiapoptotic effects of miR-34a [J].Oncogene, 2011, 30（22）: 2587-2594.

[2] CUI L, LOU Y, ZHANG X, et al. Detection of circulating tumor cells in peripheral blood from patients with gastric cancer using piRNAs as markers [J].Clin Biochem, 2011, 44（13）: 1050-1057.

第六章　泌尿系统肿瘤中的非编码RNA

第一节　肾癌

一、肾癌中的miRNA

肾癌常见类型为肾细胞癌，每年有近27万例新诊断肾癌和11.6万例死亡归因于肾癌。肾透明细胞癌是肾癌的主要类型，其发病隐匿、复发及转移率高，晚期治疗效果差，且极度耐药，在世界范围内发病率及死亡率逐年升高。在肾透明细胞癌中，突变导致许多编码RNA或非编码RNA的上调或下调，miRNA是一类非编码调控RNA。miR-185、miR-200和miR-10b已被发现在肾癌中表达失调，5-氮-2'-脱氧胞苷通过甲基化水平增加miR-10b的表达。还有研究发现，miR-133a-5p在肾透明细胞癌患者中低表达，低表达的miR-133a-5p还与患者预后呈显著正相关。上调miR-133a-5p表达可抑制肾透明细胞癌的细胞增殖、侵袭和迁移能力，可见miR-133a-5p在肾透明细胞癌发生发展过程中具有抑癌基因的功能。另外，研究还发现内切体调节器（MON2）同源物高尔基体运输的MON2是miR-133a-5p的靶基因，其表达水平与miR-133a-5p的表达呈负相关，MON2过表达可促进肾透明细胞癌的细胞增殖、侵袭和迁移能力，miR-133a-5p通过靶向负调控MON2实现对肾透明细胞癌增殖转移的抑制作用。Szabo等研究发现，与邻近的非肿瘤组织相比，致癌的miR-21和miR-221在人肾透明细胞癌组织样本中表达异常，且显著上调。miRNA-21和miRNA-221在79.2%的肿瘤标本和33.3%配对正常的肾组织中共表达，增加的miRNA模式与患者的病理状态呈正相关，表明这些miRNA可能参与了肾透明细胞癌的发展。一些研究也证明了，miRNA可作为肾透明细胞癌的预后标志。Xie等研究确定了4种miRNA，miRNA-21-5p、miRNA-9-5p、miR-149-5p和miRNA-30b-5p可作为肾透明细胞癌独立的预后指标。它们1634个靶向基因参与了与癌症相关的各种途径，与肾透明细胞癌患者的生存率密切相关。另有研究表明，hsa-miR-137、hsa-miR-224-5p、hsa-miR-335-5p等miRNA也参与肾细胞癌发展过程的调控。miR-22在肾细胞癌肿瘤组织中表达下调，并且可以通过靶向关键的抑癌基因PTEN发挥其抗肿瘤作用。可见肾癌中的miRNA的功能还在源源不断地被发现，有待深入地挖掘。

二、肾癌中的circRNA

研究表明，circRNAs在肿瘤的发生发展中起着关键作用，但在肾透明细胞癌中的作用研究尚少。为更好地理解circRNA作为ceRNA调控肾透明细胞癌中的基因表达，研究人员收集了相关miRNA和miRNA靶基因，并构建circRNA/miRNA/mRNA网络，发现了一种新的环状结构，称为circ-AKT3，其在肾透明细胞癌中表达水平明显下调，敲低circ-AKT3可促进肾透明细胞癌的迁移和侵袭，但过表达circ-AKT3却抑制了肾透明细胞癌的转移。此外，研究还鉴定了一个新的circPCNXL2，它在肾透明细胞癌中被显著上调。circPCNXL2基因敲除降低了肾透明细胞癌增殖、体外侵袭和体内肿瘤生长。可见，circPCNXL2可作为miRNA海绵结合到miR-153上，以调节肾癌进展过程中E盒结合锌指蛋白2（ZEB2）基因的表达。另外，miR-153抑制剂可以消除circPCNXL2抑制肾癌细胞增殖和侵袭的作用。因此，研究者推测circPCNXL2可通过miR-153/ZEB2轴调控肾细胞癌细胞增殖和侵袭，可能是治疗肾透明细胞癌的潜在靶点。Chen等研究发现circFNDC3B在肾癌组织中高表达，肾癌细胞转染circFNDC3B时，癌细胞的细胞活力、集落能力和迁移能力显著增强。可见，circRNA在肾癌中的作用越来越明显。有研究认为，雄激素受体可抑制circRNA的表达而抑制肾透明细胞癌转移，与此相关的信号通路亦可能成为治疗肾透明细胞癌的新方向。研究表明，cRAPGEF5在肾细胞癌组织中显著下调，下调的cRAPGEF5与侵袭性临床特征呈正相关，并能独立预测较差的总生存期和无复发生存期。cRAPGEF5在体外和体内抑制肾细胞癌增殖和迁移，其充当了致癌miR-27a-3p的海绵，靶向抑制硫氧还蛋白互作蛋白（TXNIP）基因。

双荧光素酶报告基因实验证实了 miR-27a-3p 和 cRAPGEF5 或 TXNIP 之间的相互作用。cRAPGEF5 抑制了肾癌 cRAPGEF5-miR-27a-3p-TXNIP 的信号通路，可见 cRAPGEF5 通过 miR-27a-3p/TXNIP 通路在抑制 RCC 中发挥重要作用，cRAPGEF5 在肾细胞癌组织中表达下调与肾癌患者预后不良有关，也可以作为一种有前途的肾细胞癌预后标志物和治疗靶点。circ-ZNF609 还被报道可调节多种细胞的增殖和侵袭能力，定量逆转录聚合酶链式反应检测显示，circ-ZNF609 在肾癌细胞和肾上皮细胞中高表达，高表达的 circ-ZNF609 通过与 miR-138-5p 和 FOXP4 相互作用，促进细胞的增殖和侵袭。揭示了 circ-ZNF609/miR-138-5p/FOXP4 调控网络在肾透明细胞癌中的作用，也为肾透明细胞癌的发病机制研究提供了新的视角。circRNA 与肾透明细胞癌的发生发展的相关性研究，可为靶向治疗提供可能的新靶点。

三、肾癌中的其他非编码 RNA

siRNA 是一种非编码 RNA，主要参与 RNA 干扰，通过双链小 RNA 高效、特异降解同源 mRNA 使特定基因表达抑制，常作为基因沉默的研究工具，抑制基因表达。siRNA 干扰特定基因表达对肾癌的作用目前已有进展。汪峰等的研究表明，采用 siRNA 沉默表皮生长因子受体（EGFR）基因后，可产生显著抑制肾癌细胞的增殖、生长、迁移及侵袭的效果。倪建鑫等的研究发现，E26 转录因子 2（ETS2）在肾癌细胞内的表达比正常肾小管上皮细胞明显增高，siRNA 能有效下调肾癌 786-0 细胞中 ETS2 的表达。下调 ETS2 后肾癌 786-0 细胞的增殖能力和克隆形成能力减弱，细胞周期阻滞于 G_0/G_1 期，ETS2-siRNA 介导的 ETS2 基因沉默下调了肾癌 786-0 细胞内 CDK4 与细胞周期蛋白 -D1（CyclinD1）的表达，而上调了 p21 的表达。采用 siRNA 沉默 ETS2 基因后，通过调控细胞周期蛋白依赖性激酶及 CyclinD1 和 p21 的表达产生显著促进肾癌细胞的增殖的效果。另外，Dey 等的研究也表明，采用 siRNA 沉默丙酮酸激酶 M2 型（PKM2）基因后，会产生显著抑制肾癌细胞的增殖、迁移及糖酵解的效果。可见，siRNA 可利用其干扰技术沉默特定基因，从而抑制肾癌细胞的增殖等，这种 siRNA 干扰技术已在肾癌及其他肿瘤研究中广泛使用。

参考文献

[1] 杨阳, 汪洪.miRNA与肾癌发生发展关系的研究进展[J].国际泌尿系统杂志, 2011, (2): 207-210.

[2] 艾青, 张旭.MiRNA与肾癌关系的研究进展[J].数理医药学杂志, 2011, 24(3): 338-340.

[3] 李朋.MiR-133a-5p对肾透明细胞癌增殖转移的作用及其分子机制研究[D].南昌: 南昌大学, 2021.

[4] JIANG Y, ZHANG H, LI W, et al. FOXM1-activated LINC01094 promotes clear cell renal cell carcinoma development via microRNA 224-5p/CHSY1[J].Mol Cell Biol, 2020, 40(3): e00357-19.

[5] FAN W, HUANG J, XIAO H, et al. MicroRNA-22 is downregulated in clear cell renal cell carcinoma, and inhibits cell growth, migration and invasion by targeting PTEN[J].Mol Med Rep, 2016, 13(6): 4800-4806.

[6] BAI S, WU Y, YAN Y, et al. Construct a circRNA/miRNA/mRNA regulatory network to explore potential pathogenesis and therapy options of clear cell renal cell carcinoma[J].Sci Rep, 2020, 10(1): 13659.

[7] XUE D, WANG H, CHEN Y, et al. Circ-AKT3 inhibits clear cell renal cell carcinoma metastasis via altering miR-296-3p/E-cadherin signals[J].Mol Cancer, 2019, 18(1): 151.

[8] ZHOU B, ZHENG P, LI Z, et al. CircPCNXL2 sponges miR-153 to promote the proliferation and invasion of renal cancer cells through upregulating ZEB2[J].Cell Cycle, 2018, 17(23): 2644-2654.

[9] CHEN T, YU Q, SHAO S, et al. Circular RNA circFNDC3B protects renal carcinoma by miR-99a downregulation[J].J Cell Physiol, 2020, 235(5): 4399-4406.

[10] 汪峰, 张斌斌, 郭巍, 等.siRNA沉默表皮生长因子受体蛋白表达对肾癌细胞生物学行为的影响[J].实用临床医药杂志, 2017, 21(19): 103-106.

[11] 倪建鑫, 武国军.siRNA下调Ets2对肾癌786-0细胞增殖的影响[J].现代肿瘤医学, 2017, 25(13): 2027-2030.

[12] DEY P, SON J Y, KUNDU A, et al. Knockdown of pyruvate kinase M2 inhibits cell proliferation, metabolism, and migration in renal cell carcinoma[J].Int J Mol Sci, 2019, 20(22): 5622.

[13] SZABO Z, SZEGEDI K, GOMBOS K, et al. Expression of miRNA-21 and miRNA-221 in clear cell renal cell carcinoma(ccRCC)and their possible role in the development of ccRCC[J].Urol Oncol, 2016, 34(12): 521-533.

[14] XIE M, LV Y, LIU Z, et al. Identification and validation of a four-miRNA(miRNA-21-5p,

miRNA-9-5p, miR-149-5p, and miRNA-30b-5p）prognosis signature in clear cell renal cell carcinoma［J］.Cancer Manag Res, 2018（10）：5759-5766.

［15］YU L, XIANG L, FENG J, et al. MiRNA-21 and miRNA-223 expression signature as a predictor for lymph node metastasis, distant metastasis and survival in kidney renal clear cell carcinoma［J］.J Cancer, 2018, 9（20）：3651-3659.

［16］董安珂，樊鑫，师磊，等.circRNA在泌尿系统肿瘤中的研究进展［J］.河南医学研究，2018, 27（7）：1220-1221.

［17］CHEN Q, LIU T, BAO Y, et al. CircRNA cRAPGEF5 inhibits the growth and metastasis of renal cell carcinoma via the miR-27a-3p/TXNIP pathway［J］.Cancer Lett, 2020（469）：68-77.

［18］XIONG Y, ZHANG J, SONG C. CircRNA ZNF609 functions as a competitive endogenous RNA to regulate FOXP4 expression by sponging miR-138-5p in renal carcinoma［J］.J Cell Physiol, 2019, 234（7）：10646-10654.

第二节　膀胱癌

一、膀胱癌中的 miRNA

膀胱癌是泌尿系统最常见的恶性肿瘤，占我国泌尿生殖系统肿瘤发病率的首位，且其发病率随年龄增加而增加，50～70岁人群高发，且男性发病率高于女性。膀胱癌预后不良，复发率也较高。临床治疗的主要方法为外科手术与化学疗法相结合，而大部分膀胱癌患者是非肌肉浸润性肿瘤，分为低级肿瘤与高级肿瘤。在临床上识别高危肿瘤患者极其重要。膀胱癌是一种多因素疾病，特别是疾病进展和较高的复发率，与特定的突变方式相关联。因此，迫切需要一个用于膀胱癌早期诊断、复发的新生标志物及患者预期生存的预测分子标志物。

miRNA簇是小的内源性非编码RNA。迄今为止，学界已发现许多膀胱癌细胞的发展和转移与miRNA有关，许多miRNA被认为是膀胱癌潜在的诊断或预后标志物。miR-143在膀胱癌中低表达，这种低表达方式调节了该癌症Ras基因的表达。另外还有一些miRNA，如miR-133a、miR-30-3p和miR-199a，可通过调节CRT7的活性参与膀胱癌的发展调节。研究发现，miR-195在包括膀胱癌在内的各种恶性肿瘤中均有抑制作用，可直接通过靶向细胞分裂周期蛋白42（CDC42）/Stat3途径减少膀胱癌细胞的增殖。与正常邻近组织相比，miR-195在膀胱癌组织中的表达水平显著下调,其可通过直接靶向作用于 CDC42 发挥作用,使 CDC42 在膀胱癌组织中的表达水平显著上调,故 miR-195 对膀胱癌细胞中 CDC42 的蛋白表达具有负调控作用。上调 miR-195 或抑制 CDC42 可能通过激活 STAT3 信号抑制膀胱癌细胞增殖。CDC42 的恢复可以逆转,miR-195 上调对膀胱癌细胞增殖的抑制作用。另外,Catto 等研究发现低级别膀胱癌也与许多下调的 miRNAs 有关,而高级别膀胱癌的特征是相关 miRNAs 上调。由此可见,miRNAs 有希望成为膀胱癌的生物标志物和治疗靶标,为膀胱癌的预后、诊断和更有效的治疗方案提供更好的策略。

二、膀胱癌中的 circRNA

非侵袭性尿路上皮癌占所有膀胱肿瘤发病率的 70%,其余为肌肉侵袭性肿瘤。根治性膀胱切除术是肌肉侵袭性肿瘤最常见的治疗策略,而在积极治疗后,预后通常也很差。目前,肌肉浸润性膀胱癌患者的五年生存率仍低于 60%。寻找新的治疗靶点来改善膀胱癌患者的治疗效果变得十分迫切。circRNAs 是由 3'-5' 末端共价连接形成闭合的连续环的 RNA 分子。它们在不同物种间的进化是保守的,并且经常表现出组织/发育阶段特异性表达。迄今为止,人类已鉴定出 2000 多种不同的 circRNA,然而大多数 circRNA 的功能仍不清楚。尽管大多数 circRNA 的功能未知,但是大量研究表明,失调的 circRNA 参与膀胱癌的发病过程。circMYLK 在膀胱癌组织中过度表达,肌球蛋白轻链激酶的过表达可调节血管内皮生长因子 A(VEGFA)/血管内皮生长因子受体 2(VEGFR2)信号通路导致癌症进展。circRNA-MYLK 可以直接与 miR-29a 结合,并减轻对目标 VEGFA 的抑制,从而激活 VEGFA/VEGFR2 的信号通路。外源性表达 circRNA-MYLK 加速了细胞的增殖、迁移、人脐静脉内皮细胞体外管的形成和细胞骨架的重排。上调 circRNA-MYLK 可促进膀胱癌异种移植物的生长、血管生成和转移。circRNA-MYLK 作为 miR-29a 的 ceRNA 发挥作用,可能通过激活 VEGFA/VEGFR2 和下游 Ras/ERK 信号通路促进上皮间质转化和膀胱癌的发展。circRNA-MYLK 可能是膀胱癌诊断和治疗的一个靶点。此外,circ-ITCH 也在膀胱癌中表达下调,circ-ITCH 的过表达通过与多种 miRNA 和 p21 信号通路的相互作用介导了对膀胱癌的抑制。低表达的膀胱癌患者生存期缩短。在体外和体内强制表达 circ-ITCH 可抑制细胞增殖、迁移、侵袭和转移。circ-ITCH 可通过"海绵"作用上调 miR-17 和 miR-224 的靶基因 p21 和 PTEN 的表达，从而抑制膀胱癌的侵袭性生物学行为。该研究证明了 circ-ITCH 可通过新的 circ-ITCH/miR-17、miR-224/p21、PTEN 轴发挥肿瘤抑制作用，这可能为膀胱癌的治疗提供潜在的生物标志物和治疗靶点。可见，circRNA 在膀胱癌中的作用也越来越明显，其可能是诊断和治疗膀胱癌新的潜在生物标志物和治疗靶点。

三、膀胱癌中的 ceRNA

研究表明，ceRNA 网络可以探索膀胱癌患者的基因调控和预后预测，从而防止癌症发生发展。以母系表达基因 3（MEG3）为例，MEG3 显著抑制了人类膀胱癌细胞的侵袭性。lncRNA-MEG3 作为 miR-93 的 ceRNA，通过 PI3K/AKT/mTOR 途径调节膀胱癌肿瘤的发生。在膀胱癌细胞和组织中，随着 miR-93-5p 表达的增加，MEG3 表达下调。荧光素酶报告分析表明，miR-93-5p 是 MEG3 的直接靶点，并受到 MEG3 的负调控。MEG3 过表达抑制细胞增殖、凋亡和自噬相关蛋白的表达。PI3K/AKT/mTOR 通路的激活也受到抑制，细胞凋亡增加。而 miR-93-5p 过表达逆转了 MEG3 过表达介导的对肿瘤生长和蛋白质表达的抑制。lncRNA-MEG3 可竞争性结合 miR-93，通过 PI3K/AKT/mTOR 途径参与膀胱癌的发生发展。该研究为了解膀胱癌的发病机制提供了新的视角，为膀胱癌的治疗提供了有效的靶点。此外，MEG3 可以作为 Pleckstrin 同原序列富亮氨酸重复片段蛋白磷酸酶 2（PHLPP2）的 ceRNA 同 mRNA 与 miR-27a 竞争，促进 PHLPP2 蛋白翻译，进而抑制膀胱癌对人膀胱的侵袭能力。可见，ceRNA 网络参与了膀胱癌的生长转移，这一发现将有助于探索膀胱癌患者的基因调控和治疗。

四、膀胱癌中的其他非编码 RNA

有关 piRNA 在肿瘤中的作用的研究越来越多，并取得了阶段性的成果，许多研究在膀胱癌样本中寻找显著差异性表达的 piRNA 分子，并通过检测这些高差异性表达的分子和肿瘤细胞的改变来验证 piRNA 的某些分子在膀胱癌中所发挥的作用，为 piRNA 作为膀胱癌的诊断标记及其治疗提供新的可能。

在膀胱癌细胞中，基于基因芯片技术揭示了 piRNA 异常表达与膀胱癌细胞生长和凋亡的关系。Chu 等研究发现，在膀胱癌组织中有 197 个 piRNAs 差异表达，其中有106个piRNAs在膀胱癌组织中表达水平上调，91个piRNAs在膀胱癌组织中表达水平下调，且piRNA DQ594040的显著抑制是诱发膀胱癌的主要原因之一。下调的piRNA DQ594040与膀胱癌相关的倍数变化最高。此外。定量逆转录聚合酶链反应（RT-qPCR）确认了配对膀胱癌组织及其邻近正常组织中piRABC的表达。piRABC过表达可抑制膀胱癌细胞增殖、集落形成，促进细胞凋亡。荧光素酶报告基因分析表明，piRABC可以提高肿瘤坏死因子配体超家族成员4（TNFSF4）的荧光素酶活性。Western blot分析和ELISA分析也证实，与膀胱癌受试者相比，对照组受试者TNFSF4蛋白的表达水平上调。可见，piRABC也在膀胱癌的发生发展中起至关重要的作用。还有研究发现，邻近膀胱正常组织的TNFSF4的mRNA和蛋白表达明显高于膀胱癌组织。TNFSF4是同源蛋白转录因子OX40的结合伙伴，OX40-TNFSF4通路已被证明在癌症治疗中影响免疫耐受。piRABC通过上调TNFSF4来促进膀胱癌细胞凋亡。在膀胱癌中，piRABC主要与HIWI蛋白结合形成HIWI-piRABC复合物，从而影响膀胱癌的发生发展。这些结果提示TNFSF4可能是piRABC潜在的靶基因。

参考文献

[1] PARIZI P K, YARAHMADI F, TABAR H M, et al. MicroRNAs and target molecules in bladder cancer [J]. Med Oncol, 2020, 37（12）：118.

[2] ZHAO C, QI L, CHEN M, et al. MicroRNA-195 inhibits cell proliferation in bladder cancer via inhibition of cell division control protein 42 homolog/signal transducer and activator of transcription-3 signaling [J]. Exp Ther Med, 2015, 10（3）：1103-1108.

[3] CATTO J W, MIAH S, OWEN H C, et al. Distinct microRNA alterations characterize high- and low-grade bladder cancer [J]. Cancer Res, 2009, 69（21）：8472-8481.

[4] MEMCZAK S, JENS M, ELEFSINIOTI A, et al. Circular RNAs are a large class of animal RNAs with regulatory potency [J]. Nature, 2013, 495（7441）：333-338.

[5] ZHONG Z, HUANG M, LV M, et al. Circular RNA MYLK as a competing endogenous RNA promotes bladder cancer progression through modulating VEGFA/VEGFR2 signaling pathway [J]. Cancer Lett, 2017, 403：305-317.

[6] YANG C, YUAN W, YANG X, et al. Circular RNA circ-ITCH inhibits bladder cancer progression by sponging miR-17/miR-224 and regulating p21, PTEN expression [J]. Mol Cancer, 2018, 17（1）：19.

[7] FAN X, HUANG H, JI Z, et al. Long non-coding RNA MEG3 functions as a competing

endogenous RNA of miR-93 to regulate bladder cancer progression via PI3K/AKT/mTOR pathway［J］.Transl Cancer Res，2020，9（3）：1678-1688.

［8］HUANG C，LIAO X，JIN H，et al. MEG3, as a competing endogenous RNA, binds with miR-27a to promote PHLPP2 protein translation and impairs bladder cancer invasion［J］.Mol Ther Nucleic Acids，2019，16：51-62.

［9］CHU H，HUI G，YUAN L，et al. Identification of novel piRNAs in bladder cancer［J］.Cancer Lett，2015，356（2 Pt B）：561-567.

［10］PICONESE S，VALZASINA B，COLOMBO M P. OX40 triggering blocks suppression by regulatory T cells and facilitates tumor rejection［J］.J Exp Med，2008，205（4）：825-839.

第三节　前列腺癌

一、前列腺癌中的 miRNA

在中国约 3/4 的老年男性患有前列腺癌，明确前列腺癌转移的机制和阐明晚期前列腺癌的潜在靶点具有重要意义。研究表明，成熟的 miRNA 以序列特异性的方式参与前列腺癌的侵袭和转移。miR-205 被认为是一种新的 miRNA，可能对前列腺癌的发展很重要。研究表明，miR-205 可能通过靶向细胞周期蛋白依赖性激酶1（CDK1）在前列腺癌发生和骨转移中发挥重要作用。前列腺癌肿瘤组织中 miR-802 低表达、Ras 相关蛋白 23（RAB23）高表达，与患者 T 分期、淋巴结转移、Gleason 评分、PSA 水平和 3 年总生存率有关。miR-802 高表达的患者 3 年总生存率高于 miR-802 低表达患者，RAB23 高表达患者 3 年总生存率显著低于 RAB23 低表达患者，肿瘤组织 miR-802 与 RAB23 mRNA 表达水平呈负相关。miR-802 低表达和 RAB23 高表达是影响患者不良预后的独立危险因素。另外，研究证实，hsa-miR-221-3p、hsa-miR-27a-3p、hsa-miR-34a-5p 和 hsa-miR-146a-5p 对前列腺癌患者也很重要。前列腺癌变过程中研究最广泛的 miRNAs 包括 miR-34 家族成员、miR-143/145 簇转录的 microRNAs 以及 miR-378。通过对肿瘤细胞和配对正常细胞中 microRNAs 及其靶基因表达的分析，揭示了这些 microRNAs 在恶性肿瘤发生发展中的重要作用。

二、前列腺癌中的 circRNA

Zheng 等研究表明，在前列腺癌细胞中发现 circ-KATNAL1 的表达水平下调，

circ-KATNAL1 和 miR-145-3p 相互促进表达，可下调靶基因 WNT-1 诱导信号通路蛋白 1（WISP1）的表达。circ-KANTAL1 通过直接与细胞中的 miR-145-3p 结合，抑制细胞增殖、侵袭、迁移，以及抑制 MMP2 和 MMP9 的表达，促进细胞凋亡，以及半胱天冬酶-3、半胱天冬酶-8、半胱天冬酶-9 和聚 ADP-核糖聚合酶（PARP）的激活。因此，circ-KATNAL1 在前列腺癌细胞中通过 miR-145-3p/WISP1 途径起相反作用，这可能是前列腺癌诊断和治疗的重要靶点。Song 等研究指出，hsa-circ-0001206 在前列腺癌中表达下调，与前列腺癌患者的临床特征显著相关。hsa-circ-001206 过表达会在体外抑制前列腺癌细胞增殖、迁移和侵袭，并在体内阻止肿瘤生长。hsa-circ-0001206 可通过直接结合 miR-1285-5p，增加前列腺癌中的抑制基因信号转导因子 4（Smad4）的表达，而 miR-1285-5p 模拟物的共转染可部分逆转这种效应。该研究揭示了 circRNA 的表达谱和潜在功能，并证明 hsa-circ-0001206 在前列腺癌的发病机制中起抑制作用。而 Jiang 等的研究则证明了 circzmiz1 在人前列腺癌血浆中的表达高于成对良性前列腺增生的患者。在培养的前列腺癌细胞中，circzmiz1 的敲除抑制了细胞增殖并导致 G_1 期细胞周期停滞，可见 circZMIZ1 也可能作为前列腺癌治疗的新生物标志物和治疗靶点。还有研究发现，在前列腺癌组织和细胞中，circABCC4 的表达显著上调，并通过在前列腺癌细胞中海绵 miR-1182 来促进 Fox 基因家族 4（FoxP4）的表达。circABCC4 敲除在体外显著抑制前列腺癌细胞增殖、细胞周期进程、细胞迁移和侵袭。另外，circRNA 的沉默也延缓了体内肿瘤的生长。可见，circABCC4-MiR-1182-FOX4 调节环也可能是干预前列腺癌的潜在靶点。circABCC4 可能通过 miR-1182 促进 FOXP4 表达，从而促进前列腺癌的恶性行为。因此，circRNA 在前列腺癌的发生发展中具有重要的作用，值得深入探讨。

参考文献

［1］DAVEY M，BENZINA S，SAVOIE M，et al. Affinity captured urinary extracellular vesicles provide mRNA and miRNA biomarkers for improved accuracy of prostate cancer detection：A pilot study［J］.Int J Mol Sci，2020，21（21）：8330.

［2］SUN Y，LI S H，CHENG J W，et al. Downregulation of miRNA-205 expression and biological mechanism in prostate cancer tumorigenesis and bone metastasis［J］.Biomed Res Int，2020：6037434.

[3] 高永亮, 张卫星. miR-802 和 RAB23 在前列腺癌中的表达水平及与临床病理特征和预后的相关性 [J]. 现代肿瘤医学, 2021, 29 (1): 89-94.

[4] MASSILLO C, DUCA R B, LACUNZA E, et al. Adipose tissue from metabolic syndrome mice induces an aberrant miRNA signature highly relevant in prostate cancer development [J]. Mol Oncol, 2020, 14 (11): 2868-2883.

[5] ZHENG Y, CHEN C J, LIN Z Y, et al. Circ-KATNAL1 regulates prostate cancer cell growth and invasiveness through the miR-145-3p/WISP1 pathway [J]. Biochem Cell Biol, 2020, 98 (3): 396-404.

[6] SONG Z, ZHUO Z, MA Z, et al. Hsa-circ-0001206 is downregulated and inhibits cell proliferation, migration and invasion in prostate cancer [J]. Artif Cells Nanomed Biotechnol, 2019, 47 (1): 2449-2464.

[7] JIANG H, LV D J, SONG X L, et al. Upregulated circZMIZ1 promotes the proliferation of prostate cancer cells and is a valuable marker in plasma [J]. Neoplasma, 2020, 67 (1): 68-77.

[8] HUANG C, DENG H, WANG Y, et al. Circular RNA circABCC4 as the ceRNA of miR-1182 facilitates prostate cancer progression by promoting FOXP4 expression [J]. J Cell Mol Med, 2019, 23 (9): 6112-6119.

[9] SZABO Z, SZEGEDI K, GOMBOS K, et al. Expression of miRNA-21 and miRNA-221 in clear cell renal cell carcinoma (ccRCC) and their possible role in the development of ccRCC [J]. Urol Oncol, 2016, 34 (12): 521-533.

[10] XIE M, LV Y, LIU Z, et al. Identification and validation of a four-miRNA (miRNA-21-5p, miRNA-9-5p, miR-149-5p, and miRNA-30b-5p) prognosis signature in clear cell renal cell carcinoma [J]. Cancer Manag Res, 2018 (10): 5759-5766.

[11] YU L, XIANG L, FENG J, et al. MiRNA-21 and miRNA-223 expression signature as a predictor for lymph node metastasis, distant metastasis and survival in kidney renal clear cell carcinoma [J]. J Cancer, 2018, 9 (20): 3651-3659.

[12] 董安珂, 樊鑫, 师磊, 等. circRNA 在泌尿系统肿瘤中的研究进展 [J]. 河南医学研究, 2018, 27 (7): 1220-1221.

[13] CHEN Q, LIU T, BAO Y, et al. CircRNA cRAPGEF5 inhibits the growth and metastasis of renal cell carcinoma via the miR-27a-3p/TXNIP pathway [J]. Cancer Lett, 2020 (469): 68-77.

[14] XIONG Y, ZHANG J, SONG C. CircRNA ZNF609 functions as a competitive endogenous RNA to regulate FOXP4 expression by sponging miR-138-5p in renal carcinoma [J]. J Cell Physiol, 2019, 234 (7): 10646-10654.

第七章 循环系统肿瘤中的非编码RNA

第一节 白血病

一、白血病中的miRNA

白血病是一类造血干细胞恶性克隆性疾病，常因增殖失控、分化障碍、凋亡受阻等机制在骨髓和其他造血组织中大量增殖累积，并浸润其他非造血组织和器官，同时抑制正常造血。miRNA在白血病的发生发展过程中同样起着非常重要的作用。研究发现，miRNA在不同白血病类型中呈特征性表达，该研究有助于寻找新的肿瘤标志物，有望为白血病患者提供个性化的治疗方案，并为降低患者化疗耐药及综合评估预后提供帮助。

miRNA可通过与mRNA的3′-UTR区结合，发挥其生物学效应。miRNA的调控作用常在翻译后水平实现，它可以抑制蛋白质的翻译，促进mRNA的降解。张关亭等研究发现，在急性淋巴细胞白血病中，miR-93发挥着癌基因样作用，患儿体内miR-93的平均表达水平较正常人显著升高，而且其表达量与患者的临床危险度分级相关，miR-93表达水平越高，危险度越高。另有研究表明，在急性淋巴细胞白血病中还发现miR-155a和miR-181a的表达均显著上调，两者均与高水平的微量残留病和不良预后有关。而治疗后2种标志物表达水平均显著降低，这也可以反映其对疾病结局的影响，说明miR-155和miR-181a与预后不良相关。此外，在单核细胞、粒细胞及白血病细胞等多种血细胞中，miR-223表达可促进细胞的分化与成熟。可见，miRNA在白血病发生发展中发挥重要作用。

研究表明，miRNA不仅与白血病的进展相关，而且还与其化疗耐药密切相关。

部分 miRNA 通过靶向调控与肿瘤耐药直接相关或在细胞凋亡过程中作用显著的蛋白分子，在白血病耐药机制中发挥作用。Zhao 等在基因分析报告中发现，耐阿霉素慢性粒细胞白血病细胞株（K562/ADR）及其母细胞 K562 中的完整 miRNA 表达谱中有 1 个 miRNA 子集，其中 miR-181c 在耐药细胞株中表达明显下调，miR-181c 表达改变影响了 K562 及 K562/MDR 细胞株的多重耐药表型。因此，通过改变相关 miRNA 的表达水平，可增加患者对药物的敏感性，有助于解决白血病细胞的耐药问题。

综上所述，miRNA 具有强大的开发潜力，可以调控靶基因的表达，参与基因表达的调控过程。因此，关于白血病 miRNA 表达谱、表达水平及作用机制的研究日益增加。miRNA 为白血病的临床诊疗提供了一定的临床思路，但是目前许多技术还处于体外实验研究阶段，实验结果还存在较大的差异，还不能将 miRNA 广泛应用于临床诊疗过程中。

二、白血病中的 circRNA

circRNA 为没有 5′ 末端帽子和 3′ 末端 poly（A）尾巴，以共价键形成的稳定闭合性环形结构。大量研究表明，circRNA 对生物体基因调控发挥着重要的作用，并且参与疾病的发生发展。对于白血病表观遗传学方面的研究大多集中在 miRNA 和 lncRNA 方面，但是随着新的生物技术和计算方法的出现，circRNA 逐渐成为白血病 RNA 领域中最新的研究热点之一。

大量的研究表明，circRNA 与生物的生长发育、胁迫应答、疾病的发生发展等方面密切相关，并指示了其在疾病诊断标志物方面的应用前景，但它的生物学功能在很大程度上仍然不是很清楚。在造血过程中，分化的细胞状态可以通过相互连接的转录通路来控制。对融合基因产生的 circRNA 的研究揭示了异常 circRNA 在白血病的致癌作用，研究还表明，circRNA 可能是白血病的分子标记物并影响细胞死亡。

近几年，circRNA 因 "miRNA 海绵" 的功能被人们关注。例如，circRNAHIPK2 通过调控 miR-124-3p 来调控全反式维甲酸（ATRA）诱导的人急性早幼粒白血病 NB4 细胞的分化。Chen 等研究报道，circANAPC7 在急性髓系白血病中表达显著上调，利用 circRNAs 芯片及生物信息学技术分析预测了 circANAPC7 何时结合 miR-

181家族参与急性髓系白血病发病机制。研究还发现，急性髓系白血病中高表达的DLEU2也显示了circRNA的致癌活性，circRNA抑制miR-496的表达，促进细胞的增殖，并抑制细胞的凋亡。circ-100290也被发现能够作为一种致癌circRNA在急性髓系白血病中表达上调，其可通过调控miR-203来控制急性髓系白血病细胞的增殖和凋亡。

综上，circRNA在白血病的诊断和预后中具有巨大的潜力，有可能作为白血病的治疗靶点和生物标志物。不过，circRNA在白血病中的研究还有大量未解之谜，比如对circRNA的剪接事件我们还知之甚少，大多数circRNA的定位和降解的信息也获知有限。由于circRNA拥有miRNA海绵的作用，今后circRNA靶向肿瘤相关的miRNA在临床治疗中可以作为一个重要研究方向。

三、白血病中的其他非编码RNA

siRNA也被称为短干扰RNA或沉默RNA，因其具有较强的干扰能力，已经被应用于许多疾病的治疗研究中，其中最为广泛的应用就是癌症的治疗，如白血病。siRNA通过形成RNA诱导沉默复合体（RISC）进一步降低mRNA活性，使基因沉默。牛志云等研究发现，将siRNA转染到急性单核细胞白血病THP-1细胞后，DOT1酶（hDOT1L）基因被沉默，并可抑制THP-1细胞的增殖，明显降低THP-1细胞中组蛋白H3第79位赖氨酸（H3K79）基因甲基化水平，上调同源盒基因A9（HOXA9）、同源盒基因A10（HOXA10）和混合谱系白血病融合基因AF10水平的表达，从而抑制混合谱系白血病及下游相关基因的表达，发挥抑制癌细胞的增殖作用。另外，Huang等在实验中用CPG（B）-MLAA-34 siRNA偶联物将MLAA-34 siRNA转染到急性单核细胞白血病THP-1细胞中，发现MLAA-34 siRNA可阻断JAK2/STAT3和Wnt/β-Catenin的信号通路，诱导急性单核细胞白血病MLAA-34基因沉默，同时MLAA-34 siRNA降低了THP-1细胞的存活率和侵袭性。Wang等开发了一种以siRNA为基础的靶向关键基因方法作为急性髓系白血病的治疗方法。该方法是一种新的基于趋化因子受体拮抗剂Plerixafor（AMD3100）的siRNA传递多聚体（PCX），PCX可以通过2种机制靶向白血病细胞：抑制趋化因子受体（CXCR4）及其关键基因的siRNAs传递。另外，Valencia Serna等在探索使用非病毒聚合传递系统对慢性髓系白血病的融合基因BCR-ABL进行siRNA介导的沉默。研究结果表明，低剂量的BCR-ABL siRNA可以与聚合物共同作用，降低BCR-ABL mRNA的表达和白血病细胞的存活率以及减少集落形成。Zhu等发现将L2-siRNA转染至人急性单核细胞白血病SHI-1细胞后，可有效降低桩蛋白（LPXN）的表达，LPXN表达下调又可激活JNK和P38MAPK信号通路，从而使急性单核细胞白血病细胞增殖抑制率上升，细胞跨膜侵袭率下降。可见，siRNA在白血病治疗中显示出了巨大的潜力。通过siRNA沉默，能够有效地降低白血病细胞的增殖率、细胞跨膜侵袭能力和集落形成能力等。不过要想推进siRNA在白血病治疗中的临床应用，探测和识别与癌症有关的功能基因细胞特征，如生长、生存、凋亡和耐药性是重要前提，这才能有效推进siRNA的针对性和个性化需求的发展。但是目前许多技术还处于实验研究的初步阶段，尚不能很好地将siRNA应用于临床诊疗过程中，深入探讨siRNA的作用机制有望为白血病的临床诊疗提供新的思路。

参考文献

[1] YAO R, FENG W T, XU L J, et al. DUXAP10 regulates proliferation and apoptosis of chronic myeloid leukemia via PTEN pathway [J]. Eur Rev Med Pharmacol Sci, 2018, 22（15）: 4934-4940.

[2] 张关亭, 王保蜂. miRNA-93在急性淋巴细胞白血病中的表达 [J]. 中国病理生理杂志, 2017, 33（9）: 1713-1717.

[3] KHAZRAGY N E, NOSHI M A, MALAK C A, et al. MiRNA-155 and miRNA-181a as prognostic biomarkers for pediatric acute lymphoblastic leukemia [J]. J Cell Biochem, 2019, 120（4）: 6315-6321.

[4] ZHAO L, LI Y, SONG X, et al. Upregulation of miR-181c inhibits chemoresistance by targeting ST8SIA4 in chronic myelocytic leukemia [J]. Oncotarget, 2016, 7（37）: 60074-60086.

[5] 马文娟, 赵川, 陈彻. 环状RNA在白血病发生与发展中的研究进展 [J]. 基础医学与临床, 2019, 39（4）: 577-580.

[6] OKCANOĞLU T B, GÜNDÜZ C. Circular RNAs in leukemia [J]. Biomed Rep, 2019, 10（2）: 87-91.

[7] LI S, MA Y, TAN Y, et al. Profiling and functional analysis of circular RNAs in acute promyelocytic leukemia and their dynamic regulation during all-trans retinoic acid treatment [J].

Cell Death Dis, 2018, 9 (6): 651.

[8] CHEN H, LIU T, LIU J, et al. Circ-ANAPC7 is upregulated in acute myeloid leukemia and appears to target the MiR-181 family [J]. Cell Physiol Biochem, 2018, 47 (5): 1998-2007.

[9] WU D M, WEN X, HAN X R, et al. Role of circular RNA DLEU2 in human acute myeloid leukemia [J]. Mol Cell Biol, 2018, 38 (20): e00259-18.

[10] FAN H, LI Y, LIU C, et al. Circular RNA-100290 promotes cell proliferation and inhibits apoptosis in acute myeloid leukemia cells via sponging miR-203 [J]. Biochem Biophys Res Commun, 2018, 507 (1-4): 178-184.

[11] GUO W, CHEN W, YU W, et al. Small interfering RNA-based molecular therapy of cancers [J]. Chin J Cancer, 2013, 32 (9): 488-493.

[12] 牛志云, 王颖, 温树鹏, 等. siRNA 沉默 hDOT1L 基因表达对人 THP-1 细胞增殖活性作用机制研究 [J]. 中华肿瘤防治杂志, 2018, 25 (22): 1551-1557.

[13] HUANG B, HE A, ZHANG P, et al. Targeted silencing of genes related to acute monocytic leukaemia by CpG (B) -MLAA-34 siRNA conjugates [J]. J Drug Target, 2020, 28 (5): 516-524.

[14] WANG Y, XIE Y, WILLIAMS J, et al. Use of polymeric CXCR4 inhibitors as siRNA delivery vehicles for the treatment of acute myeloid leukemia [J]. Cancer Gene Ther, 2020, 27 (1-2): 45-55.

[15] SERNA J V, KUCHARSKI C, Chen M, et al. SiRNA-mediated BCR-ABL silencing in primary chronic myeloid leukemia cells using lipopolymers [J]. J Control Release, 2019, 310: 141-154.

[16] ZHU G H, DAI H P, SHEN Q, et al. Downregulation of LPXN expression by siRNA decreases the malignant proliferation and transmembrane invasion of SHI-1 cells [J]. Oncol Lett, 2019, 17 (1): 135-140.

第二节　淋巴瘤

一、淋巴瘤中的 miRNA

淋巴瘤是一组起源于淋巴造血组织的恶性肿瘤，是常见肿瘤之一，可分为霍奇金淋巴瘤（HL）和非霍奇金淋巴瘤（NHL）两大类。作为异质性相当高的一类肿瘤，目前其发病机制尚不十分清楚。研究与淋巴瘤细胞相关的生物分子对进一步了解淋巴瘤的发病机制、诊断、治疗及预后等具有重要的意义。不同的 miRNA 在细胞发生发展的过程中起到的作用不尽相同。可根据癌症中 miRNA 的主要功能，将其分为致癌性 miRNA 和抑癌性 miRNA。但具体发挥何种功能，取决于它们的靶标基因。

研究发现，miR-98-5p 可通过下调细胞分裂周期 25（CDC25A）基因显著抑制细胞周期的进程和迁移。miR-98-5p 低表达和 CDC25A 高表达加快了肿瘤细胞的增殖及侵袭转移过程。ERG 蛋白是前列腺癌和尤文氏肉瘤中的一种癌蛋白，研究发现，该蛋白还与急性髓系白血病和 T 淋巴细胞性白血病的患者预后不良有关。约 30% 的弥散大 B 细胞淋巴瘤（DLBCL）表达 ERG 蛋白，而在 ERG 阳性的 DLBCL 样本中发现 miR-4638-5p 表达明显下调，与 ERG 阴性 DLBCL 相比，ERG 阳性 DLBCL 的患者在细胞周期控制、B 细胞受体介导的信号传导和 β-catenin 降解等过程中更容易出现重要基因的突变。由此推断，miRNA 可能成为淋巴瘤治疗的新靶标。嵌合抗原受体（CAR）T 细胞治疗肿瘤的新型精准靶向疗法在临床试验中表现出了显著的抗肿瘤功效，尤其是在治疗 B 系淋巴细胞白血病及淋巴瘤方面的效果较实体肿瘤更为显著。研究发现，作为癌基因或肿瘤抑制因子，如 miR-148a-3p 和 miR-375 可以调节编码转录因子和组蛋白的基因之间的串扰，从而参与 CD19-CAR-T 治疗过程。另外，miR-155、miR-17/92 簇、miR-21、miR-224 或 miR-146b-5p 异常表达的 DLBCL 患者具有更高的治疗抵抗风险或较短的疾病复发/无进展生存期。可见，miRNA 在预测淋巴瘤的治疗反应方面同样具有潜在价值。

多种 miRNA 与肿瘤的侵袭转移相关。在淋巴瘤中同样发现一些 miRNA 对淋巴瘤的发生、侵袭与转移等有影响。研究发现，miR-150 在晚期皮肤 T 细胞淋巴瘤（CTCL）中表达显著下调，引起 IL-22 激活，导致 CTCL 细胞中持续的趋化因子配体 20（CCL20）与趋化因子受体 6（CCR6）相互作用，进而导致自分泌转移至远端器官。可见，miRNA 很有可能成为治疗淋巴瘤的关键靶标。

miRNA 在淋巴瘤发生发展的整个过程中发挥着不同的生物学功能。不过对于 miRNA 的研究还远远不止于此，需要我们不断地去探索。

二、淋巴瘤中的 circRNA

为了更深层次了解淋巴瘤的发病过程，研究人员对相关的非编码 RNA 展开了不同方面的研究，追溯淋巴瘤的发展进程，因其不同的分型，从不同方面进行了不同程度的研究。circRNA作为一种基因调节因子，与多种癌症的重要生物学过程密切相关，在淋巴瘤的诊断和预后中也发挥了一定的作用。

淋巴瘤大体上可分为2种类型，即B淋巴母细胞性淋巴瘤（B-LBL）和T淋巴母细胞性淋巴瘤（T-LBL）。在Deng等的研究中通过筛选T-LBL组织与正常婴儿胸腺之间差异表达的circRNA，circ-LAMP1（hsa-circRNA-101303）被确定为癌变样本中表达水平最高的circRNA，明显高于婴儿胸腺。进一步的RT-qPCR证实了其在T-LBL肿瘤组织标本和细胞中表达水平上调。同时circ-LAMP1（LAMP1基因转录产物）在T-LBL组织和细胞系中过表达，并且circ-LAMP1通过抑制T-LBL细胞中的细胞凋亡来促进细胞增殖，这是通过正向调节T-LBL中的miR-615-5p/DDR2（盘状蛋白结构域受体酪氨酸激酶2）途径来调节细胞的生长和凋亡。该研究为T淋巴母细胞性淋巴瘤的生存率提供了新的参考指标。

circ-APC（hsa-circ-0127621）是由抗原呈递细胞（APC）外显子7向外显子14的反向剪接中形成的。Hu等研究发现，circ-APC在弥漫性大B细胞淋巴瘤（DLBCL）组织、细胞系和血浆中均被下调，进一步分析其在细胞质和细胞核中的分布，结果显示circ-APC在细胞质和细胞核之间均匀分布，是一种高度稳定的circRNA。circ-APC的外源表达在体外和体内均抑制DLBCL细胞增殖，同时circ-APC在体内和体外均可提高其宿主APC基因的表达。circ-APC与APC启动子结合，并在DLBCL中募集甲基胞嘧啶双加氧酶（TET1）。Zhong等研究发现，细胞质circRNA也可以作为ceRNA，通过海绵化miRNA来控制基因表达。Hu等在circ-APC中寻找与之相关的海绵化miRNA，发现circ-APC在DLBCL中可以吸附miR-888，通过海绵化抑制miR-888的表达，并且通过miR-888/APC和TET1/APC轴灭活Wnt/β-catenin常规信号发挥作用。可见circ-APC可以作为DLBCL的诊断和预后生物标志物。

间变性大细胞淋巴瘤（ALCL）是一种罕见的侵袭性外周T细胞非霍奇金淋巴瘤（NHL），属于CD30阳性淋巴组织增生性疾病。Babin等使用间变性淋巴瘤激酶（ALK）阳性ALCL作为模型系统来研究融合基因产生的circRNA（f-circRNA）在癌症中的作用，发现发生频数较高的NPM-ALK融合基因在CRISPR/Cas9诱导的实验过程中易位，除了诱导预期的致癌 STAT3、MEK/ERK 途径活化，还诱导了转录新型融合 circRNA 的产生。

综上所述，目前对淋巴瘤的探索研究一直在不断向前推进。已知的 circRNA 发挥着不同的作用，今后持续探讨 circRNA 在淋巴瘤进展中的作用，有助于我们在淋巴瘤的分子靶向治疗中寻找新的靶向位点。

参考文献

［1］DING L, GU H, XIONG X, et al. MicroRNAs involved in carcinogenesis, prognosis, therapeutic resistance and applications in human triple-negative breast cancer［J］.Cells, 2019, 8（12）：1492.

［2］LIU X, CUI M. MiRNA-98-5p inhibits the progression of osteosarcoma by regulating cell cycle via targeting CDC25A expression［J］.Eur Rev Med Pharmacol Sci, 2019, 23（22）：9793-9802.

［3］ZHANG S, WANG L, CHENG L. Aberrant ERG expression associates with downregulation of miR-4638-5p and selected genomic alterations in a subset of diffuse large B-cell lymphoma［J］.Mol Carcinog, 2019, 5（10）：1846-1854.

［4］ZHANG Q, HU H, CHEN S Y, et al. Transcriptome and regulatory network analyses of CD19-CAR-T immunotherapy for B-ALL［J］.Genomics Proteomics Bioinformatics, 2019, 17（2）：190-200.

［5］YUEN T C, MAY L S, AMY P, et al. Clinical significance of aberrant microRNAs expression in predicting disease relapse/refractoriness to treatment in diffuse large B-cell lymphoma：a meta-analysis［J］.Crit Rev Oncol Hematol, 2019, 144：102818.

［6］ITO M, TESHIMA K, IKEDA S, et al. MicroRNA-150 inhibits tumor invasion and metastasis by targeting the chemokine receptor CCR6, in advanced cutaneous T-cell lymphoma［J］.Blood, 2014, 123（10）：1499-1511.

［7］HANSEN T B, JENSEN T I, CLAUSEN B H, et al. Natural RNA circles function as efficient microRNA sponges［J］.Nature, 2013, 495（7441）：384-388.

［8］DENG L, LIU G, ZHENG C, et al. Circ-LAMP1 promotes T-cell lymphoblastic lymphoma progression via acting as a ceRNA for miR-615-5p to regulate DDR2 expression［J］.Gene, 2019, 701：146-151.

［9］HU Y, ZHAO Y, SHI C, et al. A circular RNA from APC inhibits the proliferation of diffuse large B-cell lymphoma by inactivating Wnt/beta-catenin signaling via interacting with TET1 and miR-888［J］.Aging（Albany NY）, 2019, 11（19）：8068-8084.

[10] ZHONG Y, DU Y, YANG X, et al. Circular RNAs function as ceRNAs to regulate and control human cancer progression [J]. Mol Cancer, 2018, 17 (1): 79.

[11] FUCHS S, NADERI J, MEGGETTO F. Non-coding RNA networks in ALK-Positive anaplastic-large cell lymphoma [J]. Int J Mol Sci, 2019, 20 (9): 2150.

[12] BABIN L, PIGANEAU M, RENOUF B, et al. Chromosomal translocation formation is sufficient to produce fusion circular RNAs specific to patient tumor cells [J]. Science, 2018, 5: 19-29.

第三节 血管母细胞瘤

一、血管母细胞瘤中的 miRNA

血管母细胞瘤是由神经元发展产生的一种极高度血管化的中枢神经系统良性肿瘤，是一种不常见的神经系统肿瘤，其占中枢神经系统肿瘤的2.5%，主要好发于小脑、脑干、脊髓等部位。血管母细胞瘤常伴发视网膜血管瘤或者其他内脏器官肿瘤等，被称为希佩尔-林道病（VHL病）。血管母细胞瘤其临床症状和体征无特殊表现，与颅内肿瘤临床表现极其相似，与其所占位效应和所处的位置密切相关。

已知，miRNA在调控癌症的多种机制中扮演着重要角色。Duan等研究提示miR-34a可通过靶向B细胞淋巴瘤/白血病-2基因（Bcl-2）增强胶质瘤细胞增殖。miR-146a-5p参与食管癌的发生发展，并通过靶向跨膜受体蛋白Notch-2抑制食管鳞状细胞癌的上皮间质转化。也有研究发现，miRNA与血管母细胞瘤也相关。研究表明，与转移性肾透明细胞癌相比，血管母细胞瘤中的miR-9增加了12倍，miR-200a降低了14/15，两者对于鉴别血管母细胞瘤与转移性肾透明细胞癌具有重要意义。研究发现，在甄别血管母细胞瘤的基因组畸变中，miRNA（如miR-551a、miR-196b）参与了疾病的发病过程。Albinana等在研究使用普萘洛尔治疗VHL病的视网膜血管母细胞瘤时，发现治疗后miR-210的含量水平较治疗前明显下降，miR-210可作为VHL病活性的生物标志物。

在当前的综合治疗下，血管母细胞瘤的治疗取得了很大的进步，但血管母细胞瘤的治疗对临床来说仍具有巨大的挑战。通过研究参与血管母细胞瘤发病的miRNA及其致病机制，对于血管母细胞瘤的诊断和治疗提供重要依据。

二、血管母细胞瘤中的其他非编码RNA

siRNA包含20～25nt，是一类小分子双链非编码RNA，常通过RNA干扰（RNAi）机制有效实现靶基因的沉默。研究显示，siRNA也可以抑制VHL病相关血管母细胞瘤的发展。VHL病是VHL基因突变引起的疾病，其突变基因常位于3号染色体，从而引起其编码的蛋白分子pVHL30和pVHL19结构改变，不能完成正常的功能。pVHL30、pVHL19为VHL mRNA的蛋白产物，分别为213个氨基酸多肽（pVHL30）和180个氨基酸多肽（pVHL19）。正常情况下，肿瘤抑制因子pVHL、泛素E3连接酶（RBX1）、转录延伸因子B和转录延伸因子C会形成具有泛素连接酶活性的复合物，作用于缺氧诱导因子（HIF）、转录因子等分子。HIF的主要功能是参与调节机体内缺氧适应相关的功能基因，这些基因包括无氧酵解酶基因、葡萄糖转运酶载体基因和具有趋化红细胞的细胞因子基因等。它们的转录蛋白产物参与肿瘤血管的形成、转移和低氧适应性等活动。在VHL基因突变情况下，pVHL蛋白结构出现异常，引起其形成的复合物失去正常降解HIF的功能，导致HIF在患者体内积聚，从而引起肿瘤的发生发展。

小干扰RNA其功能主要是与互作的蛋白结合形成沉默复合物后，与特定的mRNA链结合，导致mRNA链降解，从而调节基因的表达。研究显示，siRNA可用于肿瘤疾病治疗，包括血管母细胞瘤这一遗传病。siRNA抑制血管母细胞瘤的发生发展，可能成为血管母细胞瘤潜在的治疗药物。有研究显示，HepG2细胞中的pVHL蛋白可以被siRNA敲除，减弱pVHL蛋白对神经酰胺激酶样蛋白抑制，从而抑制VHL病相关神经内分泌肿瘤的发生发展。当前VHL血管母细胞瘤主要通过手术治疗，辅以放射治疗、药物治疗，但疗效欠佳，如能利用siRNA敲除血管母细胞的肿瘤基因，可能会为其开辟出一条新的治疗途径。

参考文献

[1] BRUNDL E, SCHODEL P, ULLRICH OW, et al. Surgical resection of sporadic and hereditary hemangioblastoma: our 10-year experience and a literature review[J].Surg Neurol Int, 2014, 5: 138.

[2] DORNBOS D R, KIM H J, BUTMAN J A, et al. Review of the neurological implications of

von hippel-lindau disease [J].JAMA Neurol, 2018, 75 (5): 620-627.

[3] CALIN G A, CROCE C M. MicroRNA signatures in human cancers [J].Nat Rev Cancer, 2006, 6 (11): 857-866.

[4] DUAN J, ZHOU K, TANG X, et al. MicroRNA-34a inhibits cell proliferation and induces cell apoptosis of glioma cells via targeting of Bcl-2 [J].Mol Med Rep, 2016, 14 (1): 432-438.

[5] WANG C, ZHANG W, ZHANG L, et al. miR-146a-5p mediates epithelial-mesenchymal transition of oesophageal squamous cell carcinoma via targeting Notch2 [J].Br J Cancer, 2016, 115 (12): 1548-1554.

[6] VENNETI S, BOATENG L A, FRIEDMAN J R, et al. MiRNA-9 and miRNA-200a distinguish hemangioblastomas from metastatic clear cell renal cell carcinomas in the CNS [J].Brain Pathol, 2012, 22 (4): 522-529.

[7] SHAI R M, YALON M, MOSHE I, et al. Identification of genomic aberrations in hemangioblastoma by droplet digital PCR and SNP microarray highlights novel candidate genes and pathways for pathogenesis [J].BMC Genomics, 2016 (17): 56.

[8] ALBINANA V, ESCRIBANO R, SOLER I, et al. Repurposing propranolol as a drug for the treatment of retinal haemangioblastomas in von Hippel-Lindau disease [J].Orphanet J Rare Dis, 2017, 12 (1): 122.

[9] HU B, WENG Y, XIA X H, et al. Clinical advances of siRNA therapeutics [J].J Gene Med, 2019, 21 (7): e3097.

[10] HICKEY M M, LAM J C, BEZMAN N A, et al. Von Hippel-Lindau mutation in mice recapitulates Chuvash polycythemia via hypoxia-inducible factor-2alpha signaling and splenic erythropoiesis [J].J Clin Invest, 2007, 117 (12): 3879-3889.

[11] SHANG D, XU X, WANG D, et al. Protein tyrosine phosphatase zeta enhances proliferation by increasing beta-catenin nuclear expression in VHL-inactive human renal cell carcinoma cells [J].World J Urol, 2013, 31 (6): 1547-1554.

第四节 血管瘤

一、血管瘤中的非编码 RNA

血管瘤又称婴幼儿血管瘤，属于良性肿瘤，好发于儿童时期。新生儿中发病率约为3%，血管瘤的增殖期一般在出生后的2～3个月，之后瘤体会迅速增大；5～10个月一般不再生长，并且还会逐渐退化，其中98%的血管瘤会迅速退化，5岁之内半数患儿会完全消退。虽然大多数血管瘤患者只进行保守治疗便可以自愈,但是处于快速增生期及位于重要部位的血管瘤仍可能发展溃疡、出血、视力障碍、功能限制或毁容。随着非编码 RNA 在肿瘤研究领域的不断开展,发现 circRNA 与血管瘤的发生发展密切相关,许多研究成果对诊断和治疗血管瘤具有重要意义。这提示 circRNA 在血管瘤临床诊疗方面具有巨大的应用前景。

然而,目前 circRNA 在婴儿血管瘤中的特征和功能尚不清楚,血管内皮细胞异常增殖的机制尚不明确,有若干个信号通路都参与血管内皮细胞的异常增殖及婴儿血管瘤的生成,当前热门的信号通路主要包括 VEGF/VEGFR、NOTCH、PI3K/Akt/mTOR 等信号通路。Yuan 等通过对 circAP2A2、miR-382-5p 和血管内皮生长因子 A(VEGFA)在 IH 组织和细胞系中的表达及之间的相互关系进行的研究中发现,circAP2A2 敲除或 miR-382-5p 过表达可降低微血管内皮细胞 HEMEC 和 HUVEC 细胞的增殖、集落形成、迁移和侵袭,circAP2A2 通过调节 miR-382-5p/VEGFA 轴促进 IH 的增殖和侵袭。此外,付聪基于 PCR 实验验证及大数据生物信息学分析了 circ-100933 的潜在功能,研究结果显示,将 circ-100933 敲除对细胞的增殖能力有明显的抑制作用,同时也下调了 VEGFA 的表达,进一步证明了 circ-100933 具有促进肿瘤增殖的作用。除此之外,在 Li 等的研究中,他们使用 RNA 测序和 circRNA 预测分析研究和鉴定了血管瘤组织和正常皮肤对照组织中的 circRNAs,发现一组差异表达的 circRNAs(特别是 hsa-circ-001885 和 hsa-circ-006612),并且基因本体论和通路分析表明,与正常皮肤组织相比,血管瘤组织中许多过表达的基因参与蛋白结合、缝隙连接和局部黏附等生物学过程,特异性 circRNAs 与 miRanda 预测的 miRNAs 有关。该研究强调了 circRNAs 在血管瘤生物学和治疗反应中的潜在重要性。

综上所述,血管瘤虽然是临床上常见的婴幼儿多发的良性肿瘤,但是还无法明确其发病原因和机制,针对该疾病还缺乏相对理想的临床治疗方法。基于非编码 RNA 的生信分析及基础研究表明,circRNA 在血管瘤疾病进程中起着重要作用。然而,对于 circRNA 在血管瘤中的作用机制研究还处于探索阶段,仍需要进一步进行体内外研究验证。

参考文献

[1] 郑家伟, 赵泽亮. 血管瘤和脉管畸形的遗传学研究进展[J]. 口腔疾病防治, 2019, 27(12): 749-756.

[2] DEHART A, RICHTER G. Hemangioma: recent Advances[J]. F1000Res, 2019, 18(8): 1926.

[3] LIU X L, WANG G, SONG W, et al. MicroRNA-137 promotes endothelial progenitor cell proliferation and angiogenesis in cerebral ischemic stroke mice by targeting NR4A2 through the Notch pathway[J]. J Cell Physiol, 2018, 233(7): 5255-5266.

[4] YUAN X, XU Y, WEI Z, et al. CircAP2A2 acts as a ceRNA to participate in infantile hemangiomas progression by sponging miR-382-5p via regulating the expression of VEGFA[J]. J Clin Lab Anal, 2020, 34(7): e23258.

[5] 付聪. 环状RNA在婴幼儿血管瘤中的表达谱鉴定及功能分析[D]. 济南: 山东大学, 2018.

[6] LI J, LI Q, CHEN L, et al. Expression profile of circular RNAs in infantile hemangioma detected by RNA-Seq[J]. Medicine (Baltimore), 2018, 97(21): e10882.

第八章 呼吸系统肿瘤中的非编码 RNA

第一节 肺癌

一、肺癌中的 miRNA

在肺癌的发生类型中，非小细胞肺癌为肺癌的常见类型。肺癌早期无明显不适症状，普通影像学检查发现困难，诊断难度及经济成本高。往往发现时已为晚期，需要面对细胞分化程度低、转移快等棘手问题。

研究表明，引起肺癌的重要原因之一是抑癌基因失活。肺癌细胞凋亡跟 p53 蛋白相关，miR-34 对 p53 的表达具有调控作用。一些 miRNA 还直接靶向糖酵解酶，如 miR-143-5p 通过活跃信号分子 mTOR，在肺癌中对己糖激酶 2 进行下调，阻止肺癌细胞进行糖代谢。除了影响肺癌细胞的糖代谢，miRNA 还影响肺癌细胞的多种信号通路。某些 miRNA 还可作为相关肺癌的诊断指标，如在血清中联合检测 miR-1268b 和 miR-6075 的水平，可以作为肺癌切除治疗的生物标志物。miR-126 的下调靶向下调磷酸肌醇 3 激酶调控亚基 2（PIK3R2）基因的表达，影响 AKT 信号通路，减少癌细胞的增殖。不过，肺癌中的 miRNA 使靶基因上调与下调可能是其对应的组织类型和靶蛋白的不同，尚不能简单地限定某一种 miRNA 的靶标是抑癌基因或原癌基因，在一个细胞系中其可能是抑癌基因，而在另一个细胞系中可能是原癌基因。

此外，研究表明 miR-21 是最典型的癌症致病 miRNA 之一，其在包括肺癌在内的多种实体瘤中出现明显的基因表达上调。miR-21 可通过靶向抑制程序性细胞死亡 4（PDCD4）、PTEN、环加氧酶 19（COX-19）促进非小细胞肺癌细胞的增殖，抵抗细胞的凋亡。Xue 等研究表明，miR-155 对非小细胞肺癌的发生发展有促进作用，且通过调低靶标分子 PTEN、细胞因子信号传导抑制蛋白 1（SOCS1）和细胞因子信号传导抑制蛋白 6（SOCS6）的表达产生作用。此外，高晓会等研究证实，miR-21 还通过调节非小细胞肺癌细胞自噬，促进非小细胞肺癌细胞的增殖、迁移和侵袭。而 miR-221 和 miR-222 联合起来发挥作用，它们的异常表达会降低 PTEN 的表达水平，进而激活 PI3K/AKT 信号通路，同时抑制 TRAIL 介导的细胞凋亡，促进肺癌的发生发展。

miRNA 在肿瘤发生发展中的作用已成为当今基础研究的热点。通过对肺癌组织中特异性的 miRNA 表达谱进行研究，将为肺癌早发现、精准治疗及预后治疗提供有价值的依据，也为抗癌制剂的发现与临床应用等提供新的前进方向。由于 miRNA 在肺癌治疗中存在的脱靶效应、不能在体内持续稳定表达等问题，其在肺癌治疗方面的应用仍处于研究的初期阶段。

二、肺癌中的 circRNA

随着二代测序技术的发展，越来越多的非编码 RNA 在二代测序中被发现。作为新发现的一种环状非编码 RNA，越来越多的实验表明 circRNA 在各生物学过程和肿瘤中的作用日渐明显，越来越多与肿瘤有关的 circRNA 也逐渐被发现。

目前临床上使用吉非替尼治疗 HCC827 非小细胞肺癌，hsa-circ-0004015 具有增加其耐药性的作用。同时，在紫杉醇药物治疗肺癌的过程中，经过 RNA 测序显示，存在多种 circRNA 表达上调及下调，这表明 circRNA 很可能参与肿瘤耐药机制的发生，有望成为预防和调节耐药发生的潜在作用靶点。在非小细胞肺癌中，circ-PRMT5 可以同时吸附 3 种 miRNAs（miR-377、miR-382 和 miR-498），减轻对致癌基因第六同源物 2 增强子（EZH2）的抑制，导致 EZH2 表达增加，从而促进肺癌细胞的生长，并且 circ-PRMT5 的高表达还与肿瘤体积增大、临床分期、淋巴结转移及预后不良呈正相关。在肺鳞状细胞癌的研究中，有研究者通过分析 5 个肺鳞状细胞癌样本中 circRNA 和 mRNA 表达谱，发现在肺鳞状细胞癌组织中 circTP63 与细胞周期相关，其上调与肺鳞状细胞癌患者的肿瘤大小及肿瘤淋巴结转移分期增高相关。已知融合基因 SLC34A2-ROS1（溶质载体超家族 34 成员 2 和 ROS 原癌基因 1）

的研究中，在非小细胞肺癌进展中起重要作用的前提下，Wu 等发现 SLC34A2-ROS1 融合基因来源的 2 个 circRNAs（F-circSR1 和 F-circSR2）功能丧失证实了 2 种 F-circSR 均有促进肺癌细胞转移的作用，但是在肺癌细胞的增殖中很少起作用，在肺癌转移造成的预后差中显示了巨大的潜在指示价值。Liu 等发现，在非小细胞肺癌组织中 circ-FOXM1 过表达，其与淋巴结浸润、TNM 分期升高及预后不良均密切相关，这证明了 circ-FOXM1/miR-1304-5p/PPDPF/MACC1 的信号传导在非小细胞肺癌发展中的重要意义。这些研究均表明，circRNA 在肺癌诊断和治疗中具有潜在的意义，可能成为治疗肺癌的重要靶点。

三、肺癌中的其他非编码 RNA

肺癌是世界上癌症相关死亡的主要原因。piRNA 的异常表达与癌细胞增殖和转移密切相关，肺癌相关 piRNA 的研究对深入理解肺癌的发生发展等机制有重要作用。Nogueira 等在研究非编码 RNA 在复杂疾病中的表达模式时，发现一部分 piRNAs 在吸烟者和非吸烟者的肺腺癌组织中差异表达，差异表达的 piRNA 为进一步提高肺癌患者的分子诊断和治疗水平奠定了基础。Zhang 等研究表明，通过下调 piR-651 可抑制非小细胞肺癌的增殖，诱导细胞凋亡并减少其侵袭和迁移能力，piR-651 可作为癌基因参与非小细胞肺癌的发生，同时通过抑制细胞凋亡和改变凋亡相关蛋白的表达水平促进肿瘤发生，piRNA 可为寻找新的肺癌治疗靶点提供新的思路。Peng 等通过试验证明，piRNA 与肺癌的进展密切相关，其分子机制可能与抑制靶 mRNA 有关，AKT/mTOR 通路受 pir-55490 的影响，AKT 通路可能是 piRNA 产生生物效应的共同靶点。piR-Hep1 可激活 Akt/mTOR 通路，mTOR 是该途径的主要组成部分，mTOR 的降解与 piRNA 在癌细胞中的生物学功能有关。不过，虽然 mTOR 已被证明是 piR-55490 的靶点，但是尚不能排除其他靶 mRNA 也可能介导 piR-55490 的作用。mTOR 不能完全挽救 piR-55490 对肺癌细胞的作用，提示 piR-55490 可以靶向更多的基因而不只是 mTOR。

可见，piRNA 作为一种新发现的非编码 RNA，为肺癌的诊断、预防及治疗提供了有力依据，也为抗肿瘤药物的研发和联合用药等提供了新的思路。但因为发现时间短，对其研究尚不充足。目前，piRNA 的表达模式及生物学功能尚未得到完全阐明，相信随着研究的不断深入，piRNA在肺癌的诊断、监测、治疗与预防中的地位将日益显现。

参考文献

［1］HE B, ZHAO Z, CAI Q, et al. MiRNA-based biomarkers, therapies, and resistance in cancer[J]. Int J Biol Sci, 2020, 16（14）：2628-2647.

［2］IQBAL MA, ARORA S, PRAKASAM G, et al. MicroRNA in lung cancer：role, mechanisms, pathways and therapeutic relevance［J］.Mol Aspects Med, 2019, 70：3-20.

［3］ASAKURA K, KADOTA T, MATSUZAKI J, et al. A miRNA-based diagnostic model predicts resectable lung cancer in humans with high accuracy［J］.Commun Biol, 2020, 3（1）：134.

［4］ULIVI P, PETRACCI E, MARISI G, et al. Prognostic role of circulating miRNAs in early-stage non-small cell lung cancer［J］.J Clin Med, 2019, 8（2）：131.

［5］HE Q, FANG Y, LU F, et al. Analysis of differential expression profile of miRNA in peripheral blood of patients with lung cancer［J］.J Clin Lab Anal, 2019, 33（9）：e23003.

［6］LIU Z L, WANG H, LIU J, et al. MicroRNA-21（miR-21）expression promotes growth, metastasis, and chemo- or radioresistance in non-small cell lung cancer cells by targeting PTEN[J]. Mol Cell Biochem, 2013, 372（1-2）：35-45.

［7］XUE X, LIU Y, WANG Y, et al. MiR-21 and miR-155 promote non-small cell lung cancer progression by downregulating SOCS1, SOCS6, and PTEN［J］.Oncotarget, 2016, 7（51）：84508-84519.

［8］高晓会，张亚利，张治业，等.miR-21靶向Atg5对非小细胞肺癌A549细胞自噬调控促进细胞增殖、迁移和侵袭的实验研究［J］.临床肿瘤学杂志, 2019, 24（2）：97-101.

［9］GAROFALO M, DI LEVA G, ROMANO G, et al. MiR-221&222 regulate TRAIL resistance and enhance tumorigenicity through PTEN and TIMP3 downregulation［J］.Cancer Cell, 2009, 16（6）：498-509.

［10］ZHOU Y, ZHENG X, XU B, et al. Circular RNA hsa-circ-0004015 regulates the proliferation, invasion, and TKI drug resistance of non-small cell lung cancer by miR-1183/PDPK1 signaling pathway［J］.Biochem Biophys Res Commun, 2019, 508（2）：527-535.

［11］WANG Y, LI Y, HE H, et al. Circular RNA circ-PRMT5 facilitates non-small cell lung cancer proliferation through upregulating EZH2 via sponging miR-377/382/498［J］.Gene, 2019, 720：144099.

［12］WU K, LIAO X, GONG Y, et al. Circular RNA F-circSR derived from SLC34A2-ROS1 fusion gene promotes cell migration in non-small cell lung cancer［J］.Mol Cancer, 2019, 18（1）：98.

［13］LIU G, SHI H, DENG L, et al. Circular RNA circ-FOXM1 facilitates cell progression as ceRNA to target PPDPF and MACC1 by sponging miR-1304-5p in non-small cell lung cancer［J］. Biochem Biophys Res Commun, 2019, 513（1）: 207-212.

［14］GRIVNA S T, BEYRET E, WANG Z, et al. A novel class of small RNAs in mouse spermatogenic cells［J］.Genes Dev, 2006, 20（13）: 1709-1714.

［15］YU Y, XIAO J, HANN S S. The emerging roles of PIWI-interacting RNA in human cancers［J］. Cancer Manag Res, 2019（11）: 5895-5909.

［16］BRAY F, FERLAY J, SOERJOMATARAM I, et al. Global cancer statistics 2018: GLOBOCAN estimates of incidence and mortality worldwide for 36 cancers in 185 countries［J］. CA Cancer J Clin, 2018, 68（6）: 394-424.

［17］NOGUEIRA J N, WAJNBERG G, FERREIRA C G, et al. SnoRNA and piRNA expression levels modified by tobacco use in women with lung adenocarcinoma［J］.PLoS One, 2017, 12（8）: e183410.

［18］ZHANG S J, YAO J, SHEN B Z, et al. Role of piwi-interacting RNA-651 in the carcinogenesis of non-small cell lung cancer［J］.Oncol Lett, 2018, 15（1）: 940-946.

［19］PENG L, SONG L, LIU C, et al. PiR-55490 inhibits the growth of lung carcinoma by suppressing mTOR signaling［J］.Tumour Biol, 2016, 37（2）: 2749-2756.

第二节 鼻咽癌

一、鼻咽癌中的 miRNA

鼻咽癌是常见的恶性肿瘤之一，常发生于鼻咽腔顶部和侧壁，发病率为耳鼻咽喉恶性肿瘤之首。一般情况下，鼻咽癌前期发现较困难，患者多在偶然检查中发现，发病即为癌症中晚期，这给治疗带来了极大的困难。已有较多的研究表明，miRNA在鼻咽癌细胞和组织中表达异常，并与鼻咽癌的发生发展和侵袭转移有关。miRNA具有调节肿瘤细胞发生发展和侵袭转移的作用。众所周知，鼻咽癌的发病机制与EB病毒感染密切相关。在高发地区，超过95%的鼻咽癌患者EB病毒呈阳性。EB病毒在鼻咽癌中几乎不表达病毒蛋白。但是，几种EB病毒编码的miRNA高度表达，这表明鼻咽癌的致病机制不仅受EB病毒编码的蛋白调控，而且EB病毒相关的miRNA在鼻咽癌中被发现，具有潜在重要性。

EB病毒DNA已被确立为鼻咽癌的生物标志物，其敏感性范围为53%～96%。

一项研究表明，血浆EB病毒DNA可用于筛查早期无症状鼻咽癌，其敏感性为97.1%，特异性为98.6%。EB病毒DNA水平也是鼻咽癌预后不良，尤其是远处转移的、高风险的有利预测指标。临床研究发现，EB病毒编码的miR-BARTs在鼻咽癌的发生、侵袭、转移和免疫逃逸中起着至关重要的作用，miR-BARTs在鼻咽癌患者的血浆中水平较高。不过，血浆miR-BART7-3p和miR-BART13-3p的诊断和预后性能尚未得到很好的证实。miRNA的表达异常可以作为早期诊断鼻咽癌的一种参考，其可能在治疗过程中影响患者的预后。研究表明，miR-34c-3p和miR-18a-5p参与了鼻咽癌的癌变过程，且在鼻咽癌细胞和组织中表达水平均升高，这对鼻咽癌的诊断有重要的临床价值。同样，Yin等研究表明，鼻咽癌细胞株和组织中miR-449b-5p显著下调。过表达的miR-449b-5p可抑制鼻咽癌细胞的增殖、迁移和侵袭，直接靶向肿瘤蛋白D52（TPD52），且TPD52的下调可通过抑制miR-449b-5p来纠正癌细胞的侵袭、迁移，可见miR-449b-5p可能作为一种新的鼻咽癌抑癌miRNA。

另外，已知上皮间质转化是肿瘤细胞获得侵袭和转移能力的一种生物学过程。鼻咽癌也存在上皮间质转化机制，深入了解miRNA调控上皮间质转化机制对鼻咽癌侵袭和转移的影响，可以为诊断和治疗鼻咽癌提供新的依据。孙瑜宁等应用miRNA芯片技术检测鼻咽癌细胞HNE1中的miRNA表达水平，其中，有8个miRNAs表达下调，17个miRNAs表达上调，miR-10b-5p表达上调达31.563倍，差异性最大，且HNE1/DDP细胞相对于HNE1细胞发生上皮间质转化。

一些研究表明，miRNA可在转录后水平调节蛋白质合成，特别是对鼻咽癌放射敏感的蛋白质受到miRNA的调节，从而影响鼻咽癌的放疗效果。这提示miRNA对鼻咽癌抗辐射性也具有一定的重要性。Zhou等研究表明，EBV-miR-BART8-3p在体内外照射下促进鼻咽癌的耐辐射，通过调节ATM/ATR信号通路的活性，促进鼻咽癌的辐射抗性。另外，也有研究表明，miR-381表达量越高的鼻咽癌患者接受根治性放疗后的近期疗效越好。可见，鼻咽癌中miRNA对促进或抑制鼻咽癌侵袭和转移的重要蛋白质和参与鼻咽癌侵袭转移的机制具有重要作用。

综上所述，越来越多的研究表明，miRNA在鼻咽癌细胞和组织中表达异常，并在鼻咽癌的发生发展、侵袭及转移方面发挥重要的作用。但鼻咽癌中的miRNA仍处于研究的初始阶段，今后仍需进一步深入研究鼻咽癌中miRNA的功能及其分子机制，以便为鼻咽癌的诊断和治疗提供新的方法和手段。

二、鼻咽癌中的 circRNA

鼻咽癌发病率高，EB 病毒感染等因素很容易诱发鼻咽癌。随着高通量测序和生物信息学的快速发展，circRNA 在多种肿瘤组织中均有特异性表达，在肿瘤的发生发展中发挥重要作用。其可通过与 RNA 结合蛋白的相互作用来调节 mRNAs 的稳定性，并且 circRNA 本身也具有很高的稳定性，故在基因调控中的作用越来越明显。多项研究已经证实，circRNA 在多种肿瘤中存在异常表达，广泛参与了肿瘤细胞的分化、增殖、侵袭、凋亡等恶性生物学行为。研究发现，在鼻咽癌患者的血清和组织中同样发现 circRNA 的差异表达，如 circ-0000285 也在鼻咽癌组织和血清中显著上调、增加，其可影响鼻咽癌患者的放疗敏感性。研究表明，circCDR1as 可以通过结合 miR-7-5p 上调 E2F 转录因子 3（E2F3）的表达，促进鼻咽癌细胞的生长和糖代谢。同时，circCDR1as 还可以通过在异种移植瘤模型中负调控 miR-7-5p 来促进鼻咽癌的进展。此外，circ-000543 高表达还显示鼻咽癌患者的整体生存较差，circ-000543 抑制鼻咽癌细胞的化疗敏感性。hsa-circ-0066755 的表达水平在鼻咽癌患者血浆和组织中也明显增加，研究表明，其与鼻咽癌的进展和 TNM 分期呈正相关。这些结果表明，circRNA 在鼻咽癌进程中发挥着非常重要的作用。因此，持续探讨 circRNA 在鼻咽癌发生发展及其转移的分子机制意义重大。

三、鼻咽癌中的其他非编码 RNA

因早期不易诊断、生长隐匿、较早发生淋巴结转移的特点，鼻咽癌给人类的生命健康造成了严重威胁。siRNA 被发现以来一直被广泛认为能够沉默许多基因的 RNA，其机制是通过调节或选择性地阻断癌症等疾病中的特有生物过程而发挥作用。因此，siRNA 在癌症治疗中的作用日益显著。

RNA 沉默被认为是一种普遍的真核生物基因调控机制。核糖核酸干扰（RNAi）与目的基因序列的编码互补，诱导降解相应的 mRNA，从而阻止 mRNA 翻译成蛋白质。RNAi 是在细胞中通过双链 RNA 转染或内源性表达引发产生的。双链 RNA 被处理成更小的碎片（通常是 21～23nt），构成一个复杂的 RNA 诱导沉默复合物。小干扰RNA产生的一组蛋白质为自己的帽子提供RNA诱导沉默复杂的催化组件argonaute家族，使siRNA成为单链能够降解绑定到相应的mRNA和进一步降低mRNA活性，导致基因沉默。siRNA主要通过双链RNA形成，也有其他形式的合成，合成后与mRNA结合，影响基因的表达，完成其分子沉默的机制。

近年来，siRNA对癌症的治疗显示出了广阔的前景。任晓晖等研究发现，转染三结构域蛋白29（TRIM29）基因的siRNA（即si-TRIM29）后，人鼻咽癌细胞系5-8F细胞中TRIM29蛋白表达低于空白组，si-TRIM29组的细胞活力明显降低，凋亡率明显升高，Cleaved Caspase-3/-9和凋亡Bax蛋白明显升高。siRNA沉默TRIM29基因表达抑制PI3K/AKT信号通路，诱导5-8F细胞的凋亡。此外，也有研究表明抗凋亡的Bcl-2蛋白水平明显降低，Bcl-2和Bax作为半胱氨酸蛋白酶3（caspase-3）通路的上游调控基因介导细胞的存活和凋亡。还有，Makowska等通过用凋亡诱导配体（TRAIL）的siRNA（即TRAIL-siRNA）转染鼻咽癌细胞，抑制TRAIL mRNA的表达，进一步在干扰素诱导的TRAIL和肿瘤坏死因子相关凋亡诱导配体受体R2（TRAIL-R2）的表面表达和加入抗TRAIL抗体或转染TRAIL-siRNA能够阻断干扰素诱导的细胞凋亡。此外，还有研究发现，$CD44^+$鼻咽癌细胞经短发卡RNA慢病毒（LV-shRNA）沉默B细胞特异性莫罗尼鼠白血病病毒整合位点1（BMI-1）基因表达后，其增殖、克隆形成、迁移及侵袭能力明显降低，对化疗药物及放射线的敏感性显著增加，并能延长G_1期，且显著提高放射诱导的G_2/M期阻滞。

目前，鼻咽癌的治疗方法主要为放射治疗，紫杉醇作为放化疗结合疗法的一线用药，被广泛应用于治疗中晚期鼻咽癌患者。然而，在鼻咽癌治疗中患者频繁出现紫杉醇耐药，使紫杉醇治疗效果受到了极大限制。雷越等研究用特异性siRNA靶向沉默人鼻咽癌5-8F细胞中叉头框蛋白M1（FOXM1）基因，观察到癌细胞中FOXM1基因的mRNA表达和蛋白水平下降，抑制癌细胞增殖并使癌细胞周期阻滞于G_0/G_1期，促进癌细胞凋亡。沉默FOXM1基因表达后，鼻咽癌5-8F细胞对紫杉醇的敏感性也明显增强。

可见，siRNA对鼻咽癌的治疗有着广阔的应用前景。探测和识别与癌症有关的功能基因是siRNA治疗发展的重要前提。今后需持续推进siRNA针对鼻咽癌治疗的个性化需求，为鼻咽癌的诊断和治疗提供新的方法和手段。

参考文献

[1] LV J, CHEN Y, ZHOU G, et al. Liquid biopsy tracking during sequential chemo-radiotherapy identifies distinct prognostic phenotypes in nasopharyngeal carcinoma [J]. Nat Commun, 2019, 10(1): 3941.

[2] CHAN K, WOO J, KING A, et al. Analysis of plasma Epstein-Barr virus DNA to screen for nasopharyngeal cancer [J]. N Engl J Med, 2017, 377(6): 513-522.

[3] ZHENG X, WANG J, WEI L, et al. Epstein-Barr virus microRNA miR-BART5-3p inhibits p53 expression [J]. J Virol, 2018, 92(23): e01022-18.

[4] WANG H, WEI X, WU B, et al. Tumor-educated platelet miR-34c-3p and miR-18a-5p as potential liquid biopsy biomarkers for nasopharyngeal carcinoma diagnosis [J]. Cancer Manag Res, 2019(11): 3351-3360.

[5] YIN W, SHI L, MAO Y. MicroRNA-449b-5p suppresses cell proliferation, migration and invasion by targeting TPD52 in nasopharyngeal carcinoma [J]. J Biochem, 2019, 166(5): 433-440.

[6] 孙瑜宁, 张美丽, 张恩东. miRNA调控EMT机制对鼻咽癌细胞侵袭及迁移的影响 [J]. 实用癌症杂志, 2019, 34(3): 381-384.

[7] ZHOU X, ZHENG J, TANG Y, et al. EBV encoded miRNA BART8-3p promotes radioresistance in nasopharyngeal carcinoma by regulating ATM/ATR signaling pathway [J]. Biosci Rep, 2019, 39(9): BSR20190415.

[8] 周苏娜, 张明鑫, 张琰君, 等. miRNA-381表达及其与鼻咽癌放疗敏感性的关系 [J]. 现代肿瘤医学, 2017, 25(19): 3042-3046.

[9] ZHONG Q, HUANG J, WEI J, et al. Circular RNA CDR1as sponges miR-7-5p to enhance E2F3 stability and promote the growth of nasopharyngeal carcinoma [J]. Cancer Cell Int, 2019(19): 252.

[10] SHUAI M, HUANG L. High expression of hsa-circRNA-001387 in nasopharyngeal carcinoma and the effect on efficacy of radiotherapy [J]. Onco Targets Ther, 2020(13): 3965-3973.

[11] 常昆鹏, 魏珍星, 李斐, 等. circRNA-ITCH通过TET1基因抑制Wnt/β-catenin信号通路对鼻咽癌细胞增殖和侵袭的影响 [J]. 医学研究杂志, 2020, 49(7): 156-160.

[12] HUANG J T, CHEN J N, GONG L P, et al. Identification of virus-encoded circular RNA [J]. Virology, 2019(529): 144-151.

[13] 姜涛, 雷芳红, 黄蕴, 等. 环状RNA与头颈部肿瘤 [J]. 中南医学科学杂志, 2019, 47(3): 321-325.

[14] SHUAI M, HONG J, HUANG D, et al. Upregulation of circRNA-0000285 serves as a prognostic biomarker for nasopharyngeal carcinoma and is involved in radiosensitivity [J].

Oncol Lett, 2018, 16（5）：6495-6501.

［15］LI H, HU J, LUO X, et al. Therapies based on targeting Epstein-Barr virus lytic replication for EBV-associated malignancies［J］.Cancer Sci, 2018, 109（7）：2101-2108.

［16］CHEN L, ZHOU H, GUAN Z. CircRNA-000543 knockdown sensitizes nasopharyngeal carcinoma to irradiation by targeting miR-9/platelet-derived growth factor receptor B axis［J］. Biochem Biophys Res Commun, 2019, 512（4）：786-792.

［17］WANG J, KONG J, NIE Z, et al. Circular RNA Hsa-circ-0066755 as an oncogene via sponging miR-651 and as a promising diagnostic biomarker for nasopharyngeal carcinoma［J］. Int J Med Sci, 2020, 17（11）：1499-1507.

［18］SONG Y, LI W, PENG X, et al. Inhibition of autophagy results in a reversal of taxol resistance in nasopharyngeal carcinoma by enhancing taxol-induced caspase-dependent apoptosis［J］.Am J Transl Res, 2017, 9（4）：1934-1942.

［19］任晓晖, 王洪波, 郭庆, 等.靶向TRIM29基因的siRNA通过抑制PI3K/AKT信号通路诱导鼻咽癌细胞凋亡［J］.中国病理生理杂志, 2019, 35（8）：1445-1450.

［20］WU R, TANG S, WANG M, et al. MicroRNA-497 induces apoptosis and suppresses proliferation via the Bcl-2/Bax-caspase9-caspase3 pathway and cyclin D2 protein in HUVECs［J］. PLoS One, 2016, 11（12）：e167052.

［21］MAKOWSKA A, WAHAB L, BRAUNSCHWEIG T, et al. Interferon beta induces apoptosis in nasopharyngeal carcinoma cells via the TRAIL-signaling pathway［J］.Oncotarget, 2018, 9（18）：14228-14250.

［22］XU X H, LIU Y, LI D J, et al. Effect of shRNA-mediated gene silencing of bmi-1 expression on chemosensitivity of CD44+ nasopharyngeal carcinoma cancer stem-like cells［J］.Technol Cancer Res Treat, 2016, 15（5）：27-39.

［23］雷越, 万婕, 文韬宇, 等.siRNA沉默FOXM1基因表达对人鼻咽癌细胞增殖、凋亡及化疗敏感性的影响［J］.肿瘤, 2018, 38（1）：25-34.

第三节　喉癌

一、喉癌中的miRNA

喉癌主要由喉鳞状细胞癌组成，是头颈部常见的肿瘤之一。尽管喉癌的诊断和治疗取得了较大的进步，但是过去20年中喉鳞状细胞癌的死亡率仍然很高。miRNA是一种长度为18～24个nt的非编码小RNA，在肿瘤的发生发展中起重要作用，可

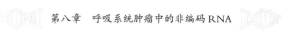

通过将 Argonaute 蛋白引导至特定靶标 mRNA 抑制翻译和 mRNA 的稳定性。miRNA 与表观遗传结构之间的复杂联系是监测癌症中基因表达谱的重要特征。miRNA 作为基因表达的内源性调节剂介导癌细胞端粒酶活性的调节。

研究表明，miRNA 的异常表达在喉癌的发生发展中起着重要作用。研究者通过芯片检测发现，喉癌组织中有 47 种 miRNAs 异常表达，其中高表达的 miRNA 有 23 种、低表达的 miRNA 有 24 种。喉癌中异常表达的 miRNA 有望成为喉癌早期诊断的新标志物。在喉鳞状细胞癌中，研究者同样发现，一些 onco-miRNAs，如 miR-21 和 miR-221 在喉鳞状细胞癌细胞的高表达，它们通过靶向位于 PTEN/Akt 信号通路中的 PTEN 发挥致癌作用。该研究通过二苯基四氮唑溴盐（MTT）和末端脱氧核苷酸转移酶介导的原位脱氧核苷酸三磷酸缺口末端标记法（TUNEL）来观察共转染 miRNA-21 反义寡核苷酸 AMO-21 和 AMO-221 对细胞活力和细胞凋亡的潜在影响。通过蛋白质印迹法测定 PTEN、AKT 和 p53 的蛋白表达水平，并使用逆转录定量方法检测了通过 p53 介导转录的 6 种凋亡前 miRNA 的细胞丰度，其中包括 miR-15a、miR-16-1、miR-26a、miR-34a、miR-143 和 miR-203。结果表明，AMO-21 和 AMO-221 的体外共转染导致细胞活力下降，且 AMO-21 和 AMO-221 的共转染导致 AKT 磷酸化明显降低，并观察到 PTEN 和 p53 的表达增强。研究结果证实，miR-21 和 miR-221 在体外协同触发细胞凋亡。可见，miRNA 有着促进或抑制喉鳞状细胞癌发生发展的不同作用机制，可以通过协调作用促进细胞凋亡，为喉鳞状细胞癌中与凋亡相关的 miRNA 及与 miRNA 相互调控的潜在机制提供新颖的见解，也为喉癌的治疗指明了新的方向。

二、喉癌中的 circRNA

随着研究的不断深入，circRNA 在喉鳞状细胞癌中的作用越来越受到人们的重视。研究发现，circRNA 的一个重要作用机制是充当 miRNA"海绵"，从而对基因表达起调控作用。有研究通过二级测序技术对喉鳞状细胞癌相关的 circRNA 进行了分析，确定了喉鳞状细胞癌新的 circRNA 生物标志物。同时，进一步分析了这些 circRNAs 与 miRNA 和 mRNA 之间的关系，以提高对该病发病机制的认识。研究表明，hsa-circRNA-100855 在喉鳞状细胞癌组织中的表达水平明显高于癌旁组织，特别是

在 $T_3 \sim T_4$ 期、颈淋巴结转移期或晚期临床患者中表达水平较高。可见，circRNA 在喉癌的发生发展中也可能起着重要的作用。

不过，由于 circRNA 在喉鳞状细胞癌中研究还相对较少，其在喉鳞状细胞癌中的作用尚不十分清楚。喉癌尚缺乏敏感性和特异性均较强的肿瘤标志物，研究新的喉癌相关标志物对于喉癌的早期诊断和预后判断十分重要，并且深入研究喉癌的侵袭与转移等机制，也有利于找到有效的治疗靶点。circRNA 通过影响基因表达调控，改变相应细胞的功能，阻止癌细胞的进一步增殖恶化，沉默与癌症相关的重要结合位点，故今后还可研发特定的分子药物来改变下游的基因表达以治疗癌症。

参考文献

[1] CHIPMAN L B, PASQUINELLI A E. MiRNA targeting：growing beyond the seed [J].Trends Genet, 2019, 35（3）：215-222.

[2] ARIF K, ELLIOTT E K, HAUPT L M, et al. Regulatory mechanisms of epigenetic miRNA relationships in human cancer and potential as therapeutic targets [J].Cancers（Basel），2020, 12（10）：2922.

[3] SALAMATI A, MAJIDINIA M, ASEMI Z, et al.Modulation of telomerase expression and function by miRNAs：anti-cancer potential [J].Life Sci, 2020（259）：118387.

[4] 吴一波，沈志森，余星，等.喉癌相关 miRNA 的研究进展 [J].基础医学与临床, 2012, 32（5）：583-586.

[5] 彭永华，杨文飞，卢绍伟，等.miRNA 在喉癌中作用机制的研究进展 [J].临床耳鼻咽喉头颈外科杂志, 2017, 31（14）：1134-1139.

[6] CYBULA M, WIETESKA, KORCZYNSKA M J, et al. New miRNA expression abnormalities in laryngeal squamous cell carcinoma [J].Cancer Biomark, 2016, 16（4）：559-568.

[7] KAN X, SUN Y, LU J, et al. Coinhibition of miRNA21 and miRNA221 induces apoptosis by enhancing the p53mediated expression of proapoptotic miRNAs in laryngeal squamous cell carcinoma [J].Mol Med Rep, 2016, 13（5）：4315-4320.

[8] ARANTES L M, LAUS A C, MELENDEZ M E, et al. MiR-21 as prognostic biomarker in head and neck squamous cell carcinoma patients undergoing an organ preservation protocol [J].Oncotarget, 2017, 8（6）：9911-9921.

[9] 周凤燕，杨青，朱熙春，等.环状 RNA 的分子特征、作用机制及生物学功能 [J].农业生物技术学报, 2017, 25（3）：485-501.

[10] HANSEN T B, JENSEN T I, CLAUSEN B H, et al. Natural RNA circles function as efficient

microRNA sponges［J］.Nature，2013，495（7441）：384-388.

［11］LU C，SHI X，WANG A Y，et al. RNA-Seq profiling of circular RNAs in human laryngeal squamous cell carcinomas［J］.Mol Cancer，2018，17（1）：86.

［12］XUAN L，QU L，ZHOU H，et al. Circular RNA：a novel biomarker for progressive laryngeal cancer［J］.Am J Transl Res，2016，8（2）：932-939.

第九章 内分泌系统肿瘤中的非编码RNA

第一节 腺癌

腺癌指发生在腺上皮的恶性肿瘤，常发生在消化管、肺、子宫、乳腺、卵巢、前列腺、甲状腺、肝、肾、胰腺和胆囊等部位。肿瘤呈圆形或椭圆形，大小不一，质地比较坚硬，切面呈灰白色。镜下检查时可以清楚看到形状不规则的癌细胞，核仁染色质着色深浅不一。腺癌具有较高的浸润性和破坏性，极易出现血行转移与淋巴转移。由于肿瘤的浸润性与破坏性较高，常与正常组织混淆。

一、腺癌中的miRNA

胰腺癌中有17401个相关的miRNA-mRNA相互作用。KRAS原癌基因突变的激活是胰腺导管上皮细胞恶性转化为腺癌最早的基因改变。KRAS突变型胰腺癌中miR-96、miR-126和miR-217表达水平下调。KRAS活性被miR-96和miR-217的再表达所抑制，从而减少了细胞的迁移和侵袭，这显示出了肿瘤抑制样功能。研究者基于外显体miRNA谱分析发现，miR-19b-3p、miR-21-5p、miR-221-3p、miR409-3p、miR-425-5p和miR-584-5p在肺腺癌中表达水平上调；而基于miRNA阵列的研究显示，miR23b-3p、miR-10b-5p和miR-21-5p在肺腺癌中与总体生存率较差独立相关。大多数miRNA并没有从独立的数据集中得到验证，从而被确定为可靠的预后标志物。miR-375可能作为肺腺癌新候选靶基因参与关键生物学过程的调控，另外2种miRNA（miR-30a-3p和miR30c-2-3p）在肺腺癌中显示出了预后分子标志的优点以及治疗操作的潜在靶点。在食管腺癌的发病过程中，miR-196、miR-192和miR-21表达水平上调，而miR-let-7表达水平逐步下调，它们可以作为预测 Barrett 食管向食管腺癌发展的标志物。miR-221、miR-222、miR-196 和 miR-21 等 miRNA 通常在食管腺癌进展过程中被解除调控。miRNA 表达水平也与食管腺癌患者的预后相关。miR-375 的表达水平下调被发现与食管腺癌患者较差的预后显著相关。3 种差异 miRNAs，如 hsa-miR-224-5p、hsa-miR-555-5p 和 hsa-miR-31-5p，与 5 种差异 mRNAs，如趋化因子受体 4（CXCR4）、SMAD、脂肪储存诱导跨膜蛋白 2（FITM2）、多形性腺瘤基因锌指蛋白 2（PLAGL2）和 KRAS 被鉴定为结肠癌中关键的差异 miRNAs 和差异 mRNAs。其中，hsa-miR-31-5p 已被报道为Ⅱ期和Ⅲ期结肠癌的预后生物标志物。

极光激酶 A（AURKA）在多种癌症中经常过度表达。Qadir 等通过 miRNA 测序和生物信息学分析表明 miR-4715-3p 的表达水平明显下调，发现 miR-4715-3p 在 AURKA 的 3′-UTR 区域有可能的结合位点。上消化道腺癌组织样本和细胞模型显示 AURKA 显著过表达和 miR-4715-3p 的表达水平下调。荧光素酶报告分析证实 miR-4715-3p 与 AURKA 的 3′-UTR 区域结合。miR-4715-3p 介导 AURKA 水平的降低导致 G_2/M 延迟，染色体多倍体和细胞死亡。

上皮间质转化与人肺腺癌细胞的耐药性有关，但其具体机制尚未阐明。Qian 等人研究 miR-146b 对顺铂（DDP）耐药人肺腺癌细胞上皮间质转化的影响及其相应机制，建立顺铂耐药人肺腺癌细胞（A549/DDP 和 H1299/DDP），通过肿瘤细胞相关生物学行为实验测定耐药细胞的 EMT3 特性和侵袭转移能力。研究结果显示，与对照组相比，H1299/DDP 和 A549/DDP 细胞表现出增强的上皮间质转化表型、侵袭和迁移能力。此外，miR-146b 在 H1299/DDP 和 A549/DDP 细胞中低表达，过表达的 miR-146b 通过调节上皮间质转化相关蛋白的表达，显著抑制异种移植小鼠的肿瘤生长，并抑制体内 A549/DDP 细胞的上皮间质转化表型。

Zhou 等研究表明，miR-30a-5p 在胰腺癌中表达降低，与预后不良相关，而上调 miR-30a-5p 表达则抑制肿瘤细胞增殖、细胞周期和凋亡增加。在吉西他滨耐药的胰腺癌细胞和亲本胰腺癌细胞之间的 miRNA 表达谱显示 miR-30a-5p 表达的显著变化。上调胰腺导管腺癌（PDAC）中 miR-30a-5p 可显著增加吉西他滨的化疗敏感性。此外，胶质瘤转录因子叉头框基因（FOXD1）是 miR-30a-5p 的直接靶点，miR-30a-5p/FOXD1/ERK 轴可能在胰腺癌中吉西他滨耐药的发展中起重要作用。

miRNAs在组织和生物液体（如血液、血清、尿液）中非常稳定，具有很高的敏感性和特异性。miRNAs表达的失调介导了癌细胞中关键生物学过程的变化，如侵袭、增殖和凋亡，因此可以作为早期诊断、预测预后和治疗反应的生物标志物。

二、腺癌中的circRNA

肺腺癌是与癌症相关的主要死亡原因。circ-TSPAN4（has-circ-0020732）在肺腺癌细胞和组织中高度表达，并与转移密切相关。circ-TSPAN4在肺腺癌细胞中表达水平均上调，上调的circRNA包括circ-0000690、circ-0001492、circ-0001346和circ-0001439。circ-TSPAN4高表达患者的总生存时间明显短于circ-TSPAN4低表达患者，可见circ-TSPAN4可能成为肺腺癌患者的预后生物标志物。乳头状甲状腺癌患者中血清的外泌体circRNA表达发生了变化，有助于了解它们在肺癌中的作用。膀胱癌、前列腺癌均是泌尿系统中常见的恶性肿瘤。circ-MYLK水平与膀胱癌的发展有密切关系，可直接与miR-29a结合减弱靶向血管内皮生长因子A（VEGFA）的活性、激活VEGFA/VEGFR2信号通路，加速细胞增殖和迁移。其中，前列腺癌为男性泌尿系统第二大常见癌症，占诊断癌症的15%。circSMARCA5在前列腺癌组织中被上调，可作为致癌基因抑制细胞凋亡，沉默可显著抑制lncaP-AI和DU145细胞的增殖，表达下调使前列腺癌G_1期细胞数量增加，S期细胞数量减少，并可促进PCa细胞系中的细胞凋亡。circ-1565的亲本基因为环磷酸鸟苷依赖的蛋白激酶1（PRKG1），其在正常前列腺组织中表达水平极低，在前列腺原位癌细胞22RV1系中有表达，在前列腺骨转移癌细胞PC3系中呈高表达。胰腺导管腺癌是癌症相关死亡原因之一。有研究在胰腺导管腺癌中发现了一种新的circRNA，即circ-ASH2L。下调circ-ASH2L的表达时，这些miRNA的表达增加，miR-34a可能成为被circ-ASH2L吸收的miRNA。RNA免疫沉淀（RIP）实验表明，circ-ASH2L在含AGO2蛋白（AGO2）的免疫沉淀中得到了富集。生物素偶联miR-34a下拉实验显示，miR-34aWT下拉微球中检测到circ-ASH2L，表明circ-ASH2L也可以作为miR-34a的海绵。

Chen等在前人研究的基础上鉴定了circ-ASH2L，发现其在胰腺导管腺癌细胞中具有丰富、稳定和高表达的特点。Zhao等通过与邻近正常组织进行比较，揭示了早期肺腺癌中 circRNAs 的表达谱。此外，研究人员还通过 RT-qPCR 或测序验证了组织中 5 种失调的 circRNA 表达水平，这与微阵列数据一致。在机制上，大部分 circRNA 是由下游（3′端）剪接供体位点的反剪接连接物与上游（5′端）剪接受体位点的反剪接连接物产生的共价闭环结构，它不同于将上游剪接供体位点与下游剪接受体位点连接起来的典型剪接。circRNAs 的异常表达可能是健康细胞向癌细胞转化的触发条件，也可能是癌细胞中蛋白质或酶调节失调的结果。然而，仍需要大量的试验来证实。

参考文献

[1] TESFAYE A A, AZMI A S, PHILIP P A. MiRNA and gene expression in pancreatic ductal adenocarcinoma [J].Am J Pathol, 2019, 189（1）：58-70.

[2] XUE X, WANG C, XUE Z, et al. Exosomal miRNA profiling before and after surgery revealed potential diagnostic and prognostic markers for lung adenocarcinoma [J].Acta Biochim Biophys Sin（Shanghai）, 2020, 52（3）：281-293.

[3] GAN T Q, CHEN W J, QIN H, et al. Clinical value and prospective pathway signaling of microRNA-375 in lung adenocarcinoma：a study based on the cancer genome atlas（TCGA）, gene expression omnibus（GEO）and bioinformatics analysis[J].Med Sci Monit, 2017（23）：2453-2464.

[4] YU N, YONG S, KIM H K, et al. Identification of tumor suppressor miRNAs by integrative miRNA and mRNA sequencing of matched tumor-normal samples in lung adenocarcinoma [J].Mol Oncol, 2019, 13（6）：1356-1368.

[5] AMIN M, ISLAM F, GOPALAN V, et al. Detection and quantification of microRNAs in esophageal adenocarcinoma [J].Methods Mol Biol, 2018（1756）：257-268.

[6] YANG L, LI L, MA J, et al. MiRNA and mRNA integration network construction reveals novel key regulators in left-sided and right-sided colon adenocarcinoma [J].Biomed Res Int, 2019（2019）：7149296.

[7] QADIR M I, FAHEEM A. MiRNA：a diagnostic and therapeutic tool for pancreatic cancer [J]. Crit Rev Eukaryot Gene Expr, 2017, 27（3）：197-204.

[8] HAN Q, CHENG P, YANG H, et al. MiR-146b Reverses epithelial-mesenchymal transition via targeting PTP1B in cisplatin-resistance human lung adenocarcinoma cells [J].J Cell Biochem, 2020, 121（8-9）：3901-3912.

[9] ZHOU L, JIA S, DING G, et al. Down-regulation of miR-30a-5p is associated with poor

prognosis and promotes chemoresistance of gemcitabine in pancreatic ductal adenocarcinoma[J]. J Cancer, 2019, 10（21）：5031-5040.

[10] YING X, ZHU J, ZHANG Y. Circular RNA circ-TSPAN4 promotes lung adenocarcinoma metastasis by upregulating ZEB1 via sponging miR-665[J].Mol Genet Genomic Med, 2019, 7（12）：e991.

[11] CHEN F, HUANG C, WU Q, et al. Circular RNAs expression profiles in plasma exosomes from early-stage lung adenocarcinoma and the potential biomarkers[J].J Cell Biochem, 2020, 121（3）：2525-2533.

[12] 董安珂，樊鑫，师磊，等.CircRNA在泌尿系统肿瘤中的研究进展[J].河南医学研究，2018, 27（7）：1220-1221.

[13] 时浩清，訾晓渊，张春雷，等.前列腺癌细胞系中环状RNA circRNA-1565的表达及鉴定[J].现代生物医学进展，2019, 19（12）：2243-2247.

[14] LI Q, GENG S, YUAN H, et al. Circular RNA expression profiles in extracellular vesicles from the plasma of patients with pancreatic ductal adenocarcinoma[J].FEBS Open Bio, 2019, 9（12）：2052-2062.

[15] ZHANG Q, WANG J Y, ZHOU S Y, et al. Circular RNA expression in pancreatic ductal adenocarcinoma[J].Oncol Lett, 2019, 18（3）：2923-2930.

[16] CHEN Y, LI Z, ZHANG M, et al. Circ-ASH2L promotes tumor progression by sponging miR-34a to regulate Notch1 in pancreatic ductal adenocarcinoma[J].J Exp Clin Cancer Res, 2019, 38（1）：466.

[17] ZHAO J, LI L, WANG Q, et al. CircRNA expression profile in early-stage lung adenocarcinoma patients.Cell Physiol Biochem. 2017, 44（6）：2138-2146.

第二节　乳腺癌

一、乳腺癌中的miRNA

乳腺癌是大多数国家中最常被诊断出的癌症之一，也是100多个国家中癌症死亡的主要原因，占女性癌症病例的1/4。乳腺癌风险因素包括遗传因素和非遗传因素。研究表明，非遗传因素是国际和种族间发病率差异的主要驱动因素，由低发病率区迁移到高发病率区生活的人群引起，甚至迁移区乳腺癌发病率高于其原地区。乳腺癌的进展过程由正常的乳腺上皮细胞逐渐过渡到非典型性导管增生，再到原位导管癌，最终发展为浸润性导管癌，其中浸润性导管癌是乳腺癌中最主要的病理类型。

单核苷酸多态性（SNP）作为人类可遗传的常见变异的一种，如果发生在 miRNA 启动子中很大可能会影响个体对疾病的敏感性。let-7 家族 miRNA 主要包括以下 12 个成员：let-7a-1、let-7a-2、let-7a-3、let-7b、let-7c、let-7d、let-7e、let-7f-1、let-7f-2、let-7g、let-7i 和 miR-98，它们受到不同领域研究者的关注，主要研究其与肿瘤的发生发展、肿瘤干细胞特性、临床治疗及预后等相关性。研究发现，let7 家族 miRNA，主要是 let-7a-1/let-7f-1/let-7d 启动子在乳腺癌患者中 SNPs rs13293512 位点的 CC 基因型和 rs13293512 的 C 等位基因的频率更高，rs13293512 位点的 CC 基因型增加了雌激素受体阴性患者的乳腺癌风险及 T_1—T_2 期及 N_1—N_3 期癌症患者的风险。因此，rs13293512 很有可能成为预测女性乳腺癌发病率高低的生物标志物。

let-7 家族 miRNA 是细胞生长和分化的主要调控因子，而 LIN28A 基因编码的 LIN28 家族 RNA 结合蛋白，通过与靶 mRNA 的直接相互作用干扰参与胚胎发育的 let-7 家族 miRNA 的加工成熟，同时 miR-146a 通过降解 LIN28 提高了 let-7c 的水平，增强了 let-7 控制的 Wnt 信号通路的活性，促进了乳腺癌干细胞的不对称分裂，进而发挥了 miR-146a 在干细胞更新中的抑制作用。

越来越多的研究表明，miRNA 有助于肿瘤的发生及癌症的转移，如 miR-210 在三阴性乳腺癌肿瘤细胞以及肿瘤微环境中表达，尤其是在炎症 CD45-LCA 阳性细胞中表达。研究发现，miR-205-5p 是一种重要的抑制肿瘤的 miRNA，能够抑制乳腺癌，尤其是三阴性乳腺癌的生长和转移，但在乳腺癌中 miR-205-5p 表达水平被下调，提示 miR-205-5p 可能成为乳腺癌的潜在诊断生物标志物和治疗靶标。

乳腺癌中 miRNA 的分子特征多种多样。Tan 等研究证实了 miR-671-5p 通过抑制叉头盒状转录因子 1（FOXC1）介导的 EMT 和 DNA 修复，在乳腺癌从非典型性导管增生到原位导管癌再到浸润性导管癌转变过程中逐渐动态降低。晚期转变为原位导管癌或浸润性导管癌的非典型性导管增生中 miR-671-5p 表达下调，而在简单非典型性导管增生中则无变化。该研究还观察到 miR-671-5p 可通过降低 DNA 修复能力使细胞系对紫外线和化学疗法敏感，因此 miR-671-5p 可作为早期乳腺癌检测的新型生物标志物以及乳腺癌管理的治疗靶标。另一项研究也验证了原位导管癌转变为侵袭性浸润性导管癌的 miRNA 约有 70% 的改变已经存在于正常的未转化细胞到肿瘤前细胞的初始转变中，它们在癌症的组织学改变形成之前就发生了改变，这种改变对乳腺癌的预防具有重要意义。此外，研究表明 miR-223 可能是细胞周期蛋白依赖性激酶 4/6 抑制剂（CDK4/6）反应的一种预测性生物标志物，它的表达水平下调是乳腺癌发病的早期步骤，可识别可能进展为浸润性导管癌的原位导管癌病变并预测对靶向治疗的反应。

2020 年，Guo 等研究表明，miR-1273g-3p 在 39 例散发性乳腺导管癌患者血浆中表达水平明显高于健康者，在乳腺癌 MCF-7 细胞系中的表达水平也高于正常乳腺细胞，且通过 ROC 曲线评估证实了 miR-1273g-3p 可以作为早期乳腺导管癌诊断的潜在生物标志物。在另一项研究中观察到，与健康对照组相比，浸润性导管癌患者外周血单个核细胞中 miR-22 和 miR-335 表达水平显著下调，经 ROC 曲线评估后表明，miR-22 和 miR-335 在预测乳腺癌时具有可接受的特异性和敏感性，miR-22 还能同时有效预测乳腺癌患者的细胞放射敏感性。

乳腺癌的高死亡率归因于癌细胞的快速增殖和高度恶性，多数患者确诊时已是原位导管癌或浸润性导管癌，预后差。因此，研究 miRNA 在乳腺癌中的变化，寻找更具有灵敏度及特异性的早期癌症诊断和预后预测的生物标志物具有重要的意义。

二、乳腺癌中的 circRNA

在女性群体中，乳腺癌是常被诊断出的癌症和癌症死亡的主要原因之一。尽管手术、内分泌治疗和靶向治疗方法已经取得进展，但是乳腺癌仍是女性发病率和死亡率最高，且最常见的癌症之一。因此，有必要发现新的生物标志物用于乳腺癌的早期检测、治疗和预后等。circRNA 是一类共价闭合的单链 circRNA 分子，没有游离的 5′ 或 3′ 末端，这使得它们比它们的线性对应物表达得更好且更稳定。

circRNA 作为一个重要的 miRNA 调节因子，通过发挥 miRNA 的海绵作用进行基因调控。研究发现，ciRS-7/miR-7 轴可在多种肿瘤相关路径中发挥作用。在乳腺癌中，miR-7/Pak1 通路具有调控低侵袭性乳腺癌表型向高侵袭性乳腺癌表型转化的作用；miR-7 还可以通过下调组蛋白赖氨酸 N 端甲基转移酶 SET 结构域分支型 1（SETDB1）减少转录 STAT3 的表达，从而抑制乳腺癌细胞上皮间质转化进程，发挥抑制肿瘤细胞转移的作用。

hsa-circ-0007294（circANKS1B）被证明是调节三阴性乳腺癌的重要因素。circ-000479 在人乳腺癌细胞系中表达上调，特别是在三阴性乳腺癌细胞系中。circ-000479 可能作为 miR-4753 和 miR-6809 的"海绵"。上皮间质转化是乳腺癌细胞转移的关键步骤。一个新的起源于 ANKS1B 基因的第 5-8 外显子（hsa_circ_0007294，circANKS1B）的 circRNA，通过诱导上皮间质转化促进乳腺癌细胞迁移、侵袭和转移。在乳腺癌中，上游刺激因子 1（USF1）与淋巴结转移呈正相关，circANKS1B 在乳腺癌中通过 miR-148a-3p 和 miR-152-3p 的海绵活性，正向调控 USF1 发挥促转移作用。还有实验表明，circ-100876 也在乳腺癌细胞中表达明显，并且沉默其表达会抑制乳腺癌细胞的增殖和转移，然而过表达 miR-361-3p 会抑制乳腺癌细胞的增殖和转移。miR-553 在乳腺癌细胞中也有着致癌作用，并且会逆转部分 circBMPR2 的抑癌作用，hsa-circ-0072309 扮演着同样的角色。在乳腺癌中检测发现 circ-0072309 的表达水平被下调，过表达 hsa-circ-0072309 则使乳腺癌进程被抑制。一系列实验证实 hsa-circ-0072309 是通过作为 miR-429 的分子海绵来达到调节作用。过表达 hsa-circ-0072309 同样抑制乳腺癌细胞异种移植肿瘤生长。

  Yang 等研究发现，在患有乳腺癌的组织和细胞中，circ-0103552 通常在数量上增加得较为明显，它是直接通过海绵 miR-1236 在乳腺细胞中进行抑癌活性的。此外，circ-0103552 的表达与临床上病情进展的程度及后期恢复程度联系紧密。同时，circ-0103552 还能促进细胞进一步地生长，加强细胞克隆形成能力及细胞的迁移和侵袭，使凋亡细胞的数目减少。在乳腺癌方面，circ-0103552 能促进乳腺癌的发展，通过对其检测来对患者进行病情评估，可为后期的治疗提供一个新的靶点。随着人们对乳腺癌中非编码 RNA 的进一步探索，越来越多 circRNA 的作用逐渐被发现。Yan 等对 hsa-circ-0072309 在乳腺癌中的作用研究中发现，对比肿瘤组织和邻近正常组织，hsa-circ-0072309 表达在肿瘤组织中被下调。根据对 hsa-circ-0072309 的亚细胞定位分析，发现它主要定位在细胞质中。在对 hsa-circ-0072309 在乳腺癌癌变中的作用研究中，研究者通过荧光素酶报告基因检测和进一步的 RT-qPCR 分析得出，hsa-circ-0072309 和 miR-492 的相互作用将抑制 miR-492 的表达，提示 hsa-circ-0072309 可能通过充当 miR-492 的"海绵"来调节乳腺癌的进展。

  发现新的生物标志物将有助于乳腺癌的早期诊断与治疗。目前，学界对乳腺癌中 circRNA 的种类、来源、生物学特征及功能等已有一定认识，但与其他 RNA 相比，对于 circRNA 的研究仍处于起步阶段，缺乏关于 circRNA 在体内作用的实验和临床证据。因此，乳腺癌中 circRNA 独特特征的鉴定需要对乳腺癌的致癌性和疾病进展进行更深入地研究。越来越多的 circRNA 在乳腺癌中的作用机制被揭示，人们也对乳腺癌发生发展、诊断及预后也有了一个全新的认识。随着生物技术的进步，相信 circRNA 会在乳腺癌的诊断与治疗中开启一个新篇章。

三、乳腺癌中的其他非编码 RNA

与 PIWI 蛋白相作用的 RNA（piRNA）是继 miRNA 与 siRNA 后发现的。piRNA 是一类新的非编码小 RNA，piRNA 与 miRNA 一样，长度为 26～31 nt 的小 RNA，在 5′ 端存在尿嘧啶倾向性，通过高度特异链的方式对应于基因组，并对应相应的单链基因组位点。piRNA 具有重要的生物学特性，主要包括通过哺乳动物纯化得到 PIWI 和 rasiRNA（piRNA 复合物）及沉默重复元件。PIWI 作为表观遗传调控因子，起着调节维持生殖干细胞的功能，并调节目标 mRNA 翻译的稳定性。其中，piRNA 最主要的作用机制是通过与 PIWI 亚家族蛋白结合形成 piRNA 复合物，进而调控基因沉默途径。而 piRNA 表达具有组织特异性，主要调控生殖细胞和干细胞的生长发育。piRNA 参与包括细胞生长、分化和凋亡在内的几乎所有生理过程，并与包括癌症在内的各种人类疾病相关，这为癌症细胞的调控提供了更多方式。研究表明，piRNA 介导的裂解作用于转座因子、mRNA 和 lncRNA，由于逆转录转座子在细胞基因组中占有很高的比例，频繁转座能引起细胞基因组结构和功能的改变，导致癌症等严重基因疾病的发生，而宿主细胞在长期的进化中形成了多种自我保护机制，用以控制逆转录转座子活性。piRNA 以其独特的机制在转录及转录后水平控制逆转录转座子 RNA 中间体的产生，抑制逆转录转座过程的发生，进而抑制癌症的发生。

经 RT-qPCR 检测，乳腺癌中存在 4 类 piRNAs（piR-20365、piR-20582、piR-20485 和 piR-4987）表达水平上调。Tan 等人采用 Kaplan-Meier 估计和 log-rank 统计学方法检验不同 piRNA-36712 表达水平的患者生存率，在乳腺癌中 piRNA-36712 表达水平明显低于正常的乳腺组织，与患者临床预后差相关。通过 MS2-RIP 方法和报告基因分析，确定 piR-36712、miRNAs 和硒蛋白 W1（SEPW1P）之间相互作用和调节：piRNA-36712 与 SEPW1P 产生 RNA 相互作用，SEPW1P 是 SEPW1 的一个反转录假基因，SEPW1 mRNA 与 SEPW1P RNA 竞争 miR-7 和 miR-324，从而抑制 SEPW1 的表达。在乳腺癌中，piR-36712 的表达水平下调，导致 SEPW1 的高表达可能抑制 p53，导致 Slug 的表达水平上调，但 p21 和 E-cadherin 的表达水平降低，从而促进癌细胞的增殖、侵袭和迁移。此外，发现 piR-36712 与紫杉醇和阿霉素这两种乳腺癌化疗药物具有协同抗癌作用。Zhang 等通过 piRNA 芯片检测肿瘤干细胞中 piR-932 的表达，与对照组相比，肿瘤干细胞更容易在小鼠体内产生新的肿瘤和非肥胖糖尿病型重症联合免疫缺陷病（NOD/SCID）的细胞微球。western blot 和免疫组化法检测乳腺癌组织中 PIWIl2 的表达情况，PIWIl2 蛋白在肿瘤干细胞中的表达高于对照细胞。piR-932 在诱发的乳腺癌细胞中表达显著增高，它可以通过与 PIWIl2 的免疫沉淀形成免疫复合物，提示 piR-932 和 PIWIl2 的结合可能在乳腺癌干细胞过程中起到正调节作用，从而成为阻止乳腺癌转移的潜在靶点。

乳腺癌的传统治疗方法，如手术、放疗和化疗并不如预期的那样有效，存在低生物利用度、低细胞摄取、新出现的耐药性和不良毒性。而化疗主要是针对已经分化成熟的肿瘤细胞，可以使肿瘤体积变小，但由于没有彻底杀灭肿瘤干细胞，肿瘤仍可复发和转移。利用游离核酸进行基因治疗具有处理乳腺癌关键候选基因的潜力，但由于细胞吸收不良和循环不稳定，其作用被延缓。探索更多方式治疗癌症已经成为现在的研究热点。研究表明，萝卜硫素（SFN）是一种有机硫化合物，从十字花科植物中提取。SFN 能抑制细胞增殖，引起细胞凋亡，停止细胞周期，具有抗氧化作用可减少活性氧生成的新靶点，减少氧化应激，最终降低癌症风险。

参考文献

[1] SU J L, CHEN P S, JOHANSSON G, et al. Function and regulation of let-7 family microRNAs [J].Microrna, 2012, 1（1）: 34-39.

[2] SUN R, GONG J, LI J, et al. A genetic variant rs13293512 in the promoter of let-7 is associated with an increased risk of breast cancer in Chinese women [J].Biosci Rep, 2019, 39（5）: BSR20182079.

[3] LIANG R, LI Y, WANG M, et al. MiR-146a promotes the asymmetric division and inhibits the

self-renewal ability of breast cancer stem-like cells via indirect upregulation of Let-7 [J] .Cell Cycle, 2018, 17 (12): 1445-1456.

[4] BAR I, THEATE I, HAUSSY S, et al. MiR-210 Is overexpressed in tumor-infiltrating plasma cells in triple-negative breast cancer [J] .J Histochem Cytochem, 2020, 68 (1): 25-32.

[5] XIAO Y, HUMPHRIES B, YANG C, et al. MiR-205 dysregulations in breast cancer: the complexity and opportunities [J] .Noncoding RNA, 2019, 5 (4): 53.

[6] BRAY F, FERLAY J, SOERJOMATARAM I, et al. Global cancer statistics 2018: GLOBOCAN estimates of incidence and mortality worldwide for 36 cancers in 185 countries [J]. CA Cancer J Clin, 2018, 68 (6): 394-424.

[7] LEE J, DEMISSIE K, LU S E, et al. Cancer incidence among Korean-American immigrants in the United States and native Koreans in South Korea [J] .Cancer Control, 2007, 14 (1): 78-85.

[8] GU X, WANG B, ZHU H, et al. Age-associated genes in human mammary gland drive human breast cancer progression [J] .Breast Cancer Res, 2020, 22 (1): 64.

[9] TAN X, LI Z, REN S, et al. Dynamically decreased miR-671-5p expression is associated with oncogenic transformation and radiochemoresistance in breast cancer [J] .Breast Cancer Res, 2019, 21 (1): 89.

[10] JU Z, BHARDWAJ A, EMBURY M D, et al. Integrative analyses of multilevel omics reveal preneoplastic breast to possess a molecular landscape that is globally shared with invasive basal-like breast cance [J] .Cancers (Basel), 2020, 12 (3): 722.

[11] CITRON F, SEGATTO I, VINCIGUERRA G, et al. Downregulation of miR-223 expression is an early event during mammary transformation and confers resistance to CDK4/6 inhibitors in luminal breast cancer [J] .Cancer Res, 2020, 80 (5): 1064-1077.

[12] GUO H, ZENG X, LI H, et al. Plasma miR-1273g-3p acts as a potential biomarker for early breast ductal cancer diagnosis [J] .An Acad Bras Cienc, 2020, 92 (1): e20181203.

[13] BAKHTARI N, MOZDARANI H, SALIMI M, et al. Association study of miR-22 and miR-335 expression levels and G2 assay related inherent radiosensitivity in peripheral blood of ductal carcinoma breast cancer patients [J] .Neoplasma, 2021, 68 (1): 190-199.

[14] BRAY F, FERLAY J, SOERJOMATARAM I, et al. Global cancer statistics 2018: GLOBOCAN estimates of incidence and mortality worldwide for 36 cancers in 185 countries[J]. CA Cancer J Clin, 2018, 68 (6): 394-424.

[15] LI Z, CHEN Z, HU G, et al. Roles of circular RNA in breast cancer: present and future [J]. Am J Transl Res, 2019, 11 (7): 3945-3954.

[16] 于越, 郁景文, 许秋梦, 等.环状RNA作为生物标志物的研究进展[J].生物技术通讯,

2020, 31 (4): 467-472.

[17] KLINGE C M. Non-coding RNAs in breast cancer: intracellular and intercellular communication [J]. Noncoding RNA, 2018, 4 (4): 40.

[18] CHEN B, WEI W, HUANG X, et al. CircEPSTI1 as a prognostic marker and mediator of triple-negative breast cancer progression [J]. Theranostics, 2018, 8 (14): 4003-4015.

[19] ZENG K, HE B, YANG B B, et al. The pro-metastasis effect of circANKS1B in breast cancer [J]. Mol Cancer, 2018, 17 (1): 160.

[20] YANG C Y, ZHANG F X, HE J N, et al. CircRNA-100876 promote proliferation and metastasis of breast cancer cells through adsorbing microRNA-361-3p in a sponge form [J]. Eur Rev Med Pharmacol Sci, 2019, 23 (16): 6962-6970.

[21] LIANG Y, SONG X, LI Y, et al. Targeting the circBMPR2/miR-553/USP4 Axis as a potent therapeutic approach for breast cancer [J]. Mol Ther Nucleic Acids, 2019 (17): 347-361.

[22] YAN L, ZHENG M, WANG H. Circular RNA hsa-circ-0072309 inhibits proliferation and invasion of breast cancer cells via targeting miR-492 [J]. Cancer Manag Res, 2019 (11): 1033-1041.

[23] YANG L, SONG C, CHEN Y, et al. Circular RNA circ-0103552 forecasts dismal prognosis and promotes breast cancer cell proliferation and invasion by sponging miR-1236 [J]. J Cell Biochem, 2019, 120 (9): 15553-15560.

[24] LIU Y J, ZHANG J Y, LI A M, et al. Prediction of cancer-associated piRNA-mRNA and piRNA-lncRNA interactions by integrated analysis of expression and sequence data [J]. Tsinghua Science and Technology, 2018, 23 (2): 115-125.

[25] 刘启鹏, 安妮, 岑山, 等. piRNA抑制基因转座的分子机制 [J]. 遗传, 2018, 40 (6): 445-450.

[26] CHALBATANI G M, DANA H, MEMARI F, et al. Biological function and molecular mechanism of piRNA in cancer [J]. Pract Lab Med, 2019, 13: e113.

[27] TAN L, MAI D, ZHANG B, et al. PIWI-interacting RNA-36712 restrains breast cancer progression and chemoresistance by interaction with SEPW1 pseudogene SEPW1P RNA [J]. Mol Cancer, 2019, 18 (1): 9.

[28] ZHANG H, REN Y, XU H, et al. The expression of stem cell protein PIWIl2 and piR-932 in breast cancer [J]. Surg Oncol, 2013, 22 (4): 217-223.

[29] JABBARZADEH K P, AFZALIPOUR K M, MOHAMMADI M, et al. Targets and mechanisms of sulforaphane derivatives obtained from cruciferous plants with special focus on breast cancer-contradictory effects and future perspectives [J]. Biomed Pharmacother, 2020 (121): 109635.

第三节 甲状腺癌

一、甲状腺癌中的 miRNA

甲状腺癌是一种常见的内分泌恶性肿瘤，其发病率在多个地区都在稳步上升，女性的全球发病率为每 10 万人中有 10.2 个人感染，比男性高 3 倍，该疾病的发病率约占女性癌症的 5.1%。甲状腺癌明确的风险因素是辐射，人们暴露于大于 0.05～0.1 Gy（50～100 mGy）的平均剂量后，患癌风险增加，在儿童时期该风险更大，并随着暴露年龄的增加而降低。甲状腺乳头状癌是放射线照射后诊断出的最常见的甲状腺癌。有报道表明，碘摄入不足或过多、环境污染物、胰岛素抵抗、肥胖也可能是甲状腺癌的风险因素。

不同的 miRNA 影响甲状腺癌发生发展的机制不同。Ye 等研究表明，miR-204 与肺腺癌转录本 1（MALAT1）结合，通过 N6-甲基腺嘌呤（M6A）修饰识别来上调胰岛素样生长因子 mRNA 结合蛋白 2（IGF2BP2），并增强原癌基因表达，对甲状腺癌细胞的增殖、迁移和侵袭具有促进作用，并伴有减弱肿瘤生长和细胞凋亡的作用。另一项研究表明，miR-147b 是新鉴定出的与肿瘤相关的 miRNA，下调 miR-147b 可靶向上调高迁移族盒基因 15（SOX15），而 SOX15 过表达抑制 Wnt/β-catenin 信号，最终抑制甲状腺癌细胞的增殖和侵袭。此外，miR-296-5p 是 lncRNA 叉头盒 D3 反义 RNA1（lncRNAFOXD3-AS1）的靶标，抑制 lncRNAFOXD3-AS1 可靶向上调 miR-296-5p，导致 TGF-β1/Smads 信号通路失活，最终抑制甲状腺癌的侵袭性生物学行为。

miRNA 除了在甲状腺癌的治疗方向上有新进展，作为甲状腺癌诊断标志物也有新的报道。Shu 等对甲状腺癌细胞系（K1、CAL-62 和 TPC1）、人类甲状腺正常细胞（Nthy-ori3-1）及甲状腺癌组织和相邻正常组织进行了生物信息学分析，结果显示 circHIPK3 通过使 miR-338-3p 海绵化上调了 RAS 癌基因家族成员 RAB23 的表达，从而促进了甲状腺癌的发生和侵袭，这提示了 circHIPK3 可能是甲状腺癌的新型生物标志物。此外，另一项研究对甲状腺乳头状癌中的 miRNA 进行了富集分析，结果表明有 8 个独立预后的 miRNA（包括 miR-1179、miR-133b、miR-3194、 miR-3912、miR-548j、miR-6720、miR-6734 和 miR-6843）组成了风险评分系统，经 ROC 曲线评估，可用于预测甲状腺乳头状癌的预后。

Jin 等分别用 CCK-8 法和 Transwell 法检测了 miR-15a 对甲状腺乳头状癌细胞增殖和侵袭的影响。实验证实了 miR-15a 在甲状腺乳头状癌组织中的表达明显低于正常组织。miR-15a 的过表达通过促进凋亡显著抑制了甲状腺乳头状癌细胞的增殖和侵袭。此外，发现 RET 原癌基因是 miR-15a 的靶标，并且通过双荧光素酶测定和 Western blot 证实了这种相关性。体内研究表明，miR-15a 的过表达通过下调 RET 和磷酸化 AKT 的水平来抑制肿瘤的生长。Zang 等则通过 RT-qPCR 和蛋白质印迹评估了甲状腺乳头状癌组织和细胞中 miR-21 和 VHL 的表达。使用 MTT 测定法和 Transwell 测定法分别评估了细胞的增殖和侵袭能力。通过荧光素酶报告基因检测，鉴定了 miR-21 的靶标，并探索了其在甲状腺乳头状癌中的作用。在甲状腺乳头状癌组织和细胞中 miR-21 表达水平上调，miR-21 表达的异位促进了细胞的增殖和侵袭能力，而敲低 miR-21 却抑制了 TPC-1 和 BCPAP 甲状腺癌细胞的增殖和侵袭能力。Condello 等在关于 mRNA 和 miRNA 表达谱是否有助于区分转移性和非转移性滤泡型甲状腺乳头状癌的研究中，选择具有相似临床病理特征的 24 个原发性滤泡型甲状腺乳头状癌组织样本进行了研究，其中有 12 个转移性滤泡型甲状腺乳头状癌和 12 个非转移性的滤泡型甲状腺乳头状癌组织，并通过荧光条形码标记单分子探测技术对 2 个不同组的 740 个 mRNA 和 798 个 miRNA 进行了表达分析。结果在两组间差异表达的 mRNA 和 miRNA 分别有 47 种和 35 种。使用这些 mRNA 和 miRNA，可将转移性滤泡型甲状腺乳头状癌和非转移性滤泡型甲状腺乳头状癌明显分为 2 个不同的簇。与非转移性相比，具有转移能力的滤泡型甲状腺乳头状癌具有不同的表达谱，通过前瞻性研究验证了该分子技术在早期鉴定高风险滤泡型甲状腺乳头状癌中的有效性。

Kim 等研究了核糖核酸酶Ⅲ、第 2 类核糖核酸酶Ⅲ、重组蛋白 DGCR8 微处理器复合体（DGCR8）和 AGO2 蛋白（AGO2）在甲状腺乳头状癌中的表达水平，以及它们与临床病理特征的相关性。通过选用来自韩国甲状腺乳头状癌患者的 40 个甲状腺乳头状癌样本入组，使用 RT-qPCR 检测了它们的 mRNA 表达水平，然后通过与 TCGA 数据库中甲状腺乳头状癌项目中的美国白人女性的数据进行比较，结果发现它们的 mRNA 表达水平大多相同，只有 RNase Ⅲ Drosha 在韩国甲状腺乳头状癌样本中显示出明显较低的表达水平。此外，两组中 4 种成分的 mRNA 表达水平均与临床病理特征无关。甲状腺乳头状癌是最常见的内分泌恶性肿瘤之一，涉及 miRNA 的异常调节。在 TCGA 数据库中的甲状腺乳头状癌样品中，有研究团队观察到核糖核酸酶Ⅲ和第 2 类核糖核酸酶Ⅲ与 DGCR8 和第 2 类核糖核酸酶Ⅲ的 mRNA 表达水平变化之间呈正相关。另外，在甲状腺乳头状癌中发现的最普遍的常见突变是 BRAF 原癌基因突变。许多研究表明，BRAF 突变与 miRNA 的失调有关。肿瘤蛋白 p53 在细胞周期控制、DNA 修复和凋亡中具有重要作用。此外，p53 可以调节 miRNA 的表达，从而参与甲状腺癌的发生。

甲状腺癌预后常常不良，尽早诊断是最大化成功治疗并延长患者生存率的关键。阐明 miRNA 在甲状腺癌中的作用机制是 miRNA 在甲状腺癌诊断中的应用和新药研发的基础，对改善甲状腺癌患者预后具有重要意义。

二、甲状腺癌中的 circRNA

甲状腺癌是一种常见的恶性肿瘤，2015 年我国前 10 位恶性肿瘤发病情况估计中，甲状腺癌的发病率为 14.6/10 万。然而，甲状腺肿瘤发生的潜在分子机制至今仍然不明。研究表明，circRNA 的异常表达与很多人体肿瘤的浸润、转移及增殖有关。

Bi 等研究显示 circRNA-102171 在甲状腺癌组织中高表达，并可促进癌细胞增殖、迁移和侵袭。Wnt/β-catenin 信号传导途径的异常激活是甲状腺癌发生的经典途径。研究表明，重组人 β-连环素蛋白互作蛋白 1（CTNNBIP1）是 β-catenin 的作用蛋白，而 circ-102171 与 CTNNBIP1 的直接作用，减少了 CTNNBIP1/β-catenin 复合物形成，促进细胞核中的 β-catenin 与 T 细胞因子蛋白的缔合，从而激活了 Wnt/β-catenin 途径。因此，阻断 Wnt/β-catenin 信号传导途径有望成为甲状腺癌治疗的潜在靶点。

circNEK6 是一种外显子 circRNA，编码 mRNA NEK6。circNEK6 作为 NIMA 相关的丝氨酸/苏氨酸激酶家族成员之一，在甲状腺癌中过表达。Chen 等研究发现，甲状腺癌组织中 circNEK6 与人卷曲蛋白 8（FZD8）的表达呈正相关。FZD8 是介入 Wnt 信号通路的基因，Wnt 途径的激活可导致甲状腺上皮细胞癌变，而 miR-370-

3p作为circNEK6和FZD8的共同靶点可抑制甲状腺癌的进展，故可以认为miR-370-3p可抑制癌细胞的表达。这为临床治疗提供了新的思路，即抑制circNEK6和FZD8的表达或上调miR-370-3p的表达可阻断甲状腺癌的发生与复发。

circ-0067934位于染色体区域3q26.2，由2个外显子反向剪切生成，大部分存在于细胞质中。Wang等发现，circ-0067934在甲状腺肿瘤细胞中高表达，circ-0067934的下调抑制上皮间质转化信号通路和PI3K/AKT信号通路，抑制甲状腺癌的发生发展，临床可通过抑制circ-0067934的表达来阻断癌细胞的相关信号通路。Cai等研究证实了甲状腺癌组织细胞中circBACH2呈高表达，且对miR-139-5p具有海绵样作用。同时，研究还发现miR-139-5p抑制甲状腺癌细胞的迁移和侵袭，而LIM蛋白4（LMO4）可以逆转这种侵袭。miR-139-5p可与LMO4的3′非编码区（3′-UTR）结合，在转录后水平抑制LMO4的合成。由此可推断，当甲状腺细胞发生癌变时，circBACH2表达水平增高，使miR-139-5p海绵化，继而导致LMO4的过表达，使癌细胞处于无限增殖状态。综合这些结果，circBACH2/miR-139-5p/LMO4轴可以作为甲状腺癌精准治疗的靶点。

综上所述，随着新一代高通量测序技术和基因芯片技术的广泛应用，circRNA作为一种调控蛋白在甲状腺癌发生发展中起着重要的作用。通过基因与蛋白质相互作用，激活相应的信号通路，致使甲状腺上皮细胞癌变，这一系列机制的发现，为甲状腺癌的早期诊断及预防提供了新思路，也为临床精准治疗提供了潜在的靶点。

参考文献

[1] BRAY F, FERLAY J, SOERJOMATARAM I, et al. Global cancer statistics 2018：GLOBOCAN estimates of incidence and mortality worldwide for 36 cancers in 185 countries[J]. CA Cancer J Clin, 2018, 68（6）：394-424.

[2] IGLESIAS M L, SCHMIDT A, GHUZLAN A A, et al. Radiation exposure and thyroid cancer：a review[J].Arch Endocrinol Metab, 2017, 61（2）：180-187.

[3] YILDIRIM S I, CETINKALP S, KABALAK T. Review of factors contributing to nodular goiter and thyroid carcinoma[J].Med Princ Pract, 2020, 29（1）：1-5.

[4] YE M, DONG S, HOU H, et al. Oncogenic role of long noncoding RNAMALAT1 in thyroid cancer progression through regulation of the miR-204/IGF2BP2/m6A-MYC signaling[J].Mol Ther Nucleic Acids, 2021（23）：1-12.

[5] XU C, LIU J, YAO X, et al. Downregulation of microR-147b represses the proliferation and invasion of thyroid carcinoma cells by inhibiting Wnt/beta-catenin signaling via targeting SOX15 [J].Mol Cell Endocrinol, 2020, 501: 110662.

[6] CHEN Y, GAO H, LI Y. Inhibition of lncRNA FOXD3-AS1 suppresses the aggressive biological behaviors of thyroid cancer via elevating miR-296-5p and inactivating TGF-beta1/Smads signaling pathway [J].Mol Cell Endocrinol, 2020, 500: 110634.

[7] YI W, LIU J, QU S, et al. An 8 miRNA-based risk score system for predicting the prognosis of patients with papillary thyroid cancer [J].Technol Cancer Res Treat, 2020, 19: 1079233242.

[8] JIN J, ZHANG J, XUE Y, et al. MiRNA-15a regulates the proliferation and apoptosis of papillary thyroid carcinoma via regulating AKT pathway [J].Onco Targets Ther, 2019 (12): 6217-6226.

[9] ZANG C, SUN J, LIU W, et al. MiRNA-21 promotes cell proliferation and invasion via VHL/PI3K/AKT in papillary thyroid carcinoma.Hum Cell.2019, 32 (4): 428-436.

[10] CONDELLO V, TORREGROSSA L, SARTORI C, et al. MRNA and miRNA expression profiling of follicular variant of papillary thyroid carcinoma with and without distant metastases [J].Mol Cell Endocrinol, 2019, 479: 93-102.

[11] KIM J, PARK W J, JEONG K J, et al. Racial differences in expression levels of miRNA machinery-related genes, dicer, drosha, DGCR8, and AGO2, in asian korean papillary thyroid carcinoma and comparative validation using the cancer Genome atlas [J].Int J Genomics, 2017 (2017): 5789769.

[12] PERDAS E, STAWSKI R, NOWAK D, et al. Potential of liquid biopsy in papillary thyroid carcinoma in context of miRNA, BRAF and p53 mutation [J].Curr Drug Targets, 2018, 19 (14): 1721-1729.

[13] 郑荣寿, 孙可欣, 张思维, 等.2015年中国恶性肿瘤流行情况分析 [J]. 中华肿瘤杂志, 2019 (1): 19-28.

[14] BI W, HUANG J, NIE C, et al. CircRNA circRNA-102171 promotes papillary thyroid cancer progression through modulating CTNNBIP1-dependent activation of beta-catenin pathway [J]. J Exp Clin Cancer Res, 2018, 37 (1): 275.

[15] CHEN F, FENG Z, ZHU J, et al. Emerging roles of circRNA-NEK6 targeting miR-370-3p in the proliferation and invasion of thyroid cancer via Wnt signaling pathway [J].Cancer Biol Ther, 2018, 19 (12): 1139-1152.

[16] WANG H, YAN X, ZHANG H, et al. CircRNA circ-0067934 overexpression correlates with poor prognosis and promotes thyroid carcinoma progression [J].Med Sci Monit, 2019 (25): 1342-1349.

[17] CAI X, ZHAO Z, DONG J, et al. Circular RNA circBACH2 plays a role in papillary thyroid carcinoma by sponging miR-139-5p and regulating LMO4 expression [J].Cell Death Dis, 2019, 10（3）: 184.

第四节　垂体瘤

一、垂体瘤中的 miRNA

垂体瘤是起源于腺垂体的肿瘤，大多数是良性的，又称为垂体腺瘤，是常见的神经内分泌肿瘤之一。垂体瘤是一组从垂体前叶和后叶及颅咽管上皮残余细胞发生的肿瘤。临床上有明显症状者约占颅内肿瘤患者的 10%。男性略多于女性，垂体瘤通常发生于青壮年时期，常常会影响患者的生长发育、生育功能、学习和工作能力。临床表现为激素分泌异常症群、肿瘤压迫垂体周围组织的症群、垂体卒中和其他垂体前叶功能减退表现。临床上垂体瘤分类有垂体转移癌、垂体瘤腺瘤、垂体腺癌、垂体细胞瘤 4 种。此外，垂体肿瘤还可分为微腺瘤和大腺瘤，主要根据磁共振成像的结果分型。垂体肿瘤中只有极少数会最终发展成垂体癌。大多数垂体腺瘤能分泌激素，因此在垂体腺瘤早期做内分泌检查，能较早地发现。但是，临床发现一部分垂体瘤表现为侵袭性垂体瘤，与普通垂体瘤相比具有侵袭性生长的生物学表现，可压迫脑神经、颅骨、海绵窦和颅内动脉等多个组织，手术切除难度大，且易复发。

miRNA 在垂体腺瘤中是一个新兴的研究热点。miRNA 具有作为垂体腺瘤诊断的生物标志物的潜在可能性，有助于垂体腺瘤早期诊断、预后评估、术后随访、早期预测术后复发等。有研究通过基因芯片技术得出，在正常人与垂体腺瘤患者中有 30 个 miRNAs 存在差异表达，还描述了组织学类型特定的 miRNA。这些特异的 miRNAs 可以正确鉴别 75% 的促肾上腺皮质激素腺瘤、100% 的无功能性垂体腺瘤、80% 的泌乳素腺瘤和 30% 的生长激素腺瘤。另外研究还发现，miR-23a、miR-23b 和 miR-24-2 在生长激素腺瘤和催乳素腺瘤中呈高表达，而 miR-26 为低表达。进一步研究发现，miR-23a、miR-23b 和 miR-24-2 与造血干细胞的生长和定位及神经元的发育相关。研究者推测这可能与促进生长激素腺瘤和催乳素腺瘤生长作用的靶基因为基质细胞衍生因子 1（SDF-1）有关。

还有研究者运用 Northern blot 分别对生长激素分泌型的垂体瘤与泌乳素分泌型的垂体瘤进行了检测，与正常垂体组织相比，miRNA 的表达水平下降，且与该肿瘤的直径成反比，提示 miRNA 可能有助于确定垂体瘤的组织分类。miRNA 的调节机制十分复杂，有的 miRNA 能抑制垂体瘤细胞增殖与分化，如 miR-24、miR-34a、miR-93、miR-148-3p、miR-152、miR-132、miR-15a 和 miR-16，它们的表达水平在侵袭性垂体瘤中显著低于非侵入性的垂体腺瘤；而有的 miRNA 则通过不同的通路增强了垂体瘤细胞的增殖、分化与侵袭，如 miR-106b 可通过调控 PI3K/AKT 信号通路促进垂体瘤细胞的增殖和侵袭性。miR-26a 在侵袭性垂体瘤中的表达显著上调，miR-26a 的表达可抑制多形性腺瘤基因 1（PLAG1），而 PLAG1 的低表达能促进垂体瘤的发生与垂体瘤侵袭性生长。不过，这些 miRNA 的具体机制仍需要更大样本量来确定，通过构建 RNA 调节网络证实。某些 miRNA 能调控细胞周期，这类 miRNA 可通过影响细胞周期蛋白、细胞周期蛋白依赖性蛋白激酶（CDK）、细胞周期蛋白依赖性激酶抑制剂（CKI）和转录因子（TF）的合成来调节细胞周期，从而导致肿瘤细胞的发生与侵袭。细胞周期蛋白的表达可以调节细胞周期，而 miRNA 的异常表达导致正常的细胞周期被破坏。细胞周期蛋白诱导细胞有丝分裂，其表达又与 miR-1、miR-195 和 miR-206 的表达有关。miR-26a 可抑制 mRNA 翻译，导致细胞周期滞留在 G_1 期。miRNA-133 促进叉头框基因 C1（FOXC1）的表达，FOXC2 的表达会导致细胞周期蛋白 1 的高表达，从而促进垂体瘤中 G_1 到 S 期的相变。因此，miRNA 不仅可以通过直接调控周期表达来调节细胞周期过程，还通过影响转录因子的表达间接调节细胞周期过程。

研究发现，在垂体腺瘤的发生发展过程中 miRNA 可以出现差异表达，miRNA 的种类及表达水平变化与垂体腺瘤的临床特点，如肿瘤类型、大小、药物治疗效果和术后复发等有一定的关联。因此，miRNA 在不同激素类型的垂体腺瘤中的种类及差异表达可能成为诊断和治疗垂体腺瘤的生物标志物。

二、垂体瘤中的 circRNA

非功能性垂体瘤是最常见的垂体瘤，其中一些表现出局部浸润甚至临床侵袭性行为。Hu 等研究表明，在侵袭性非功能性垂体瘤和非侵袭性非功能性垂体瘤之间检测到特定的 circRNA 表达谱，包括侵袭性非功能性垂体瘤中的 91 个上调的 circRNA 和 61 个下调的 circRNA。其中，Hsa-circ-102597 能够准确地区分侵袭性非功能性垂体瘤和非侵袭性非功能性垂体瘤，并预测肿瘤的进展或复发。14 种异常表达的 circRNA 可能通过 7 个预测的潜在 miRNA 靶点参与垂体瘤的浸润。由此可知，circRNA 参与了垂体瘤的侵袭，可作为非功能性垂体瘤的新型诊断和预后生物标志物。Wang 等使用 circRNA 微阵列分析比较了非侵入性非功能性腺瘤、侵入性非功能性腺瘤及非功能性腺瘤复发患者肿瘤组织（侵袭性肿瘤与非侵袭性肿瘤、复发性肿瘤组织与首次手术肿瘤组织）的表达模式，数据结果表明，circRNA 可能参与了非功能性垂体瘤发育的整个过程，包括侵袭和肿瘤复发。Guo 等使用高通量 RNA 芯片技术检查了非功能腺瘤患者的 circRNA 表达谱，并使用 R 程序将数据随机分组，发现 hsa-circ-0000066 和 hsa-circ-0069707 与非功能性垂体瘤患者的复发和无进展生存期显著相关（$P < 0.05$）。鉴定的 circRNA 标志可预测非功能性垂体瘤患者的肿瘤复发，并具有很高的预测准确性，因此可用于治疗指导和预后评估，同时 circRNA 作为 miRNA 海绵，今后可能会为垂体腺瘤的治疗提供新的见解。

上述研究显示了 circRNA 在垂体腺瘤发生发展中发挥关键性作用，可作为诊断及预后评估的生物标志物。虽然现在对于 circRNA 的认识仅是冰山一角，要揭示其形成机制、功能及在垂体腺瘤中的作用机制还有漫长的研究道路。但是，随着研究的深入，越来越多的 circRNA 有望成为新的垂体腺瘤诊断标志物，并为开发新型高效的抗肿瘤药物提供思路。因此，circRNA 可能是新型潜在的垂体腺瘤生物标志物和治疗靶标。

三、垂体瘤中的其他非编码 RNA

siRNA 在生物学上有不同的途径参与 RNA 功能，研究发现 siRNA 能参与 RNA 干扰，并且此类 RNA 有专一性的调节基因的表达方式。因此，siRNA 治疗肿瘤成为了吸引广大研究者的新方法，但由于肿瘤细胞环境的不稳定和不确定性，siRNA 的使用仍然具有非常大的挑战。另外，研究表明，siRNA 能参与 RNA 相关的反应，如结构的改变、抗病毒机制等。不过此类机制十分复杂，反映的途径仍需要大量的实验证明。siRNA 的结构中含有 2 个突出核苷酸的羟基化 3′ 末端与具有磷酸化 5′

末端的短双链 DNA（dsRNA）。siRNA 以转染的方式进入细胞。任何基因都可以通过互补序列合成 siRNA，因此，研究 siRNA 是日后研究基因功能与研究靶向药物的重要突破点。

在临床所有以核酸为基点的癌症靶向治疗方法中，siRNA 因其分子量小，具有 RNA 干扰的功能，并且具有专一性而受到欢迎。dsRNA 被内切核糖核酸酶识别与剪切，形成 siRNA，此时的 siRNA 进入细胞体内，被整合到细胞内与其他蛋白质形成沉默复合物（RISC），此时 siRNA 展开成为单链 siRNA，单链的 siRNA 可以在细胞体内找到互补的靶 mRNA，并且与靶 mRNA 相结合，当靶 mRNA 与 siRNA 结合以后，靶 mRNA 被诱导切割降解，降解后的 mRNA 游离在细胞中。细胞无法识别降解后的 mRNA，无法翻译为氨基酸形成蛋白质，最终降解。这种方法就是通过 siRNA 干扰的方式抑制 mRNA 的翻译来沉默 mRNA 的基因以此来治疗肿瘤。因为 siRNA 与靶 mRNA 识别结合的互补性高，所以具有非常强的特异性。在过去临床治疗肿瘤，常以单一药物治疗，但是单一药物的使用易导致各种严重的不良反应。学者开始研究抗肿瘤的联合治疗，如 siRNA 与化学疗法的联合治疗。此联合治疗的难点在于如何与其他不同理化性质的药物相结合，如何传递到肿瘤细胞内。

垂体瘤大多数属于泌乳素腺瘤，能分泌大量泌乳素。人体许多正常生理功能都受泌乳素的影响。研究发现，垂体肿瘤转化基因 1（PTTG1）在垂体瘤中高度表达，为垂体瘤易感基因。研究证明，PTTG1 是一种新的原癌基因，并且在垂体瘤及人体许多其他肿瘤细胞中过表达。用 siRNA 序列与 PTTG siRNA 作对照可以研究垂体瘤转化基因的机制。研究发现，生长分化因子 15（GDF15）在许多细胞或肿瘤细胞中异常表达，如乳腺癌、子宫内膜癌和卵巢癌，这表明 GDF15 也与肿瘤细胞的发生、转移和侵袭有关。有学者发现 GDF15 与垂体瘤的侵袭可能存在相关性，为研究 GDF15 对垂体瘤细胞的发生或侵袭的影响，将 GDF15-siRNA 转入到垂体瘤细胞中，分析其 mRNA 表达水平、细胞增殖率、细胞侵袭能力等，以研究其分子机制。

综上所述，siRNA 的表达不仅参与 RNA 干扰，还能诱导 mRNA 降解，与肿瘤细胞的发生与侵袭密切相关。因此，研究 siRNA 的干扰机制对于研究肿瘤的发生机制，以及治疗肿瘤显得尤为重要。

参考文献

[1] XU B, LIU J, XIANG X, et al. Expression of miRNA-143 in pancreatic cancer and its clinical significance [J]. Cancer Biother Radiopharm, 2018, 33（9）：373-379.

[2] ZIELINSKI G, SAJJAD E A, MAKSYMOWICZ M, et al. Double pituitary adenomas in a large surgical series [J]. Pituitary, 2019, 22（6）：620-632.

[3] 王义彪, 赵建农, 王鹏程, 等. MiR-150在大鼠垂体瘤细胞中的表达及其对细胞增殖的影响 [J]. 海南医学, 2017, 28（14）：2242-2244.

[4] OLEJNICZAK M, ZIMMER A K, KRZYZOSIAK W. Stress-induced changes in miRNA biogenesis and functioning [J]. Cell Mol Life Sci, 2018, 75（2）：177-191.

[5] LU Y, THAVARAJAH T, GU W, et al. Impact of miRNA in Atherosclerosis [J]. Arterioscler Thromb Vasc Biol, 2018, 38（9）：e159-e170.

[6] HE J H, HAN Z P, ZOU M X, et al. Analyzing the lncRNA, miRNA, and mRNA regulatory network in prostate cancer with bioinformatics software [J]. J Comput Biol, 2018, 25（2）：146-157.

[7] LIANG S, CHEN L, HUANG H, et al. The experimental study of miRNA in pituitary adenomas [J]. Turk Neurosurg, 2013, 23（6）：721-727.

[8] 迟学秀, 孙晓方, 袁鹰. MicroRNA在侵袭性垂体腺瘤中的研究现状及前景 [J]. 青岛大学学报（医学版）, 2018, 54（1）：108-110.

[9] HU Y, ZHANG N, ZHANG S, et al. Differential circular RNA expression profiles of invasive and non-invasive non-functioning pituitary adenomas: a microarray analysis [J]. Medicine (Baltimore), 2019, 98（26）：e16148.

[10] WANG J, WANG D, WAN D, et al. Circular RNA in invasive and recurrent clinical nonfunctioning pituitary adenomas: expression profiles and bioinformatic analysis [J]. World Neurosurg, 2018（117）：e371-e386.

[11] GUO J, WANG Z, MIAO Y, et al. A twocircRNA signature predicts tumour recurrence in clinical nonfunctioning pituitary adenoma [J]. Oncol Rep, 2019, 41（1）：113-124.

[12] HE Y, GUO S, WU L, et al. Near-infrared boosted ROS responsive siRNA delivery and cancer therapy with sequentially peeled upconversion nano-onions [J]. Biomaterials, 2019, 225：119501.

[13] MENDES L P, SARISOZEN C, LUTHER E, et al. Surface-engineered polyethyleneimine-modified liposomes as novel carrier of siRNA and chemotherapeutics for combination treatment of drug-resistant cancers [J]. Drug Deliv, 2019, 26（1）：443-458.

[14] 张静, 刘峥嵘, 阎英, 等. siRNA介导垂体瘤转化基因沉默抑制人泌乳素型垂体瘤凋亡的研究 [J]. 中国医科大学学报, 2008（2）：214-216.

第五节 汗管瘤

汗管瘤中的 ceRNA

汗管癌是一种良性的皮肤附件肿瘤，起源于汗管上皮细胞。1956 年，Goldman 等首次提出了这种癌症病理分型。汗管癌的主要临床表现为圆顶状结节或斑块，常发生于手掌部、足底部，亦有病例表明其可能发生于眼睑、头皮等区域。理论上，全身所有区域均有可能受累。因鉴别诊断的特征重合较多，通常情况下采用临床病理分析来确诊。

ceRNA 通过竞争共享的 miRNA 来进行转录后调节基因表达。ceRNA 网络连接编码 RNA 和非编码 RNA，当 ceRNA 网络因 RNA 转录异常、RNA 二级结构破坏或集合蛋白异常而消解时，可能导致包括癌症在内的各种疾病发生。目前关于 ceRNA 如何调节汗管癌的发病相关研究甚少，几乎没有文献资料。本文通过其他癌症的机制，对 ceRNA 如何影响癌症的病理进程进行推理和猜测。

ceRNA 假说认为，在 3′ 端非翻译区（UTRs）中共享 miRNA 反应元件（MREs）的 RNA 可以影响 miRNA 的表达，从而导致基因沉默。miRNA 的功能可能受到靶 mRNA 的影响。对于给定的 mRNA，它的表达水平上调可导致 MREs 数量的增加，超过目标 miRNA 的数量。因此，mRNA 可以作为共享 miRNA 的抑制剂。与各种 ceRNAs 竞争的 PTEN 在各类晚期和转移性的癌症中已经得到广泛验证。一项研究成功验证了蛋白质编码转录样本（ZEB2）在黑色素瘤中参与 ceRNA 网络调控的作用，表明了 ZEB2 是一种依赖于 miRNA 的方式参与调节 PTEN 表达的重要基因。

目前，探究 ceRNAs 功能最有效的方法是构建 ceRNA 网络。随着学术界对 ceRNA 研究的不断深入，ceRNA 数据库不断建立，出现了一个假定的人类 ceRNA 数据库 ceRDB，旨在预测与 ceRNAs 相关的 miRNA 靶基因。在 ceRDB 数据库中，根据 ceRNAs 之间共享 MREs 的数量及相互作用得分对竞争的 mRNAs 进行排序，分数越高，受靶基因 ceRNAs 影响的可能性越大。此外，相关的网络数据库还有 Linc2GO、StarBasev2.0、MiRcode、DIANA-LncBase、ChIPBase 等。这些数据库将帮助我们寻找生物标志物，有效缩短摸索的途径与时间。

汗管癌大多为良性肿瘤，但也存在恶性的病理类型，发病率低（约占皮肤肿瘤的 0.01%），但转移率与复发率极高。今后可以继续探索 ceRNA 假说，研究其如何调控汗管癌的基因表达，寻找特定的 mRNA 与目标 miRNA。探究 ceRNA 在病理类型中的作用位点，对于治愈汗管癌也具有很高的应用价值。

参考文献

［1］GOLDMAN P, PINKUS H, ROGIN JR. Eccrine poroma: tumors exhibiting features of the epidermal sweat duct unit［J］.AMA Arch Derm, 1956, 74（5）: 511-521.

［2］SAWAYA J L, KHACHEMOUNE A. Poroma: a review of eccrine, apocrine, and malignant forms［J］.Int J Dermatol, 2014, 53（9）: 1053-1061.

［3］QI X, ZHANG D H, WU N, et al. CeRNA in cancer: possible functions and clinical implications［J］.J Med Genet, 2015, 52（10）: 710-718.

［4］SALMENA L, POLISENO L, TAY Y, et al. A ceRNA hypothesis: the rosetta stone of a hidden RNA language？［J］.Cell, 2011, 146（3）: 353-358.

［5］KARRETH F A, TAY Y, PERNA D, et al. In vivo identification of tumor-suppressive PTEN ceRNAs in an oncogenic BRAF-induced mouse model of melanoma［J］.Cell, 2011, 147（2）: 382-395.

［6］GUO L L, SONG C H, WANG P, et al. Competing endogenous RNA networks and gastric cancer［J］.World J Gastroenterol, 2015, 21（41）: 11680-11687.

［7］BRAND A C V D, DAMMAN J, GROENENDIJK F H, et al. Eccrine porocarcinoma: a rare case of an in situ tumor with lymph node metastases［J］.JAAD Case Rep, 2020, 6（1）: 42-45.

第十章 其他肿瘤中的非编码RNA

第一节 头颈癌

一、头颈癌中的miRNA

头颈癌是全世界范围内最常见的恶性肿瘤之一，发病率排在第7位。头颈部有特殊的结构，如口腔、口咽、咽喉、鼻咽部、鼻窦部、涎腺、甲状腺等，约95%的头颈癌来自皮肤或黏膜的鳞状细胞癌，余下5%来自头颈部的各种涎腺，如腮腺、唾液腺、甲状腺等。美国每年新增头颈癌病例约4万例，其中约1/4的病例直接死于头颈癌，常见于中年男子，特别是50岁至60岁的患者。女性发病率约为男性的1/3。其致病病因中，最常见的是吸烟和饮酒，如烟草中的尼古丁和其他成分可慢性刺激鼻腔和口腔黏膜，容易造成鳞状细胞癌。此外，还有各种辐射、长时间的阳光照射、刺激性气体、液体、烟雾、粉尘、维生素A缺乏等致病因素。在头颈部肿瘤中，约50%的口咽癌与乙型肝炎病毒（HBV）感染有关；鼻咽癌主要与EB病毒感染有关，但也发现约1/4的患者未见明确病因。因头颈癌包含的疾病较多，所以其临床症状及体征不一，差异较大，与肿瘤的大小、部位、侵犯及转移程度有关，如鼻咽癌患者常有头痛和流鼻血症状，大部分患者发现时可触及颈部淋巴结肿大，而喉癌的主要临床表现是声音嘶哑、咽喉部异物感及疼痛、呛咳及咳血丝痰。头颈癌治疗也因此根据不同病理分型、肿瘤大小及侵犯程度、淋巴结受侵犯及远处转移等情况，采取单独或联合手术、放疗、化疗等治疗手段，以及最新的靶向治疗等。目前单独只采取某种治疗方案的疗效相对欠佳，故强调多学科、综合治疗模式，如鼻咽癌以放疗为主，辅以化疗或靶向治疗疗效会相对较好。

头颈部鳞状细胞癌具有很高的发病率和死亡率，主要包括口腔鳞状细胞癌、口咽鳞状细胞癌和喉鳞状细胞癌（前文已述，不再详细提及）。目前头颈部鳞状细胞癌的存活率较差，主要是晚期才得以诊断且易复发。尽管基因组学致力识别驱动程序突变和蛋白质编码基因表达的变化，但是开发有效的诊断和预后生物标志物仍然是指导疾病管理和改善患者预后的优先事项。来自多个体细胞组织的先前未注释的 miRNA 报道增加了头颈部鳞状细胞癌特异性 miRNA 的可能性。这些在独立的数据集中存在的 miRNA 通过 RT-qPCR 分析得到了证实，它们可能参与头颈癌的发生发展过程。研究表明，在头颈部癌组织与正常对照组织中发现了 146 种新型 miRNA，其潜在的生物学意义与头颈部癌的临床病理特征具有很好的相关性，这为头颈部鳞状细胞癌的研究提供了新的方向。一部分新的 miRNA 与 HPV 感染状况及患者预后显著相关。另外，诸如吸烟和免疫抑制类的辅助因子也会通过干扰肿瘤抑制物 miRNA 和削弱免疫系统的介体促进 HPV 感染与头颈癌的进展。

为确定头颈部鳞状细胞癌中的新型致癌靶标，研究者在研究头颈部鳞状细胞癌细胞中的抗肿瘤 miRNA 及其受控分子网络时，发现 miR-99a-duplex 的 2 条链（miR-99a-5p 引导链和 miR-99a-3p 后随链）在癌症组织中的表达水平均被下调。此外，miR-99a-5p 和 miR-99a-3p 的低表达显著预测了头颈部鳞状细胞癌的不良预后，并且这些 miRNA 还调节着头颈部鳞状细胞癌癌细胞的迁移和侵袭，进一步筛选参与头颈部鳞状细胞癌发病机制的 miR-99a-3p 控制的癌基因，共筛选出 32 个基因为 miR-99a-3p 的靶向调控基因，其中 STAM 结合蛋白（STAMBP）、TIMP 金属肽酶抑制剂 4（TIMP4）、跨膜蛋白 14C（TMEM14C）、钙连接蛋白（CANX）、赖氨酸甲基转移酶 5B（SUV420H1）、热休克蛋白 90β 家族成员 1（HSP90β1）、蛋白质二硫键异构酶家族 A 成员 3（PDIA3）、亚甲基四氢叶酸脱氢酶 2（MTHFD2）、支链氨基酸转氨酶 1（BCAT1）和溶质载体超家族 22 成员 15（SLC22A15）10 个基因显著预测了头颈部鳞状细胞癌的五年总生存期。值得注意的是，STAMBP、TIMP4、TMEM14C、CANX 和 SUV420H1 是头颈部鳞状细胞癌的独立预后指标。使用基因敲低分析进一步研究了 STAMBP 在头颈部鳞状细胞癌细胞中的致癌功能，数据表明，干扰 STAMBP（即转染 siSTAMBP）减弱了头颈部鳞状细胞癌细胞表型的攻击性。此外，通过免疫组织化学在头颈部鳞状细胞癌临床标本中检测到异常的

STAMBP 表达。这种策略可能有助于澄清该疾病的分子发病机理。

另外，研究发现，miR-125a-5p 表达的下调也与一组高风险头颈部鳞状细胞癌的复发性疾病有关。癌症基因组图谱证实了头颈部鳞状细胞癌中低表达所致不良生存的 miRNA 是 miR-125a-5p，说明 miR-125a-5p 充当了抑癌 miRNA。miR-125a-5p 通过调控 G_1/S 过渡期的细胞周期来调控细胞增殖，miR-125a-5p 可以改变细胞迁移并调节对电离辐射的敏感性。进一步分析 miR-125a-5p 的假定 mRNA 靶标，发现其靶标包括 erb-b2 受体酪氨酸激酶 2（ERBB2）、真核翻译起始因子 4E 结合蛋白 1（EIF4EBP1）和硫氧还蛋白还原酶 1（TXNRD1）。它们支持 miR-125a-5p 的肿瘤抑制机制。ERBB2 的功能验证表明，miR-125a-5p 部分通过 ERBB2 影响细胞增殖和对电离辐射的敏感性。可见，miR-125a-5 可能是管理和治疗头颈部鳞状细胞癌的潜在治疗靶标。

此外，头颈部鳞状细胞癌患者中一种叫锌指 NFX1 型反义 RNA 1（ZFAS1）的 lncRNA 和 miR-150-5p 的表达呈负相关。而 miR-150-5p 可以调节真核起始因子 4E（EIF4E）mRNA 的 3′-UTR。在 ZFAS1 高表达和 miR-150-5p 低表达的患者中可以检测到 EIF4E 的表达水平上调。在头颈部鳞状细胞癌中，ZFAS1 具有致癌特性，与上皮间质转化调节参与癌症起始细胞和转移相关的重要过程，并可能影响患者的临床结局。ZFAS1 可能通过 miR-150-5p 及其下游靶标调节细胞表型。

头颈部肿瘤的原发部位和病理类型有很多，居全身肿瘤之首，超过 90% 的头颈部肿瘤为鳞状细胞癌。因此，本次重点阐述了鳞状细胞癌与 miRNA 发病机理的关系，为头颈部肿瘤的分子治疗提供一定的理论依据。

二、头颈癌中的 circRNA

circRNA 与头颈癌关联密切。差异表达的 circRNA 与口腔鳞状细胞癌的癌变密切相关。其中，circ-102459 和 circ-043621 可能分别充当口腔鳞状细胞癌癌变的肿瘤抑制因子和启动因子。在鼻咽癌的研究中，EB 病毒产生的非编码 RNA，包括 circRNA 调节着宿主细胞基因的表达，并在鼻咽癌的发生中发挥重要作用。其他如涎腺癌、喉癌等头颈癌疾病中，相关 circRNA 的研究较少。不过，随着科学技术的发展，相信在不久的将来会发现更多与头颈癌有关的 circRNA 特异性表达，为疾病的快速诊断、科学合理的治疗方案、预后等方面提供依据。

参考文献

[1] LIU C, YU Z, HUANG S, et al. Combined identification of three miRNAs in serum as effective diagnostic biomarkers for HNSCC [J].EBioMedicine, 2019 (50): 135-143.

[2] TUMBAN E. A current update on human papillomavirus-associated head and neck cancers [J]. Viruses, 2019, 11 (10): 922.

[3] NOWICKA Z, STAWISKI K, TOMASIK B, et al. Extracellular miRNAs as biomarkers of head and neck cancer progression and metastasis [J].Int J Mol Sci, 2019, 20 (19): 4799.

[4] OKADA R, KOSHIZUKA K, YAMADA Y, et al. Regulation of oncogenic targets by miR-99a-3p (passenger strand of miR-99a-Duplex) in head and neck squamous cell carcinoma [J]. Cells, 2019, 8 (12): 1535.

[5] VO D T, KARANAM N K, DING L, et al. MiR-125a-5p functions as tumor suppressor microRNA and is a marker of locoregional recurrence and poor prognosis in head and neck cancer [J].Neoplasia, 2019, 21 (9): 849-862.

[6] KOLENDA T, GUGLAS K, KOPCZYNSKA M, et al. Oncogenic role of ZFAS1 lncRNA in head and neck squamous cell carcinomas [J].Cells, 2019, 8 (4): 366.

[7] 尹西腾, 韩伟. 头颈癌化疗耐药相关微小RNA研究进展[J]. 口腔医学研究, 2018, 34 (6): 594-596.

[8] LIU Q, SHUAI M, XIA Y. Knockdown of EBV-encoded circRNA circRPMS1 suppresses nasopharyngeal carcinoma cell proliferation and metastasis through sponging multiple miRNAs [J].Cancer Manag Res, 2019 (11): 8023-8031.

[9] LI X, ZHANG H, WANG Y, et al. Silencing circular RNA hsa-circ-0004491 promotes metastasis of oral squamous cell carcinoma [J].Life Sci, 2019 (239): 116883.

[10] ZHONG Q, HUANG J, WEI J, et al. Circular RNA CDR1as sponges miR-7-5p to enhance E2F3 stability and promote the growth of nasopharyngeal carcinoma [J].Cancer Cell Int, 2019 (19): 252.

第二节 胸腔癌

一、胸腔癌中的miRNA

胸腔癌的种类有很多，主要是指发生在胸膜上的癌症，研究认为这是种植性转移而形成的。人体的胸膜是一层薄薄的浆膜，这层薄薄的浆膜可以分为 2 层，脏胸膜和壁胸膜。胸腔癌的发病原因主要为胸膜受到转移、侵犯或邻近肿瘤对胸膜的转移引起。肺癌是胸腔内部的肿瘤，可侵犯和累及胸膜。研究发现，许多 miRNA 可能在肺腺癌的发展中起至关重要的作用。大量证据表明，miRNA 与肺癌增强和改善的若干因素相关。肺癌的预后当前不容乐观，死亡率相当高。因为诊断准确率和治疗手段的限制，病情复发及耐药行为的不断发生，导致其治疗及预后也不容乐观。在肿瘤的发生进程中，miRNA 可通过调节细胞周期、转移、血管生成以及代谢、凋亡等发挥重要作用。

另外，恶性胸膜间皮瘤是一种无法治愈的胸膜癌，目前临床很难对其作出诊断，需找到更容易和／或更早诊断的生物标志物。约 90% 的恶性胸膜间皮瘤患者会发生胸腔积液。胸腔积液是理想的生物标志物来源，出于诊断和／或治疗原因，液体需要引流。然而，区分恶性胸膜间皮瘤胸腔积液与其他疾病引起的胸腔积液是具有挑战性的。miRNAs 在组织和流体中稳定表达，已成为当前流行的生物标志物。在胸腔积液样本中分析用于恶性胸膜间皮瘤诊断的 miRNA 具有重要意义。Birnie 等研究假设在胸腔积液中表达的 miRNA 是恶性胸膜间皮瘤的生物标志，使用 TaqMan Open Array 分析来自 26 个恶性胸膜间皮瘤和 21 个其他胸腔积液致病疾病的 PE 细胞和上清液中的 700 多个 miRNA。结果在胸腔积液细胞中，miR-143、miR-210 和 miR-200C 可以区分曲线下面积（AUC）为 0.92 的恶性胸膜间皮瘤，还可以将恶性胸膜间皮瘤与另外 40 个腺癌区分开来（AUC 为 0.9887）。这些结果表明，胸腔积液细胞中 miR-143、miR-210 和 miR-200C 的表达可能为诊断恶性胸膜间皮瘤提供了一个标志。此外，恶性胸膜间皮瘤还被报道是一种与石棉接触有关的侵袭性恶性肿瘤。Johnson 等研究表明，miR-137 在恶性胸膜间皮瘤中失调，是 MIR137 宿主基因（MIR137HG）启动子的高甲基化所致。此外，细胞中 miR-137 水平的升高抑制了恶性胸膜间皮瘤的恶性特征，通过靶向 Y 盒结合蛋白 1（YBX1）发挥作用，而 YBX1 是恶性胸膜间皮瘤细胞集落形成、迁移和侵袭中的一个重要因素。

由于 miRNA 在细胞周期中的调节作用，它们被认为是肺癌诊断和治疗的重要标志物。但是，对 miRNA 在癌症发展中的功能了解还需更多更深入，关于其前体 pri-miRNA 在肿瘤发生中的作用还知之甚少。目前发现在肺癌组织和细胞中 miR-

33a-5p 和 miR-128-3p 的表达均被下调，它们的下调与肿瘤分期（TNM）密切相关，且这一相关性在肺癌组织中表现明显。另外 miR-128-3p 在肺癌组织中与吸烟和肿瘤大小有明显的相关性。综上所述，在肺癌组织中多种 miRNA 表达水平与肺癌发生发展密切相关，但深入的分子机制仍需持续不断地探讨。

二、胸腔癌中的 circRNA

circRNA 中熟知的 ciRS-7 可作为 miR-7 抑制剂，发挥 miRNA 海绵的功能，调控癌基因的表达。抑制 miR-7 的表达可引起肺癌细胞株增殖减少和凋亡增加。hsa-circ-100395 通过 miR-1228/TCF21 信号轴推进细胞周期、促进肺癌细胞增殖。hsa-circ-0000064、hsa-circPRKCI、hsa-circ-BANP、hsa-circ-102231、hsa-circFADS2 和 hsa-circ-103809 等都与肺癌患者的 TNM 和淋巴转移有关。hsa-circ-0013958 在肺腺癌中异常高表达，敲除 hsa-circ-0013958 可以抑制细胞的增殖。circFARSA 在肺癌组织和血浆中的高表达能够促进细胞迁移和增殖。circRNA 能够作为 miRNA 海绵调节基因表达，促进肺癌细胞的增殖、迁移和侵袭，并抑制细胞凋亡。而 circMAN2B2 可通过抑制 miR-1275 促进转录因子叉头框 K1（FOXK1）的表达，导致细胞增殖和侵袭。

胸腔癌中的食管癌主要分为鳞状细胞癌和腺癌，在临床筛查中高度依赖内镜检查，如能从容易得到的临床样本中筛查，如血液、尿液或唾液等，即筛查肿瘤标志物能提高检出率和减少侵入性操作带来的一系列不良反应。在食管癌中的差异表达 circRNAs 的研究中，hsa-circ-103670 是上调最多的 circRNA，主要调节死亡端酶复合物基因的表达，下调幅度最大的是 hsa-circ-030162，其来源于肿瘤蛋白翻译控制 1（TPT1），编码细胞生长相关蛋白，在各种生物的发育过程中起重要作用。可见，对胸腔癌中 circRNA 的研究越来越广泛。

参考文献

[1] CHEN P, GU Y Y, MA F C, et al. Expression levels and cotargets of miRNA1263p and miRNA1265p in lung adenocarcinoma tissues: alphan exploration with RTqPCR, microarray and bioinformatic analyses [J]. Oncol Rep, 2019, 41（2）: 939-953.

[2] IQBAL M A, ARORA S, PRAKASAM G, et al. MicroRNA in lung cancer: role, mechanisms, pathways and therapeutic relevance [J]. Mol Aspects Med, 2019 (70): 3-20.

[3] DU X, ZHANG J, WANG J, et al. Role of miRNA in lung cancer-potential biomarkers and therapies [J]. Curr Pharm Des, 2018, 23 (39): 5997-6010.

[4] POWROZEK T, MALECKA-MASSALSKA T. MiRNA and lung cancer radiosensitivity: a mini-review [J]. Eur Rev Med Pharmacol Sci, 2019, 23 (19): 8422-8428.

[5] BIRNIE K A, PRELE C M, MUSK A, et al. MicroRNA signatures in malignant pleural mesothelioma effusions [J]. Dis Markers, 2019 (2019): 8628612.

[6] VAN ZANDWIJK N, CLARKE C, HENDERSON D, et al. Guidelines for the diagnosis and treatment of malignant pleural mesothelioma [J]. J Thorac Dis, 2013, 5 (6): e254-e307.

[7] JOHNSON T G, SCHELCH K, CHENG Y Y, et al. Dysregulated expression of the microRNA miR-137 and its target YBX1 contribute to the invasive characteristics of malignant pleural mesothelioma [J]. J Thorac Oncol, 2018, 13 (2): 258-272.

[8] POWROZEK T, MLAK R, DZIEDZIC M, et al. Investigation of relationship between precursor of miRNA-944 and its mature form in lung squamous-cell carcinoma-the diagnostic value [J]. Pathol Res Pract, 2018, 214 (3): 368-373.

[9] PAN J, ZHOU C, ZHAO X, et al. A two-miRNA signature (miR-33a-5p and miR-128-3p) in whole blood as potential biomarker for early diagnosis of lung cancer [J]. Sci Rep, 2018, 8 (1): 16699.

[10] LIU Y T, HAN X H, XING P Y, et al. Circular RNA profiling identified as a biomarker for predicting the efficacy of Gefitinib therapy for non-small cell lung cancer [J]. J Thorac Dis, 2019, 11 (5): 1779-1787.

[11] 陈天翔，杨运海. CircRNA 在肺癌诊断与发生发展及耐药中的作用进展[J]. 中国肺癌杂志, 2019, 22 (8): 532-536.

[12] 孙毓筱，刘强，徐畅. 环状 RNA 在肺癌中的作用及研究进展[J]. 生命科学, 2019, 31 (10): 1004-1011.

[13] CHEN L, NAN A, ZHANG N, et al. Circular RNA 100146 functions as an oncogene through direct binding to miR-361-3p and miR-615-5p in non-small cell lung cancer [J]. Mol Cancer, 2019, 18 (1): 13.

[14] SHI P, SUN J, HE B, et al. Profiles of differentially expressed circRNAs in esophageal and breast cancer [J]. Cancer Manag Res, 2018 (10): 2207-2221.

第三节 纵隔肿瘤

一、纵隔肿瘤中的 miRNA

纵隔肿瘤是临床胸部常见疾病，包括原发性纵膈肿瘤和转移性肿瘤。原发性纵隔肿瘤包括位于纵隔内各种组织结构所产生的肿瘤和囊肿，是外科中比较常见的疾病类型之一，多为良性肿瘤，其临床表现具有多样化、复杂性的特点，其诊断和治疗的难易程度差别比较大。原发性纵隔肿瘤的临床表现为咳嗽、胸闷、气喘，以畸胎瘤居多，其次为胸腺瘤、淋巴性肿瘤及神经源性肿瘤。

胸腺癌在纵隔肿瘤中是较为罕见的，占前纵隔肿瘤的 6%。胸腺癌同样起源于胸腺上皮细胞，组织学上表现为恶性细胞的特点，早期容易发生转移和广泛向远处播散。Bellissimo 等通过对胸腺癌患者手术前后循环血中 miRNAs 水平的检测，发现循环 miR-21-5p 和 miR-148-3p 可以作为新的非侵入性生物标志物来评价胸腺癌患者的治疗效果及预后。研究表明，循环 miRNAs 的前体多种多样，并且可由血细胞、身体器官或者肿瘤组织分泌表达。包裹 miRNAs 的微泡能将 miRNAs 送至它们的靶器官或靶细胞并行使功能。循环 miRNAs 被认为可能与细胞间的信息交流相关。因此，循环 miRNAs 可以作为癌症远处转移的标志物之一，在胸腺癌远处转移的监测与预后方面具有广泛的临床应用价值。Bellissimo 等进一步研究了 miR-145-5p 在胸腺癌组蛋白去乙酰化酶抑制剂丙戊酸治疗过程中的表达情况，发现丙戊酸治疗能够使 miR-145-5p 表达上调，并使 miR-145-5p 靶基因表达下调，从而表现出抗肿瘤效果，提示 miR-145-5p 表达的表观调控在肿瘤进展和治疗反应上扮演十分重要的角色。Bellissimo 等通过分子表达谱发现，C19MCmiRNA 簇在 A 型胸腺瘤中高表达，但在胸腺癌中完全无表达。同时，C14MCmiRNA 簇在胸腺癌中表达下调，而 miR-21、miR-9-3 和 miR-375 在胸腺癌中表达水平显著上调，而 miR-34b、miR-34c、miR-130a 和 miR-195 在胸腺癌中表达水平明显下调，这些 miRNAs 为胸腺癌的潜在靶向治疗提供了重要的理论依据。不过，目前 miRNA 在胸腺上皮肿瘤中的探索仍只是冰山一角，miRNAs 在胸腺瘤与胸腺癌的诊断和治疗方面仍需国内外研究者进一步深入探究。

二、纵隔肿瘤中的 circRNA

恶性纵隔肿瘤主要为淋巴肉瘤与恶性淋巴瘤，其余类型预后较好。淋巴肉瘤及恶性淋巴瘤的病因不明，这给恶性纵隔肿瘤的早期发现和诊治造成了极大困难，因此恶性纵隔肿瘤患者的预后较差。近年来恶性纵隔肿瘤的发病率及死亡率也呈现上升趋势，表明以往常规临床诊断与常规药物及手术的治疗效果不尽如人意，恶性纵隔肿瘤的诊断和治疗需要进行新的研究和探索。目前，对于恶性纵隔肿瘤的治疗，常规药物的作用方式多为作用于肿瘤相关蛋白质及分子层次，对于肿瘤本身的治疗作用较为局限。随着生物分子、基因工程技术飞速发展与应用，大量研究发现非编码 RNA 在肿瘤的发生发展中扮演着重要的角色。非编码 RNA 为一类曾经被忽视的，并认为不参与编码蛋白的 RNA，但近些年发现其以相关分子为靶点，为肿瘤的诊治提供了新的解决途径。

弥漫性大 B 细胞淋巴瘤是最为常见的非霍奇金淋巴瘤，具有高度侵袭性与异质性，采用常规的化疗方案预后较差。因此，根据 circRNA 的独特生物学功能及其在淋巴瘤发生发展中所表现出的紧密联系，研究其作为弥漫大 B 细胞淋巴瘤的诊断治疗新靶点意义重大。有研究采用 NanoString 技术验证了 circRNA 在此方面的可行性，通过所设计的反向剪接 Nanostring 分析方法，发现通过此方法所测得的结果可以实现对不同 B 细胞恶性肿瘤的区分，可见 NanoString 技术有望通过借助对 circRNA 的定量检测功能在 B 细胞淋巴瘤的诊断及预后评估中发挥作用。

套细胞淋巴瘤是一种侵袭性 B 细胞恶性肿瘤，目前其诊断依据主要为细胞周期蛋白 D_1、细胞周期蛋白 D_3、细胞周期蛋白 D_4 免疫表型呈阳性。研究发现，在套细胞淋巴瘤组织中有些 circRNAs 表现出了较强的相关性，具有一定的临床意义，如 circCDYL 根据其在套细胞淋巴瘤中所表现出的生物学功能，表明其具有对套细胞淋巴瘤诊治与预后的价值。相关研究采用套细胞淋巴瘤患者和健康人血液样品进行了对照研究，通过检测套细胞淋巴瘤患者与健康对照组血浆中的 circCDYL 表达水平，发现通过区分血浆 circCDYL 的表达水平可明显区分套细胞淋巴瘤患者和健康对照组成员；同时通过对套细胞淋巴瘤患者间的 circCDYL 表达水平进行生存曲线（KM）分析，发现 circCDYL 低表达水平的患者预后可能较好；此外还通过对套细胞淋巴瘤细胞株建立的功能丧失模型进行实验来评估 circRNA 在套细胞淋巴瘤中的生物学功能，发现借助下调 circCDYL 的水平可以显著抑制肿瘤细胞的增殖。可见，能够在人外周血中稳定存在的 circRNA 可以凭借其独特的生物学特性在套细胞淋巴瘤的诊断和治疗中发挥巨大潜力。

综上所述，关于 circRNA 参与恶性纵隔肿瘤的发生发展的研究成果不断出现，充分显示了其在纵隔肿瘤诊治方面的巨大潜力。但是，目前对于恶性纵隔肿瘤全面、系统的了解仍然知之甚少，临床上利用 circRNA 进行纵隔肿瘤的诊断和治疗还有许多尚未解决的问题，其调控机制仍需持续地深入研究，相信随着关于 circRNA 研究技术的不断发展与应用，以及后续大量基础和临床试验的支持与证实，circRNA 在纵隔肿瘤中的临床应用将不再遥遥无期。

参考文献

[1] 董雁.50 例原发性纵隔肿瘤回顾性分析[J].中国现代药物应用，2016，10（16）：61-62.

[2] 邵名睿，李文雅，贾心善.胸腺癌的临床诊治进展[J].现代肿瘤医学，2016，24（7）：1158-1161.

[3] BELLISSIMO T, RUSSO E, GANCI F, et al. Circulating miR-21-5p and miR-148a-3p as emerging non-invasive biomarkers in thymic epithelial tumors[J].Cancer Biol Ther, 2016, 17（1）：79-82.

[4] BELLISSIMO T, GANCI F, GALLO E, et al. Thymic epithelial tumors phenotype relies on miR-145-5p epigenetic regulation[J].Mol Cancer, 2017, 16（1）：88.

[5] ENKNER F, PICHLHÖFER B, ZAHARIE A T, et al. Molecular profiling of thymoma and thymic carcinoma: genetic differences and potential novel therapeutic targets[J].Pathol Oncd Res, 2017, 23（3）：551-564.

[6] SZOLKOWSKA M, WOJCIK E S, MAKSYMIUK B, et al. Primary mediastinal neoplasms: a report of 1, 005 cases from a single institution[J].J Thorac Dis, 2019, 11（6）：2498-2511.

[7] NING S, LI X. Non-coding RNA Resources[J].Adv Exp Med Biol, 2018（1094）：1-7.

[8] DAHL M, DAUGAARD I, ANDERSEN M S, et al. Enzyme-free digital counting of endogenous circular RNA molecules in B-cell malignancies[J].Lab Invest, 2018, 98（12）：1657-1669.

[9] MEI M, WANG Y, WANG Q, et al. CircCDYL serves as a new biomarker in mantle cell lymphoma and promotes cell proliferation[J].Cancer Manag Res, 2019（11）：10215-10221.

第四节　纤维瘤

纤维瘤中的 ceRNA

纤维瘤是来源于纤维结缔组织的良性肿瘤，因纤维瘤内含成分不同而有不同种类。纤维结缔组织在人体内分布极广，构成各器官的间隙，因此纤维瘤可以发生于人体内任何部位，其中以皮肤和皮下组织最为常见，如肌膜、骨膜、鼻咽腔及其他黏膜组织及其他器官，如乳腺、卵巢、肾脏等。

Cohen 等指出手指网状纤维瘤是一种良性纤维损伤，通常发生在手指或脚趾，通常缓慢增长或无症状。肌腱鞘纤维瘤相对于肌肉，通常表现出 t1 加权磁共振信号强度低，t2 加权图像显示各种模式，但主要是低信号强度。软骨黏液样纤维瘤是一种相对少见的良性骨肿瘤的软骨分化。卵巢纤维瘤是最常见的良性卵巢的实体肿瘤，常误诊为恶性卵巢肿瘤，通常发生在更年期和绝经后女性。乳突纤维瘤是最常见的骨软骨来源的肿瘤，通常位于下肢长骨头的干骨后端，定位于乳突的纤维瘤肿瘤头骨是极其罕见的。心脏纤维瘤是极其罕见的，它涉及重大风险危及生命，在随访中发现其预后不如其他良性肿瘤，术前常凭借超声心动图和磁共振成像进行诊断，这种纤维瘤通常建议早期切除，并且切除早期需要做好预防措施，以防在切除中突然死亡。

研究表明，纤维瘤的发生发展与 ceRNA 调控网络有关。随着癌症的基因测序、生物技术及相关信息学的快速发展和广泛应用，发现纤维瘤发生的主要原因除了包括蛋白编码基因的异常突变，还包括涉及非编码 RNA 的异常表达。大量实验证实了 ceRNA 网络在不同肿瘤中广泛存在，ceRNA 对肿瘤发生发展及预后皆可能存在影响，并可能成为早期诊断和预后评估的指标以及肿瘤治疗的靶点。

目前 ceRNA 的调控网络在不同纤维瘤中的表达情况尚未完全明了，今后还需进一步深入探究，对不同部位、不同性质的纤维瘤诊断、治疗及预后有更多的认识和指导意义，故纤维瘤与 ceRNA 两者关系的研究具有极其重要的意义。

参考文献

[1] COHEN P R, ALPERT R S, CALAME A. Cellular digital fibroma: a comprehensive review of a CD34-positive acral lesion of the distal fingers and toes [J]. Dermatol Ther (Heidelb), 2020, 10 (5): 949-966.

[2] SUZUKI K, YASUDA T, SUZAWA S, et al. Fibroma of tendon sheath around large joints: clinical characteristics and literature review [J]. BMC Musculoskelet Disord, 2017, 18 (1): 376.

[3] SONO T, WARE A D, MCCARTHY E F, et al. Chondromyxoid fibroma of the pelvis: institutional case series with a focus on distinctive features [J]. Int J Surg Pathol, 2019, 27 (4): 352-359.

[4] BOUJOUAL M, HAKIMI I, KOUACH J, et al. Large twisted ovarian fibroma in menopausal women: a case report [J]. Pan Afr Med J, 2015 (20): 322.

[5] ELSAMANODY A, DEN AARDWEG M V, SMITS A, et al. Chondromyxoid fibroma of the mastoid: a rare entity with comprehensive literature review [J]. J Int Adv Otol, 2020, 16 (1): 117-122.

[6] KIMURA A, KANZAKI H, IZUMI C. A case report of primary cardiac fibroma: an effective approach for diagnosis and therapy of a pathologically benign tumour with an unfavourable prognosis [J]. Eur Heart J Case Rep, 2020, 4 (4): 1-5.

第五节　间质瘤

一、间质瘤中的 miRNA

间质瘤常指胃肠道间质瘤，因其最常见于胃肠道内，且在间叶组织中发生，称为间叶源性肿瘤，以原发性最为常见，占胃肠道恶性肿瘤的 1%～3%。间质瘤根据其不同的生长方式，可分为腔内型、腔外型和腹内胃肠道外型。间质瘤最常见于中老年人，患者的性别和肿瘤发生部位的不同与其生物学特性息息相关。间质瘤的外科传统治疗方法是进行腹腔镜楔形切除和腹腔镜与内镜联合手术，特殊病理情况下采用特殊微创手术方式。研究表明，第三空间机器人和内窥镜合作手术在安全性上得到了大大的提高，可作为新型手术方式用于间质瘤的治疗。间质瘤的发病机制主要是基因功能的获得性突变，最常见的突变是原发性 KIT 原癌基因和血小板衍生生长因子受体 α（PDGFR-α）突变，而继发性的突变通常表现于继发性的耐药，只有确定了耐药基因的位点，确定了突变的激活，才能合理地选择靶向治疗方案，从而更加有效地攻克耐药性。

miRNA 与表观遗传结构之间的复杂联系是监测癌症中基因表达谱的重要特征。同时，miRNA 作为基因表达的内源性调节剂，可以通过靶向端粒酶催化亚基（TERT）mRNA 来控制端粒酶活性，通过结合 mRNA 和调节 TERT 翻译，介导癌细胞端粒酶活性的调节。宋军等研究发现，miRNA 在消化道上皮间质中起着关键的作用，提示 miRNA 在间质瘤的发生发展中扮演着重要的角色。多项研究表明，miRNA 在间质瘤的诊断、治疗和预后中起着重要作用。

miRNA 参与 KIT 和 PDGFR-α 基因的信号传导，与间质瘤的发生发展密切相关。治疗间质瘤的主要药物为伊马替尼，在术前使用伊马替尼可以有效减少肿瘤的发生和肿瘤的大小，使手术变得更加容易。但由于过量使用或长时间使用，患者对该药物产生了耐药。研究表明，miR-21 可使患者的胃肠道间质瘤细胞对药物的敏感性得到大大的提高。Amirnasr 等通过鉴定伊马替尼原发性肿瘤和伊马替尼耐药肿瘤间差异表达的 miRNAs 和 mRNAs，揭示了伊马替尼耐药的相关基因和耐药机制，药物的作用位点即是容易产生耐药的基因，并发现了治疗间质瘤的关键基因。而姚冬雪等研究发现，miR-206 不仅参与胃间质瘤组织中的表达，还与核分裂象及胃肠道间质瘤 Fletcher 分级密切相关。miRNA 在抗肿瘤诊断治疗中起重要作用，因此深入研究 miRNA 与间质瘤间的相关性及 miRNA 的信号转导途径，既可以为合理地确定治疗方案提供新的思路，也可以为治疗间质瘤带来新的曙光。miRNA 通过对靶基因、mRNA 转录及转录后的调控影响肿瘤的发生发展，同时与其他非编码 RNA 构成网络影响肿瘤的药物治疗与预后。因此结合纳米医学领域的技术，也将为肿瘤的诊断、治疗指明新的方向。

二、间质瘤中的 circRNA

胃肠道间质瘤被定义为表达原癌基因蛋白 CD117 的胃肠道间质肿瘤，起源于 Cajal 的间质细胞。它可以出现在任何年龄段，常见于 50 岁以上的患者，还报告了一些儿童和年轻人的病例。它们主要发生在胃肠道，其中胃占 40%～60%、空肠和回肠占 30%、十二指肠占 5% 及结肠占 15%，也可以发生在任何地方，但很少出现在食道和阑尾中。大网膜、肠系膜、腹膜后、胆囊和膀胱中已报告有胃肠道外间质瘤病例。超过 95% 的间质瘤表达 CD117（一种 c-KIT 原癌基因），而 70%～90% 的间质瘤表达 CD34（人类白细胞抗原）。除了 c-KIT 原癌基因，还发现 PDGFR-α 突变见于外显子 18，c-KIT 突变见于外显子 9 和外显子 11。

间质瘤可以通过在肿瘤细胞中表达 CD117 或 PDGFR-α 蛋白来表征，并且在基因水平上Ⅲ型受体酪氨酸激酶基因（c-KIT 或 PDGFR-α）可能存在功能获得性突变。KIT 是一种受体酪氨酸激酶，在间质细胞中表达水平上调，Cajal 是负责消化运动的起搏器。KIT 突变经常在外显子 9、外显子 11、外显子 13 和外显子 17 中发生，在间质瘤发病机理中起着至关重要的作用。Kalfusova 等在间质瘤的发病机理、分子特征、基因分型和靶向治疗中的最重要发现是 KIT 和 PDGFR-α 基因中激活的致癌突变。甲磺酸伊马替尼抑制 KIT 和 PDGFR-α 受体，可显著改善晚期间质瘤（包括转移性间质瘤、复发性间质瘤和/或无法手术的间质瘤）的治疗。另有研究调查了 239 名间质瘤患者的 261 个肿瘤标本，约在 82% 的肿瘤标本中检测到了原发突变，其中约 66% 的原发突变在 KIT 中，约 16% 的原发突变在 PDGFR-α 基因中，其余约 18% 的原发突变为 KIT/PDGFR-α 野生型。ETS 变异转录因子 1（ETV1）是免疫细胞化学中的主要调节剂，被认为是间质瘤的起源细胞。Ran 等研究发现，ETV1 启动子用于特异性和诱导性驱动间质细胞中的 Cre 重组酶可作为研究间质瘤发病机理，使用条件性等位基因 BrafV600E（在间质瘤临床病例中观察到的突变），观察到 BrafV600E 激活足以驱动间质细胞增生，但不足以驱动间质瘤肿瘤发生。相反，将 BrafV600E 激活与转化相关蛋白 53（TRP53）缺失相结合足以驱动间质细胞增生，并在小鼠胃肠道中形成了 100% 渗透的多灶性间质瘤样肿瘤，最后 ETV1 阳性细胞诱发 BRAFV600E 突变型胃肠道间质瘤。纤溶酶原激活剂（PLAT）是位于 8 号染色体的基因，分泌丝氨酸蛋白酶，将酶原转化为纤溶酶，这种酶在细胞迁移和组织重建中起着重要作用。KIT、PLAT 和 ETV1 参与胃肠道间质瘤的发生发展，有报道称其可作为肠道间质瘤治疗的靶点。这些基因是 circRNA 的宿主基因，因此 circRNA 参与间质瘤中的侵袭性肿瘤生物学的分子基础。Zou 等使用高通量 circRNA 基因微阵列分析，探讨了胃肠道间质瘤中 ceRNA 表达谱，并通过 RT-qPCR 验证了间质瘤中的差异性 circRNA，对 circRNA-miRNA-mRNA 网络也进行了分析，这为间质瘤的分子机制研究提供了新的见解，并为 GIST 的诊断和治疗提供了新的方向。

间质瘤可以通过在肿瘤细胞中表达 CD117 或 PDGFR-α 蛋白来表征，并且在基因水平上Ⅲ型受体酪氨酸激酶基因（c-KIT 或 PDGFR-α）可能存在功能获得性突变。circRNA 可能通过与 KIT 相关的 circRNA-miRNA-mRNA 网络参与胃肠道间质瘤的发生发展。

三、间质瘤中的其他非编码 RNA

治疗间质瘤的主要药物为伊马替尼，但其耐药性也是不容忽视的问题。过量使用或长时间使用使得患者对伊马替尼的耐药性非常高。siRNA 可专一性地使目的基因沉默，利用基因沉默技术将 siRNA 作用于伊马替尼的耐药菌株，可以有效地检测到细胞周期及细胞凋亡的变化，从而更加合理地确定新的靶点治疗方式。丁杰等通过采用 siRNA 干扰的方法沉默目的基因的表达，发现干扰调控通路依赖 SMAD 家族成员 3（SMAD3），胃肠道间质瘤细胞在 Smads 辅助的信号通路中进行增殖和侵袭。已知的众多的抗生素容易产生耐药性，而中药耐药性低且安全性高，因此中药治疗具有很大的前景。现代研究表明，半夏泻心汤能够使转染 Cx43-siRNA 的人胃肠道间质瘤 GIST-882 细胞的细胞数目增多、细胞内的钙离子浓度降低及蛋白和相关基因的表达增强，使胃肠运动障碍的患者得到较好的恢复。深入研究 siRNA 在间质瘤中的作用及 siRNA 的作用机制，既可以为合理地确定治疗方案提供新的思路，也可以为治疗间质瘤带来新的曙光。

近年来，对于胃肠道间质瘤的研究主要集中在基因、蛋白和免疫治疗方面，因为 siRNA 只起到辅助作用，所以涉及 siRNA 的研究尚少，且目前只确定了少数基因的 siRNA 干扰对间质瘤细胞增殖起重要作用，而已经确定的 siRNA 作用机理更是研究尚浅。siRNA 可以靶向所有的蛋白质，包括一些目前不可治疗的蛋白质，可以有效地针对肿瘤转移、耐药等问题。因此，对 siRNA 作用于胃间质瘤的方式进行深入研究，可为寻找新的诊断及治疗耐药靶点提供帮助，也为靶向药物效果不佳的患者带来新的希望。

参考文献

[1] SHI F, LI Y, PAN Y, et al. Clinical feasibility and safety of third space robotic and endoscopic

cooperative surgery for gastric gastrointestinal stromal tumors dissection: a new surgical technique for treating gastric GISTs [J].Surg Endosc, 2019, 33 (12): 4192-4200.

[2] KALFUSOVA A, LINKE Z, KALINOVA M, et al. Gastrointestinal stromal tumors-summary of mutational status of the primary/secondary KIT/PDGFRA mutations, BRAF mutations and SDH defects [J].Pathol Res Pract, 2019, 215 (12): 152708.

[3] SALAMATI A, MAJIDINIA M, ASEMI Z, et al. Modulation of telomerase expression and function by miRNAs: Anti-cancer potential [J].Life Sci, 2020 (259): 118387.

[4] 宋军, 刘寒旸, 龚宇, 等.miRNA在消化道肿瘤上皮间质转化中的研究进展[J].医学综述, 2017, 23 (18): 3575-3579.

[5] WANG J, LIU S, SHI J, et al. The role of miRNA in the diagnosis, prognosis, and treatment of osteosarcoma [J].Cancer Biother Radiopharm, 2019, 34 (10): 605-613.

[6] MOHAMMED A A, ARIF S H. Enormous gastrointestinal stromal tumor arising from the stomach causing weight loss and anemia in an elderly female: case report [J].Int J Surg Case Rep, 2019 (64): 102-104.

[7] AMIRNASR A, GITS C, VAN KUIJK P F, et al. Molecular comparison of imatinib-naive and resistant gastrointestinal stromal tumors: differentially expressed microRNAs and mRNAs [J].Cancers (Basel), 2019, 11 (6): 882.

[8] 姚冬雪, 赵琪, 秦成勇.miRNA-206在胃间质瘤组织中的表达及其临床意义[J].山东大学学报(医学版), 2015, 53 (12): 67-70.

[9] UZUNOGLU H, TOSUN Y, AKINCI O, et al. Gastrointestinal stromal tumours of the small intestine [J].J Coll Physicians Surg Pak, 2021, 31 (12): 1487-1493.

[10] KALFUSOVA A, LINKE Z, KALINOVA M, et al. Gastrointestinal stromal tumors-Summary of mutational status of the primary/secondary KIT/PDGFRA mutations, BRAF mutations and SDH defects [J].Pathol Res Pract, 2019, 215 (12): 152708.

[11] RAN L, MURPHY D, SHER J, et al. ETV1-positive cells give rise to BRAF (V600E)-mutant gastrointestinal stromal tumors [J].Cancer Res, 2017, 77 (14): 3758-3765.

[12] ZOU F W, CAO D, TANG Y F, et al. Identification of circRNA-miRNA-mRNA regulatory network in gastrointestinal stromal tumor [J].Front Genet, 2020 (11): 403.

[13] MOHAMMED A A, ARIF S H. Enormous gastrointestinal stromal tumor arising from the stomach causing weight loss and anemia in an elderly female: case report [J].Int J Surg Case Rep, 2019 (64): 102-104.

[14] 丁杰, 张忠民, 徐开盛, 等.TGF-β/Smads信号通路对胃肠间质瘤细胞增殖和侵袭能力的影响[J].肿瘤, 2018, 38 (1): 10-17.

第六节 肉瘤

一、肉瘤中的 miRNA

肉瘤是一种组织和分子高度异质性的罕见恶性肿瘤，预后差，可发生在广泛的年龄组，其不仅包括皮肤和肌肉的一部分恶性肿瘤，也包括脂肪肉瘤、平滑肌肉瘤、淋巴肉瘤和滑膜肉瘤。目前肉瘤的治疗方法是手术切除，其对放疗和化疗不敏感。随着表观遗传学在肿瘤研究领域的不断开展，发现 miRNA 改变与肉瘤的发生发展密切相关，许多研究成果对诊断和治疗具有重要意义。Cai 等的研究探讨了 miR-206 在骨肉瘤恶性进展过程中的作用及其机制，采用实时定量聚合酶链反应（RT-qPCR）检测 miR-206 在骨肉瘤组织和细胞中的表达模式，以及与骨肉瘤患者预后的关系。结果表明，miR-206 在骨肉瘤的细胞和组织中表达有所下调，其水平与骨肉瘤患者预后不良和远处转移有关。miR-206 过表达降低了骨肉瘤细胞的增殖和转移能力，而 miR-206 的表达水平降低则获得了相反的趋势。此外，Andersen 等首次在大型队列研究中调查了 miRNA 在骨肉瘤中的表达，采用灵敏的锁核酸（LNA）增强的 qPCR 方法分析 23 例骨肉瘤中 752 个 miRNAs 的表达水平，并对 29 个 miRNAs 的预后价值进行了分析，结果发现 miR-221/miR-222 与转移时间显著相关。

miRNA 是基因表达的调节因子，但对骨肉瘤干细胞中 miRNA 的表达谱还是知之甚少。C117 和 Stro-1 是已知的骨肉瘤干细胞标志物。通过靶向丝裂原活化蛋白激酶 9（MAP3K9），证实了 miR-1247 表达的显著下调是一种潜在的肿瘤抑制因子。Zhao 等研究表明，miRNAs 的表达异常参与骨肉瘤的发生发展，miR-1247 在骨肉瘤的发生发展中起重要作用。也有研究通过双荧光素酶报告基因分析、RNA 下拉实验和 RIP 实验验证了小核仁 RNA 宿主基因 3（SNHG3）和 RAD51 相关蛋白 1（RAB22）会与 miR-151a-3p 结合，并且拯救实验最终证实骨肉瘤组织中 SNHG3 和 RAB22 高表达，而 miR-151a-3p 低表达。SNHG3 高表达的骨肉瘤患者总体生存期短于低表达的骨肉瘤患者。SNHG3 过表达对于骨肉瘤侵袭及迁移能力有显著的提升。

脂肪肉瘤也是一种恶性肿瘤，主要来源于间叶细胞，约占软组织肉瘤的 20%。脂肪肉瘤在人体腹膜后部位的发病率较高，在下肢深部软组织发病率较低。主要的治疗方法为手术切除,且术前对于肿瘤良性和恶性的评估主要依靠核磁共振,这显然是诊断依据不充足的首要原因。更可怕的是,由于常规化疗的反应率低而且对生存期延长无效果,脂肪肉瘤的局部复发或转移常导致高死亡率。

研究发现,miRNA 与脂肪肉瘤的发生发展关系密切,许多研究成果对诊断和治疗脂肪肉瘤具有重要意义。miR-143 在脂肪肉瘤发生发展中的核心作用已经得到证实,miR-143 在正常脂肪细胞中高度表达,而在高分化脂肪肉瘤中 miR-143 表达下调。如果调高 miR-143 表达,高分化脂肪肉瘤可能发展为去分化脂肪肉瘤,并且可以看到去分化脂肪肉瘤细胞中 miR-143 表达可抑制增殖并诱导细胞凋亡。可见,miR-143 作用于脂肪肉瘤的机制可能是通过影响细胞周期,从而诱导细胞凋亡。在脂肪细胞中 miR-133a 的过表达可以抑制去分化脂肪肉瘤细胞的增殖,调节线粒体功能和糖酵解能力。此外,miR-145 和 miR-451 也是具有肿瘤抑制功能的 miRNA 成员,可抑制所有类型脂肪肉瘤的增殖和分化,并通过它们在体外的过度表达诱导凋亡。体内实验表明,外源重组 miR-133a 仅具有调节细胞代谢的能力,而没有增殖抑制作用。miR-193b 通过在体外靶向复发转血小板源性生长因子受体 β(PDGFR-β)、SMAD 家族成员 4(SMAD4)和 Yes 相关蛋白 1(YAP1),来调节多种致癌信号通路,因此 miR-193b 在高分化脂肪肉瘤和去分化脂肪肉瘤细胞中发挥抑制肿瘤作用。而 miR-155 在去分化脂肪肉瘤中具有重要的致癌作用,miR-155 可通过直接控制酪蛋白激酶 1α(CK1α)来加强 β-连环蛋白信号通路的传导,增加细胞周期蛋白的表达,从而导致去分化脂肪肉瘤细胞系的增殖,加速细胞周期进程。因此,miR-155 可能是高分化脂肪肉瘤和去分化脂肪肉瘤疗效和预后的预测因子,并且这一研究也得到了进一步的实验验证。

研究表明,低表达的 miR-143、miR-145 和 miR-451 可通过不同机制抑制脂肪肉瘤细胞的增殖、分裂和迁移。过表达的 miR-26A-2 可以通过另外的机制促进脂肪肉瘤肿瘤发生。Mazzu 等不仅发现 miR-193b 在脂肪肉瘤组织和细胞系中低表达,还验证了 miR-193b 可通过调节致癌途径串扰的关键靶标抑制高分化脂肪肉瘤和去分化脂肪肉瘤细胞的生长,直接靶向 PDGFR-β,并抑制其活性,从而减弱脂肪肉瘤细胞的分化和增殖,通过靶向作用于 SMAD4 调节成脂分化。研究表明,miR-193b 可以通过直接靶向调节 3 个信号通路(PDGFR、TGFβ 和 Wnt)来控制脂肪肉瘤中的细胞生长和分化。Fricke等对去分化脂肪肉瘤患者和健康对照者的血样进行了miRNA阵列分析，发现2个miRNA（miR-3613-3p和miR-4668-5p）表达出现明显上调（变化倍数>2.5，$P<0.05$），并经RT-qPCR确认了miR-3613-3p在去分化脂肪肉瘤患者中表达水平显著上调。

脂肪肉瘤具有很高的死亡率，这在临床上无疑是一个复杂而难解的问题。越来越多的证据表明，miRNA与脂肪肉瘤的发生发展有关。这些小但功能强大的miRNA在组织和血清中非常丰富。多项研究表明，miRNA可以通过影响癌基因或抑癌基因的功能影响肿瘤的发生发展，也可以作为脂肪肉瘤的诊断和预后评估的生物标志物。新的研究还在不断发现与脂肪肉瘤相关的miRNA的功能，开发基于miRNA失调机制的新型治疗策略必不可少。然而，目前关于miRNA与脂肪肉瘤关联的研究较少，还不足以阐明miRNA在脂肪肉瘤中的异常现象，而且很多仍处于基础研究阶段，尚未运用于临床。尽管要填补基础研究与临床应用之间的差距还有很长的路要走，但是过去十年的成就将促进miRNA用于治疗脂肪肉瘤的新型临床治疗应用的发展。

Gui等使用miRNA阵列将去分化脂肪肉瘤患者与健康对照和脂肪瘤患者区分开来，发现一个特异的全血miRNA（miR-3613-3p），它可能有助于区分去分化脂肪肉瘤患者和健康对照，因此miR-3613-3p可能成为去分化脂肪肉瘤的特异性生物标志物。

肉瘤目前没有非常好的治疗方式，了解miRNA在肉瘤中的表达模式可能对肉瘤的诊断和预后判断及最终的治疗干预提供很好的帮助，未来值得深入探讨。

二、肉瘤中的circRNA

在肉瘤的发病类型中，脂肪肉瘤约占所有软组织肉瘤的13%，并与转移的高风险相关。circRNA可以通过多种途径发挥作用，参与脂肪的形成，调节脂肪细胞的增殖和分化，为研究脂肪瘤形成的机制提供帮助。脂肪炎症调节是一个复杂的网络，包括转录因子、脂肪因子和miRNA在内的多种调节因子。目前脂肪炎症是胰岛素抵抗和高血压等肥胖相关代谢紊乱的重要原因。研究表明，circARF3可作为海绵体吸附miR-103，通过促进有丝分裂来减轻脂肪炎症，而circARF3阻断了miR-

103的作用，导致肿瘤坏死因子受体相关因子3（TRAF3）表达增加、TRAF3抑制核因子κB（NF-κB）信号通路阻断、有丝分裂增加、线粒体自噬增强，最终抑制核苷酸结合寡聚化结构域样受体蛋白3（NLRP3）的激活。circARF3、miR-103和TRAF3的发现揭示了脂肪炎症调控途径，这可能也是脂肪瘤的调控途径。研究报道，莱芜猪和大白猪的皮下脂肪组织中circRNA的表达谱不同。莱芜猪circ-11897可作为miR-27b-3p海绵发挥作用，circ-26852通过结合ssc-miR-874来调节靶基因的表达，这表明circRNA可参与皮下脂肪的沉积，调节成脂分化和脂质代谢途径及脂肪瘤的途径。此外，参与脂肪组织发育的circFUT10被报道也可以通过海绵化let-7c起到ceRNA的作用，阻止猪脂肪细胞的分化，促进细胞增殖。可见，circRNA参与许多生物的生理和病理过程。目前对参与脂肪组织病理改变的circRNA表达的研究还较少，具有很大的局限性，很多脂代谢紊乱的疾病和动物模型尚待研究，如库欣综合征中对脂肪分布的调节、脂肪瘤和脂肪肉瘤的研究等。因此，circRNA在脂肪瘤中的作用尚需进一步研究，并寻找明确的、重要的调节通路及对其机制开展深入研究。

参考文献

[1] ZHANG B, YANG L, WANG X, et al. Identification of a survival-related signature for sarcoma patients through integrated transcriptomic and proteomic profiling analyses[J].Gene, 2021（764）：145105.

[2] CAI W T, GUAN P, LIN MX, et al. MiRNA-206 suppresses the metastasis of osteosarcoma via targeting Notch3[J].J Biol Regul Homeost Agents, 2020, 34（3）：775-783.

[3] ANDERSEN G B, KNUDSEN A, HAGER H, et al. MiRNA profiling identifies deregulated miRNAs associated with osteosarcoma development and time to metastasis in two large cohorts[J]. Mol Oncol, 2018, 12（1）：114-131.

[4] ZHAO F, LV J, GAN H, et al. MiRNA profile of osteosarcoma with CD117 and stro-1 expression：MiR-1247 functions as an onco-miRNA by targeting MAP3K9[J].Int J Clin Exp Pathol, 2015, 8（2）：1451-1458.

[5] GUI D, CAO H. Long non-coding RNA CDKN2B-AS1 promotes osteosarcoma by increasing the expression of MAP3K3 via sponging miR-4458[J].In Vitro Cell Dev Biol Anim, 2020, 56(1)：24-33.

[6] CODENOTTI S, VEZZOLI M, MONTI E, et al. Focus on the role of caveolin and cavin

protein families in liposarcoma [J].Differentiation, 2017 (94): 21-26.

[7] HUANG X D, XIAO F J, WANG S X, et al. G protein pathway suppressor 2 (GPS2) acts as a tumor suppressor in liposarcoma [J].Tumour Biol, 2016, 37 (10): 13333-13343.

[8] BILL K L, CASADEI L, PRUDNER B C, et al. Liposarcoma: molecular targets and therapeutic implications [J].Cell Mol Life Sci, 2016, 73 (19): 3711-3718.

[9] YU P Y, LOPEZ G, BRAGGIO D, et al. MiR-133a function in the pathogenesis of dedifferentiated liposarcoma [J].Cancer Cell Int, 2018 (18): 89.

[10] GITS C M, KUIJK P F V, JONKERS M B, et al. MicroRNA expression profiles distinguish liposarcoma subtypes and implicate miR-145 and miR-451 as tumor suppressors [J].Int J Cancer, 2014, 135 (2): 348-361.

[11] MAZZU Y Z, HU Y, SHEN Y, et al. MiR-193b regulates tumorigenesis in liposarcoma cells via PDGFR, TGFbeta, and Wnt signaling [J].Sci Rep, 2019, 9 (1): 3197.

[12] KAPODISTRIAS N, MAVRIDIS K, BATISTATOU A, et al. Assessing the clinical value of microRNAs in formalin-fixed paraffin-embedded liposarcoma tissues: overexpressed miR-155 is an indicator of poor prognosis [J].Oncotarget, 2017, 8 (4): 6896-6913.

[13] LEE D H, AMANAT S, GOFF C, et al. Overexpression of miR-26a-2 in human liposarcoma is correlated with poor patient survival [J].Oncogenesis, 2013, 2: e47.

[14] FRICKE A, CIMNIAK A, ULLRICH P V, et al. Whole blood miRNA expression analysis reveals miR-3613-3p as a potential biomarker for dedifferentiated liposarcoma [J].Cancer Biomark, 2018, 22 (2): 199-207.

[15] ZHANG H, DENG T, GE S, et al. Exosome circRNA secreted from adipocytes promotes the growth of hepatocellular carcinoma by targeting deubiquitination-related USP7 [J]. Oncogene, 2019, 38 (15): 2844-2859.

[16] ZHAO W, CHU S, JIAO Y. Present scenario of circular RNAs (circRNAs) in plants [J]. Front Plant Sci, 2019 (10): 379.

[17] ZHANG Z, ZHANG T, FENG R, et al.CircARF3 alleviates mitophagy-mediated inflammation by targeting miR-103/TRAF3 in mouse adipose tissue [J].Mol Ther Nucleic Acids, 2019 (14): 192-203.

[18] LI A, HUANG W, ZHANG X, et al. Identification and characterization of circRNAs of two pig breeds as a new biomarker in metabolism-related diseases [J].Cell Physiol Biochem, 2018, 47 (6): 2458-2470.

[19] JIANG R, LI H, YANG J, et al. CircRNA profiling reveals an abundant circFUT10 that promotes adipocyte proliferation and inhibits adipocyte differentiation via sponging let-7 [J]. Mol Ther Nucleic Acids, 2020 (20): 491-501.

第七节 错构瘤

一、错构瘤中的 miRNA

错构瘤一般认为不是真性肿瘤，而是正常器官内的组织组合错误和排列错误。随着人类的成长，这些组合错误和排列错误的组织缓慢地发育，最终形成肿块，其外形呈圆形、类圆形和不规则形状。错构瘤的结构多样、成分复杂，多数错构瘤是体内正常组织发育而成的类瘤变畸形。临床中这些组织很少恶变。错构瘤的特征表现为脂肪化与钙化。错构瘤的常见发病部位有肺、肾、肝、下丘脑和乳腺。

肺部错构瘤患者一般为中老年人，临床中肺部错构瘤一般为良性肿瘤，大多数位于肺周围胸膜下区。肺部错构瘤极易与肺结核和肺癌相混淆，其一般可分为周围型肺部错构瘤和中央型肺部错构瘤，但多以周围型出现。按照组成成分的不同，肺部错构瘤可分为软骨型肺部错构瘤和纤维型肺部错构瘤，多以软骨型肺部错构瘤出现。根据临床案例总结得出，患者可以根据CT诊断。患者的CT影像结果大多边缘清晰、光滑，外形一般为圆形或类圆形，病灶的主要特征表现有脂肪密度影。脂肪密度影的出现对肺部错构瘤的诊断具有重大意义；少数患者会出现钙化，如爆米花样钙化或点状钙化。

肾错构瘤又可称为肾血管平滑肌脂肪瘤，在普通患者中肾错构瘤并不罕见，一般为良性肿瘤。临床中，医生根据CT的结果，观察肾血管形态与肾实质情况，CT结果表明肾错构瘤一般是由透明血管的增厚与平滑肌构成，平滑肌多合并结节性硬化。根据肿瘤的形成成分，可以确诊。如果是由成熟的脂肪组成，则可确诊为肾错构瘤。肾错构瘤多为外生性生长，临床治疗中可直接切除，肾出血或肾损伤的风险较低。临床可通过手术切除后进行标本病理切片诊断是否为肾错构瘤。

肝错构瘤与其他部位的错构瘤不同，其好发于婴幼儿，成年人的患病率极低。一般认为肝错构瘤与胚胎晚期的原始间叶细胞的发育异常有关，好发于肝小叶与胆管连接处。患儿出生时就能检测出腹部肿胀，并且随着年龄的增长，肿胀的包块会迅速增大。应对患儿进行B超或CT检查，B超结果为腹部呈现边缘清楚的囊肿，CT结果表现为有包膜的囊肿，多为不规则小囊块，囊肿的密度低于肝脏密度。肝脏中密度不均即可作出判断，肝错构瘤的概率极大。疑似肝错构瘤应及时就医，囊实性肿块位于腹部会产生压迫症状，导致患儿腹胀、便秘或恶心呕吐，严重者会出现呼吸困难甚至出现心功能不全的症状。

下丘脑的错构瘤是十分罕见的疾病，多发生于灰结节区的异位神经组织或下丘脑下部，会导致痴笑和性早熟等表现。

越来越多的研究表明，miRNA表达水平与许多肿瘤有相关性。miRNA有致癌性和敏感性，多个miRNA的相关基因多态性可对肿瘤风险发展的预测中起到重要的作用，可作为可靠的遗传标记用于预测潜在癌症风险。可见，miRNA也可能会参与错构瘤的发生发展中。不过，目前有关错构瘤中的miRNA研究较少，今后错构瘤中的miRNA也是值得研究的方向。

二、错构瘤中的其他非编码RNA

研究发现，siRNA参与RNA干扰，并且此类RNA有专一性的调节基因的表达方式。因此，siRNA治疗肿瘤成为吸引广大研究者的新方法，但由于肿瘤细胞环境的不稳定和不确定性，siRNA的使用仍然具有非常大的挑战性。另外，研究表明，siRNA参与RNA相关的反应，如结构的改变、抗病毒机制等。不过此类机制十分复杂，反应的途径仍需要大量的实验证明。siRNA的结构中含有2个突出核苷酸的羟基化3′末端与具有磷酸化5′末端的短双链DNA。siRNA以转染的方式进入细胞。siRNA发挥干扰作用可以沉默目的基因，阻断mRNA的翻译过程，减少蛋白的生成，能有效地减少或抑制基因的表达，在肿瘤的治疗中发挥作用。除了使癌症基因沉默，siRNA还可以参与逆转耐药、毒性等环节。由此可见，siRNA在癌症这个世界性的重大健康问题中发挥着至关重要的作用。研究表明，依赖细胞周期的AKT持续表达于肿瘤的发生过程中，因此其有希望成为治疗癌症的靶标。目前已经研发出许多AKT抑制剂，通过锁定并抑制核酸修饰过的siRNA，从而抑制AKT，达到抑制肿瘤细胞的翻译与蛋白质合成的目的。不但能抑制肿瘤的生长、增殖，还能阻断肿瘤细胞的转移。在错构瘤的治疗中一般选用手术治疗，如果能通过锁定目标基因并进行siRNA干扰，相信可发挥更好地抑制肿瘤细胞生长的作用，可能会为提前控制病情和治疗提供更多的机会。

参考文献

[1] 李桂英，王佳欢，宋晓雨.肺错构瘤的CT特征性表现及其鉴别诊断意义[J].影像研究与医学应用，2019，3（22）：53-54.

[2] ZAHRAN M H，KAMAL A I，ABDELFATTAH A，et al. Outcome of live-donor renal transplants with incidentally diagnosed renal angiomyolipoma in the donor[J].Transplant Proc，2019，51（6）：1773-1778.

[3] BASTAMI M，CHOUPANI J，SAADATIAN Z，et al. Evidences from a systematic review and meta-analysis unveil the role of miRNA polymorphisms in the predisposition to female neoplasms[J].Int J Mol Sci，2019，20（20）：5088.

[4] 董小勇，匡幼林，李心远，等.误诊为肾癌的肾血管平滑肌脂肪瘤临床诊疗分析[J].临床泌尿外科杂志，2019，34（12）：937-941.

[5] ZIELINSKI G，SAJJAD E A，MAKSYMOWICZ M，et al. Double pituitary adenomas in a large surgical series[J].Pituitary，2019，22（6）：620-632.

[6] LAI C H，CHEN R Y，HSIEH H P，et al. A selective aurora-A 5'-UTR siRNA inhibits tumor growth and metastasis[J].Cancer Lett，2020（472）：97-107.

[7] 杨永波，丁国军，孙松，等.胆管错构瘤的临床病理表现与影像对照分析[J].浙江医学，2017，39（21）：1921-1923.